全本名著·青少年阅读丛书

昆虫记

[法]法布尔◎著　蒋动姣◎译

北京燕山出版社
BEIJING YANSHAN PRESS

图书在版编目（CIP）数据

昆虫记 /（法）法布尔著 ; 蒋动姣译. -- 北京 : 北京燕山出版社, 2020.5（2023.12重印）

ISBN 978-7-5402-5662-3

Ⅰ. ①昆… Ⅱ. ①法… ②蒋… Ⅲ. ①昆虫学－普及读物 Ⅳ. ①Q96-49

中国版本图书馆CIP数据核字（2020）第047579号

书　　名： 昆虫记
作　　者： [法]法布尔
责任编辑： 朱　菁
封面设计： 阳光旭日
出版发行： 北京燕山出版社有限公司
社　　址： 北京市西城区椿树街道琉璃厂西街20号
邮　　编： 100052
电话传真： 86-10-65240430（总编室）
印　　刷： 三河市德利印刷有限公司
开　　本： 690mm × 960mm　1/16
字　　数： 282千字
印　　张： 19
版　　次： 2020年5月第1版
印　　次： 2023年12月第5次印刷
书　　号： ISBN 978-7-5402-5662-3
定　　价： 38.00 元

前言

书籍是屹立在时间的汪洋大海中的灯塔，而文学名著无疑是灯塔上那盏最闪亮耀眼的明灯。它历经千年淘洗，遗存华章，福及人类；它开启心智，滋润生命，塑造灵魂。它是一种文化底蕴，更是一种文化传承。

世界文学名著是经过时间检验、得到世界广泛关注和认可的文学样本，那些或平凡或伟大的故事里蕴藏着最高尚的思想和最真挚的情怀，是每个人不可或缺的精神养料。尤其对于处在人生成长阶段的中小学生，广泛阅读中外经典文学名著更是对其生长起着举足轻重的作用。教育部制定的《义务教育语文课程标准（2022 年版）》和《普通高中语文课程标准（2017 年版 2020 年修订）》的基本精神，也是要培养新一代公民，使他们具备良好的人文素养和科学素养，拥有创新精神、合作精神和开阔的视野，提升他们包括阅读理解与表达交流在内的多方面的基本能力。

那么，如何调动学生的阅读兴趣，达到最佳的阅读效果，既能用名著唤醒青少年的灵性，点燃智慧之灯，又能兼顾他们学习的现实需要呢？我们秉着对学生高度负责的态度，精心选取了数十个世界经典名著书目，并对这些图书进行了市场综合考察及调研。我们发现，只有将阅读和写作以及语文知识的积累结合起来，才能真正达到既满足学生考试的需要，又提高学生文学素养的目的。为了实现以上目标，我们特别邀请了国内教育界权威专家和众多中小学语文特级教师编写了本套书，献给广大中小学生。

本套书在传统名著阅读文本的基础上，加入了多个辅助性阅读版块。除了文前的“走近作者”“作品导读”“主题思想”“写作特色”等提纲挈领、高屋建瓴式的阅读集讯外，还针对每本书的不同特点设置了正文的评点批注、艺术特色的综合鉴赏、相关知识链接等，又从应试的角度专门设置了文后“回顾训练”以及考试真题和最新模拟试题以供学生练习，达到巩固阅读效果的目的。

本套书所选篇目经典，版本权威，体例科学，评点精彩。我们相信，它一定能够成为广大中小学生的良师益友，为学生文学素养的提升打下坚实的基础，带他们畅游更多彩的艺术世界。

阅读集讯

YUEDUJIXUN

走近作者

法布尔（Jean-Henri Casimir Fabre，1823—1915），法国著名昆虫学家、动物行为学家、作家，被世人称为“昆虫界的荷马”“昆虫界的维吉尔”。1823年，法布尔出生在法国南部普罗旺斯的圣莱昂的一户农家。此后的几年间，法布尔是在马拉瓦尔祖父母家中度过的，当时年幼的他已被乡间的蝴蝶与蝈蝈这些可爱的昆虫所吸引。

30岁那一年，法布尔靠自学取得自然科学学士学位。又过一年，法布尔获得自然科学博士学位。就在同一年，他在《自然科学年鉴》发表了长期积累的成果——《节腹泥蜂习俗观察记》。他不仅纠正了以往权威学者的错误，而且阐发了独到的见解，开始引起科学界人士注意。英国生物学家达尔文格外关注这位法国的年轻人，称他是“无与伦比的观察家”。1875年，法布尔决定远离城市喧嚣，专心实现自己的昆虫学研究梦想。他带领家人，迁往乡间小镇塞里尼昂。在那里，他经过4年努力，终于把20多年的观察资料编撰成《昆虫记》第一卷出版。

1880年，法布尔用积攒下的一小笔钱，在小镇附近购得一处坐落在荒地上的老旧民宅。他用当地的普罗旺斯语给这处居所取了个风趣的雅号——荒石园。此后，法布尔守着心爱的“荒石园”，开足生命的马力，年复一年，不知疲倦地从事昆虫学研究，把劳动成果汇成一卷又一卷的《昆虫记》。1910年，《昆虫记》第十卷问世了，这时法布尔已是86岁高龄的老人了。

法国文学界后来以“昆虫界的维吉尔”为称号，推荐法布尔为诺贝尔文学奖候选人。可惜诺奖委员们还没来得及做最后决定，1915年10月11日，这位“以昆虫为琴拨响人类命运颤音的巨人”就与世长辞了。

作品导读

《昆虫记》是法布尔耗费40多年心血完成的名著。书中融合了细腻的自然观察与法国式的幽默，将19世纪法国南部的自然人文风情娓娓道来，并以大量翔实的第一手观察、实验资料，将纷繁复杂的昆虫世界真实生动地呈现出来。无论是六只脚的昆虫或是八只脚的蜘蛛，每个对象都耗费法布尔数年到数十年的时间去观察并实验。法布尔较详细地交代了他的思路和实验，带领读者融入情景去体验实验与观察结果所呈现的意义。在他仔细有趣的实验，层层渐进的科学推理，夹叙夹议、生动流畅的叙述中，读者不仅可以窥知昆虫行为的奥秘，更往往会因为切叶蜂如何用自己的工具剪出像是有人用巧妙的手法剪出来的圆，萤火虫如何捕食猎物，豌豆象如何来抢夺我们的粮食等让人眼睛为之一亮的故事，以及法布尔在观察昆虫生命过程时所抒发的哲思理趣而感动得爱不释手。

《昆虫记》不仅体现了法布尔严谨的科学态度，还倾注了他的全部的思想和情感，因此这部作品不仅是一部具有独到见解的科学论著，还是一部优秀的文学散文。法布尔扬弃了生冷的科学笔调，以文学家细腻优美的文笔、哲学家的哲思理趣、艺术家的独特美感、博物学家的知识广度，为人们鉴照出栩栩如生的昆虫世界，进而激发人们去亲近、去了解自然人文风采的欲望。法布尔用人性观照虫性，用虫性反观社会人生，睿智的哲思不时跃然纸上。在其朴素的笔下，一部严肃的学术著作变得如诗、如美文，昆虫的灵性栩栩如生，昆虫世界成了人类获得知识、趣味、美感和思想的文学形态。

书中曲折的故事，优美的文笔，使读者可以获得审美的愉悦，叹服书中明晰的哲理，诚挚的道义，从中感悟天地造化的启迪，汲取精神力量。“这个大学者像哲学家一般地去思考，像艺术家一般地去观察，像诗人一般地去感受和表达。”法国戏剧家埃德蒙·罗斯丹这样评价《昆虫记》，并以“昆虫界的维吉尔”为称号，推荐法布尔为诺贝尔文学奖候选人。诺贝尔文学奖得主罗曼·罗兰也由衷感叹道：“在这些天才式的观察中，融合热情与毅力，简直就是艺术品的杰作，令人感动不已。”

法布尔《昆虫记》的思想内容主要受到这两种思潮的影响。他反对达尔文的变形论和适应论，强调本能与直觉，提出了“本能就是天才”的著名观点。同时，18、19世纪的法国还盛行布丰（Buffow，1707—1788）倡导的“风格即人”的文风，即如果作品的风格独特，尽管自己的作品在科学思想方面被后来的研究者超过，他的作品仍将流传后世。因此，那时的法国科学家热衷于将自己的科学研究成果写成文学著作。法布尔无疑受了布丰的影响，在文章风格上下了不少的功夫，从而有了自成一格的《昆虫记》。《昆虫记》既是严肃的科普读物，又是一部文字优美的文学经典。它的文字生动活泼，语调轻松诙谐，使人感到情趣盎然。

在横跨两个世纪后，《昆虫记》依然深深地扣动着全世界读者的心弦，影响了许多热爱自然的读者走出象牙塔，唤起人们对万物、对人类、对科普、对文学，甚或对乡土的深刻省思，并继续在世界各地担负起对昆虫行为学的启蒙角色，因此经历百年仍是一座无人逾越的丰碑，不愧有“昆虫的史诗”之美誉。

名家微评

见到这个“科学诗人”的著作《昆虫记》不禁想起旧事，羡慕有这样好书看的别国少年，也希望中国有人来做这番编纂的事业。

——周作人

《昆虫记》是“讲昆虫生活”的楷模，准确地、完整地、科学地、生动地展现了昆虫独一无二的个性。

——鲁迅

《昆虫记》，昆虫学领域的“荷马史诗”，献身理想的不朽传记，描绘大自然的精彩画卷。一部比童话更有趣，比寓言更深刻，比小说更生动的自然探索启蒙书。

——哈佛大学113位教授

他（法布尔）观察的热情、热心、细致入微，令我钦佩，他的书堪称艺术杰作。在这些天才式的观察中，融合热情与毅力，简直就是艺术品的杰作，令人感动不已。

——［法］罗曼·罗兰

名著考点
视频讲解

目
录
昆 虫 记

荒石园

导读 同学们对植物和昆虫研究感兴趣吗？法布尔为了研究它们，四十年如一日，凭借自己顽强的意志力，与贫困潦倒的生活斗争着。终于有一天，他的心愿实现了。你们想了解其中的具体内容吗？请看下面具体的介绍。

那块地方不算大，是我情之所往的地方，是我的Roc erat in vofis[①]，它的四周都有围墙包围着，不会受到外面熙熙攘攘的世界的干扰，仿佛与世隔绝，虽然它地处偏僻之所，从未有人提及，且常年经受太阳的暴晒，可刺茎菊科植物和膜翅目昆虫们却最为喜爱。因从未有人光顾，我可以专心致志地对沙泥蜂和石泥蜂等进行研究，不会受到来往人群的干扰。其实，进行这类研究的困难程度很大，需要经过不断地进行实验才可以完成。我不用每天消耗大量的时间和体力来回奔波，也不用着急忙慌地跑来跑去，四处寻觅，我需要做的仅是把自己的计划安排周密，小心细致地设下各种陷阱，接下来，就是每天持续地观察和记录所有的收获。"钟情宝地"，我梦寐以求的地方，是我苦苦寻觅的地方，是我一直以来的夙愿和梦想。

对于一个每天为了生计而四处奔波操劳的人来说，想要在此境遇下拥有一个属于自己的实验室，真是一个奢侈的想法。四十多年来，我每天都在与困苦生活抗争着，日日如此，终于，凭借着我顽强的毅力，有一天，我得偿所愿了。这是我持之以恒、坚持不懈的结果，这里面的心酸困苦我就不在此多加复述，总而言之，我终于有了实验室，虽然它的各项条件不甚完美，但是，我会拿出更多的时间来整理它。其实，我就像一个苦役犯，被沉重的枷锁束缚着，没有多余的闲暇时间。但是，实现了自己的愿望，终究是好事，虽然稍微迟了点儿，我心爱的虫子们！我很害怕，最难过的莫过于等到瓜果

注释

①Roc erat in vofis：拉丁文，意为"钟情宝地"。

梨桃成熟的日子，我的牙却吃不了桃子了。是，它来得确实晚了一些：现在的视野已然没有当初那么广阔，不仅如此，它还在不断地压低，变得更加狭窄。除了那些已经失去了的东西，我毫无遗憾，也谈不上什么愧疚，即使对于一去不返的、流逝的光阴亦是如此。而且，我现在对一切都已失去了信心。我已体会到世态炎凉，现在满是筋疲力尽，心如死灰，我每次会情不自禁地问自己，为了拼命地活下去，饱受磨难，尝尽心酸，值得吗？我当下的感受就是如此。

放眼望去，我的实验室是一片荒芜，只有一堵岌岌可危的残垣断壁横亘其中。这面破墙之所以还能屹立在废墟当中，是因为它是用石灰沙泥浇灌得结结实实。它很像我，它是我对科学真理的热爱和锲而不舍的生动再现！我的七窍玲珑的膜翅目昆虫们，不知我对你们的热爱，能否给你们多写几页历史呢？我会力不从心吗？既然有了这些担心，为什么又把你们抛诸脑后如此之久？我也因此受到一些朋友的责备。啊，昆虫们快去告诉他们，告诉那些我们彼此的朋友们，告诉他们我没有忘记你们。告诉他们我心里一直在挂念着你们。告诉他们我一直坚信节腹泥峰的秘密洞穴中还有许多有待我们带来去探索考究的有趣的秘密。告诉他们飞蝗泥蜂的猎食行为还会给我们带来更多有意思的事情。但是，我没有闲暇时间，孤家寡人，孤军奋战，无人问津，再说，在我夸夸其谈、纵横捭阖前，我必须考虑自己的生计问题。麻烦你们就这样真实地告知他们我的情况，我想他们会谅解我的。

当然，还有一些人批评我，说我用词不当，缺乏严谨性，说到底，他们的这些指责主要是说我没有学院派的郑重、严谨。在他们眼中，如果没有把一个道理讲得非常拗口，而是让读者读起来非常容易理解，那么作品所表达的道理就是有误的。按照这个说法，只有写得隐晦深奥，让你摸不着头脑，那么作品就是意义深远的。这一点，大自然中很多被我研究过的昆虫都可以为我作证，替我辩解，不管是身上长着螯针的昆虫们，还是披着鞘翅的昆虫们。麻烦你们都讲一讲，我与你们是多么的友好，我是多么用心仔细地观察你们，多么严格谨慎地记录你们的活动。我坚信，你们会不约而同地告诉他们："是，他的语言虽然空洞，不懂得装饰和滥情，有的却是万无一失的、原原本本的真实记录和观察，既没有杜撰、随意添加，也未曾举一废百。”以后，只要有人向你们问起，你们就这样告诉他们。

心爱的昆虫们，你们是我的朋友，如果你们无法说服那些自以为是的人，那么我会勇往直前地、郑重其事地告诉他们：“昆虫在你们手里只会被解剖，可我的观察和研究是在它们欢蹦乱跳、欢呼雀跃地生活着的情况下进行的；它们在你们手里只会成为又恐怖又不幸的东西，而我却会让人们去更加喜欢它们、爱它们；你们的工作间是酷刑室和碎尸间，而我却是在拥有着蝉儿欢快鸣唱声的蓝天白云的广阔天地下，边听边细致地观察；你们研究的重点是关于它们体内的细胞，而我则注重研究发现它们的天性；你们眼中只有死亡，而我眼中则更多的是生命。所以，我还想表明我的一些想法：人们在幼年时都十分热爱大自然、热爱动物，但是，这种对大自然和各种昆虫、动物的热爱却在后来消失了，不见了，甚至成为人们再也不愿涉足的领域。专家们都是通过技术来研究动植物的结构特点，却鲜有人关注动物们的本能。这就像清澈的泉水被野猪随意践踏般，专业枯燥的所谓的科学研究代替了青少年们年少时心中的乐趣。”对此，我也深感无奈，我在为专家学者们、未来的哲学家们撰写文章，希望他们在不久的将来能在“本能”这一难点的探究上有所帮助。同时，特别是年轻人，我也为了他们而写，我热切地希望能唤起他们心中对大自然的这份热爱，如同孩童般时那样，想让他们明白大自然不是枯燥乏味的，而是生动有趣的。所以，我一直要求我写的东西不能像某些科学家们那样故弄玄虚。对我而言，你们的那些文章就像某些土著人的语言，没有人听得懂，没有人看得懂，也不会有人去看。

现在，我想谈论的是我的荒石园，还无暇顾及其他事情。它一直在我的计划之内，从未改变，我梦想着把它打造成一个昆虫实验室。最终，我得偿所愿了，我拥有了这样的一块小地方。它坐落在一个荒僻的小村子里。这块土地有许多石子，不能耕种，即使满心劳苦也难以有所收成，当地人称这块地为“阿尔玛”。有时春雨过后，会在乱石中发现一些杂草，从而会吸引来一些羊群。在荒石园里，尽是掺杂着红土的乱石，有人告诉我，那里曾经长过一些葡萄。所以，这种地形并不是不能长东西，只是得需要花费大量的时间和精力去管理。所以，为了能在荒园里种树，我在杂石堆里不断地挖来挖去，即使在这片荒地里唯一能使用的工具是三尺长柄，也会偶尔刨出一些珍稀植物的根茎，不过，它们都是年代久远的且已部分炭化了的根茎。现在，上面原有的植物都被清理了，包括葡萄树、百里香、薰衣草，这让我十分懊恼。我不得不重新种植百里香和薰衣草，因为它们可以作为膜翅目昆虫的猎场，这对我十分有用。矮小的胭脂虫栎成簇生长，一簇簇连起来就成了一片矮树林，你可以轻易地从它们上面迈过去。

在这里，到处生长着令人十分厌恶的犬齿草，属于禾本植物。它们不请自来，种子随风飘荡，在荒石园里扎根、肆意繁衍。即使连年的炮火，也无法将它们彻底消灭。在数量上占第二位的是各种矢车菊，它们浑身都是尖锐的刺，犹如少年桀骜不羁般高傲。这种植物分为两年生矢车菊、蒺藜矢车菊、丘陵矢车菊、苦涩矢车菊，尤以两年生矢车菊数量最多。这些不同种类的矢车菊相互缠绕，错综复杂，乱哄哄地拥挤在一起。在这乱如麻的矢车菊丛中，还可见一种长着很大的如火焰般的橘红色花，有硬如铁钉般的刺茎，被称为西班牙刺柊的菊科植物，它凶神恶煞的形如大烛台的外形，令人望而却步。其中，身高笔挺，身长一两米，末梢长有巨大紫红色球的，比西班牙刺柊还要高的是伊利大刺蓟，最要命的是它浑身长满刺，跟西班牙刺柊相比不差上下。除了这些，还有刺茎菊科类植物。第一个必须提到的当属恶蓟，它们浑身长满刺棘，让想去采摘的人无处下手。第二种是阔叶的披针蓟，叶脉顶端是梭镖状硬尖；最后是染黑蓟，颜色随着植物的生长越来越黑，它们簇拥在一起，缩成团状，外观上形如插满针刺的玫瑰花结。在这些蓟类植物中间的空地上，随处可见的尽是细长的、结满淡蓝色果实的、满是荆棘的绳锁。在这充满荆棘、杂草丛生的地方，要是你没有穿高筒皮靴就想贸然闯入的话，就有你好受的，你会为自己的粗心大意和盲目行动付出代价，带来满是伤痕的又疼又痒的小腿肚子。春雨过后，土壤里的水分充足，刺柊和大翅蓟中的黄矢车菊以其满是黄色头状花序的细嫩而冗长的枝条铺满地面，犹如地毯般在地面上铺展开来。在环境如此艰难的荒园里，这种荆棘更能展现出它们顽强的生命力。它们在荒园的每个角落，都布有一座座狼牙棒似的金字塔，伊利里亚矢车菊也在向四处投出它那如标枪似的枝条。但到了酷暑难耐的夏季，这里似乎失去了生机，呈现出萧条景象，仿佛整块土地可以被瞬间点燃。即使如此，这里依旧是我期望已久的乐园，是我经过四十多年的艰苦奋斗努力得来的，在这里，我可以与我的昆虫朋友们长久地、随心所欲地共同生活。

我称它为美丽迷人的伊甸园，现在看来，这种说法还是比较恰当的。这块荒地，没有养分，十分荒芜，估计任何人都会觉得往地上撒一些萝卜种子是一种浪费。但是，对于膜翅目昆虫而言，这里就是天堂。周围所有的膜翅目昆虫，都被满园的荆棘蓟类植物和矢车菊吸引过来。如此多的昆虫聚集在一起，毫不夸张地说，我从未在同一片地方看到过这么多种昆虫，这在我多年的昆虫捕捉或观察中，可以说是绝无仅有的。它们中，有专门以捕捉活物为食的“猎人”，有建房子的“泥瓦匠”，有用棉线纺织的“纺织工”，有将叶片或花瓣裁剪成零件的“备料工”，有用碎纸片建纸板房的“建筑工人”，有搅拌泥土的“泥瓦工”，有给木头钻眼的“木工”，有负责地下挖坑道的“矿工”，有负责吹气球的“工人”。还有谁，我也数不清楚了。

快看，这是谁呀？它是黄斑蜂。它正忙着把黄矢车菊茎上蛛网般的绒毛收集起来，团成一个小绒球，并用它的大颚将它们叼走，显示出一副骄傲的神情。它要把这个绒球弄到地下，做成用来装蜂蜜和卵的袋子。那边正在进行激烈的搏斗、互相争夺战利品的家伙们又是谁呀？那是切叶蜂，它们的腹部下方带着用来切割的毛刷，这些毛刷有黑色的、白色的或火红色的。它们要离开这一片矢车菊，去附近的灌木丛中，用毛刷把灌木叶子切成椭圆形的小叶片，用来包裹花粉。那边几位穿着黑丝绒衣的又是谁？它们是石泥蜂，顾名思义，它们是负责加工水泥和砾石的。在荒石园遍地的石头上，随处可见昆虫们的建筑物。此外，还有大声嗡嗡叫着的，猛地腾空而起的是谁呢？它们是沙泥蜂，住在旧墙和附近向阳的斜坡上。

现在我们看到的是壁蜂，一只正在忙着将自己的蜂巢建在蜗牛螺旋形的空壳上；另一只把一小截干燥的秸秆挖空，为幼虫准备一个圆柱形的婴儿房，它还会用隔板将房间隔开，分成几层；第三只是个高手，它把家安置在干芦苇里，因为它有天然的管子；第四只的手段更为高明，它直接霸占了石蜂的空巢，连房租都省了。还有长须蜂，它们中的雄蜂有着长长的触角；毛斑蜂的后腿上有巨大的毛刷，用来收集花粉；还有家族庞大的土蜂，腰腹纤细苗条的隧蜂。还有很多其他的昆虫，就不一一介绍了，如果要细数这片矢车菊中的房客，那几乎要把整个蜜蜂家族全都记录下来。我曾经把我新发现的昆虫呈给波尔多的一位学识渊博的昆虫学家——佩雷教授，他惊讶地询问我是采用什么特殊的捕猎方法，能一下子捕捉到那么多稀有的昆虫，其中不乏首次发现的新品种。实际上，我并不是捕捉昆虫方面的专家，也没有什么秘诀，而且我在寻找、捕捉、做昆虫标本这一系列问题上也没有什么热情，我热衷的是观察昆虫在大自然中劳碌的样子。我能捉到那么多的昆虫完全是环境所赐，一切都要归功于我的那片长着茂密的如同地毯般的矢车菊和蓟类植物的荒石园。

凑巧的是，在这群采蜜者中间还生活着一群以它们为食的捕猎者的部落。泥瓦匠们在我的荒石园里修建围墙时，将建筑材料——石子和沙子成堆地堆放。工程进展十分缓慢，一拖再拖，以致这些材料都被遗弃在这里。没过多久，它们就被许多“住户”霸占了。石蜂三五成群地挤作一团，在石头缝隙里过夜。还有体形粗壮的斑纹蜂，藏身在洞穴里，在里面埋伏着，等着捕猎经过洞口的金龟子。它很凶悍，只要你靠得太近，不管你是有意还是无意，不管是人还是狗，它都会毫不客气地攻击你。鹡鸰鸟身着白色的衣服，只有翅膀是黑色的，这副打扮，看起来多像个多明我会的修士。它喜欢整日蹲在最高的石头上，重复哼唱着那几句歌曲。它的巢一定就在这附近的某个地方，里面藏着天蓝色的卵。片刻间，小修士消失在了乱石之间，没了踪影。真遗憾！这是一个多么可爱、迷人的邻居，我对它有点怀念，对于斑纹蜂的离开我却没有丝毫的留恋。

除此之外，沙土也成了另一些种群的栖居之地。在那里，泥蜂正在清扫地穴的门庭，它的身后时时会被抛出一些尘土。朗格多克飞蝗泥蜂咬住螽斯把它拖走，一只大唇泥蜂正在把捕捉到的叶蝉藏入地窖里。后来，建筑工人把那里的捕猎者都驱逐走了，我真为它们感到遗憾。如果哪一天我想把它们召唤回来的话，只要再堆放几个沙堆，它们便很快住进去了。但是，还是有一些捕猎者留了下来，尽管它的家与过去有所不同。我曾在春天或秋天，看见不同种类的沙泥蜂整天在荒石园的小径和草地上飞来飞去，忙着寻找毛毛虫。警觉的蛛蜂拍打着翅膀，四处寻觅着蜘蛛的踪迹，个头儿不小的蛛蜂则会伺机捕捉法国狼蛛。在荒石园这片土地上，狼蛛的巢穴并不少见。狼蛛的洞穴是垂直的深坑，洞口有用稻草和蛛丝编成的围栏保护着。如果你朝坑底望去，会看到狼蛛的眼睛像钻石般闪闪发光，让人感到不寒而栗。对蛛蜂来说，捕捉这样的猎物可是非常危险的。现在，在炎炎夏日的酷热中，有一种强悍、勇猛的蚂蚁，从蚁穴出发，排着长长的队伍，开始了一场艰苦的远征，它们要去俘获奴隶。如果时间充足的话，我们不妨跟着蚂蚁大军，看看它们是如何狩猎的。在一小片茂盛的牧草周围，有一群长达一点五法寸①的土蜂，它们懒洋洋地飞着，然后钻进草丛中拖出一条肥大的幼虫，原来它们是被某种金龟子的幼虫吸引住的，比如蛀犀金龟子和金匠花金龟子，那可是它们最美味的食物。

这里，有太多太多值得我去观察和研究的昆虫，而且我只提到了一小部分。人们抛下了这块地，遗弃了闲置的房屋。人去楼空之后，这片清静之地便成了动物们的天堂。没有人会去打扰和伤害它们，所以，任何一个角落都可以为它们所用。黄莺在丁香丛中筑巢；翠鸟在茂盛的柏树中安家；麻雀把破布和稻草搬到瓦片下；从南方归来的金丝雀在梧桐树梢头鸣叫，它们的窝只有半个黄杏那么大；红鸟鹗每晚会飞出来，哼唱声如笛子似的单调歌曲；还有被称为“雅典娜鸟”的猫头鹰，每天都能听到它那刺耳的咕咕咽咽的叫声。一个大池塘坐落在这个房屋的前面，里面清澈的水来自向村子输送泉水的渡槽。到了动物繁殖的季节，方圆一公里内的两栖动物都会在池塘边聚集。灯芯草蟾蜍就常在这里约会，它们有的个头儿长到盘子大小，背上有着一条窄小的黄色条纹。夜幕降临时，“助产士”雄蟾蜍在池塘边蹦来蹦去，

注释

①法寸：法国长度单位，一法寸约为二十七点零七毫米。

在它的后腿上挂着一串串雌蟾蜍的卵，每个卵的个头儿都像胡椒粒似的。这位慈爱的父亲远道而来，是为了把它最珍贵的卵投入池塘中，然后再藏在石板下，发出清脆的铃铛般的声音。还有成群的雨蛙，它们不是躲在树丛中呱呱乱叫，就是以优美的姿态嬉戏玩水。五月的夜晚，池塘就变成了一个交响乐团，各种声音鸣叫声夹杂在一起，吵得人寝食难安。为了能有一个安静的环境，我们得采取严厉的措施。能怎么办呀？一个被吵得难以入眠的人，可是很铁石心肠的。

膜翅目昆虫简直胆大包天，它们甚至侵占了我的隐居之所。白边飞蝗泥蜂在我屋门槛边的一小堆瓦砾里筑巢，为了不踩坏它们的窝，为了不踩死这些忙活的矿工们，我每次进门时都得小心翼翼。我已经有二十五年没有见过这种专门捕捉蝗虫的白边飞蝗泥蜂了。我刚认识它时，是顶着八月炙烤的阳光，举步维艰，跋山涉水才寻找到的。此后，每次去寻访时，都是如此。现在，它就在我的家门前，竟然与我成了最亲密的邻居。关着的窗户还为长腹蜂提供了温度适宜的居所，它们在石砖砌的内墙上还用泥土做了一个蜂巢。这些长腹蜂捕食蜘蛛后，窗框上正好有一个小洞，它们从那里钻进自己的巢穴。还有几只孤零零的石蜂，它们将蜂巢建在百叶窗的线脚上，一个黑胡蜂在略微开启的屏风板内侧建起它的小圆顶，上面还有一个短细、大口颈脖。胡蜂和马蜂是我家的常客，它们经常飞到我的饭桌上，品尝我们吃的葡萄是不是熟透了。

这里的昆虫数量繁多，种类齐全，我所见的只是一小部分，还远没有把它们一一列出来。如果我能与它们互相交流的话，足以消磨掉我的孤独寂寞。所有的这些可爱的昆虫，它们有的是我的旧相识，有的则是刚刚认识的，它们都聚集在这里，每天忙着捕食、采蜜、筑巢。如果想要换一个环境进行观察的话，附近几百米处就是一座山坡，那里生长着一丛丛野草莓、岩蔷薇和欧石楠树，那里有泥蜂们喜爱的沙地，那里的泥灰质坡面上住满了各种膜翅目昆虫。正是因为预见了这里的丰富物种，这笔珍贵财富，我给自己找了充分的理由逃离城市，来到乡村，来到这里，整日做一些给萝卜除草、给莴苣灌溉的事情。

人们在大西洋和地中海沿岸，投入大量的资金建立了许多实验室，仅仅是解剖一些对我们来说意义不大的、生活在海洋中的生物；人们不惜花费巨额钱财，购置高倍的显微镜、精密的解剖仪器、捕捉动物的设备，出动大批捕捞人员和船只，建造多个水族馆，只是为了研究某些环节动物的卵黄如何分裂。我真是搞不清楚，这些人为什么要花费这么大的精力研究这个问题？人们为什么对生活在陆地上的小昆虫如此不闻不顾？相对于海洋生物，它们更与我们息息相关，它们为普通生理学提供着宝贵的资料。它们中有穷凶极恶的昆虫毁坏我们的庄稼，危及我们的公共利益。因此，我们应该建立一个昆虫实验室，不是研究泡在三六酒①里的昆虫尸体，而是研究活生生的昆虫，并且观察昆虫的本能、习性、生活方式、劳动、抗争、筑巢和繁殖等各个方面。面对这些问题，我们要严肃对待，它不仅是自然知识的问题，同时还需农业和哲学等各个领域加以重视并从中获得启发。深入了解一种会毁坏葡萄的昆虫，也许要比知道某种蔓足纲动物的某一根神经末梢长什么样重要得多。用实验来确定智能和本能之间的分界，通过比较动物界的现象来解释人的理性是否可以改变，这也比知道甲壳纲动物有多少触须重要得多。为了弄清楚这些大问题，我们需要动用大量的人员，但现在却一个人也没有。目前，大家的目光都聚焦在软体动物和植虫动物身上。人们采购大量的拖网去探索海底，却对身边脚下的土地一无所知，这是不应该的。我期盼、等待着人们转变这种态度，同时，我建立了属于自己的昆虫实验室，并且没有花费纳税人一分钱。

点评赏析

每个人永远无法走出他的童年，法布尔也不例外。他与自然有着一种与生俱来的亲密感，从小就酷爱观察植物和昆虫。小时候法布尔就在心里种下了一个美梦，决定用自己的一生拼命奋斗——研究昆虫。几十年后，这个梦实现了！法布尔终于拥有了属于自己的荒石园，他钟情的宝地，一个野外实验室。

注释

①三六酒：旧时一种八十五度以上的烧酒，取三份烧酒，兑三份水，即成六份普通烧酒。

作者在本篇文章中运用了大量比喻、拟人等修辞手法，文笔精练流畅，字里行间的欣喜之情潺潺流淌。我们可以感知，全心全意研究昆虫的法布尔沉浸在巨大的幸福中。无私的大自然是一座取之不尽的宝藏，它给予人类的财富已经太多太多。荒石园里到处藏着数不清的知识和秘密，法布尔正带领着我们一一探求。

知识链接

矢车菊，菊科矢车菊属的一年或二年草本植物。矢车菊从茎的中部开始分枝，全株为灰白色，密被卷毛；叶片为披针形，全缘为羽状的分裂；头状花序顶生，排列成圆锥状花序，苞片总共约为7层，边花比中央盘花大，前端有浅裂。花期4～5月。

矢车菊原产于欧洲东南部地区，主要分布于地中海地区及亚洲西南部地区，中国主要分布在新疆、青海、甘肃、陕西、河北、山东、江苏、湖北、广东及西藏等各地公园、花园及校园普遍栽培。新疆、青海可能有归化逸生。

矢车菊的适应性较强，喜欢阳光充足，不耐阴湿较耐寒，喜冷凉，忌炎热。喜肥沃、疏松和排水良好的沙质土壤。

矢车菊作为欧洲民间医学传统植物药，主要用治疗眼科炎症。药理研究表明，矢车菊具有抗炎、抗菌、抗肿瘤、利尿等作用。

绿色蝈蝈 精读

扫码听读

导读 谈到《昆虫记》，周作人说："比看那些无聊的小说、戏剧更有趣味，更有意义。"的确如此，法布尔笔下的蝈蝈是鲜活的，字里行间洋溢着作者对生命的尊重与热爱。蝈蝈的鸣唱给大自然增添了一串串美妙的音符，而法布尔则以睿智的哲思、求真的探索为人类的精神之树增添了一颗丰硕的智慧之果。在我们品享的同时，就让心中的感念化作对"昆虫界的维吉尔"的赞誉。在本文中，作者介绍了蝈蝈的叫声、食物习性等，蝈蝈最喜欢的食物是蝉，你知道它最喜欢吃蝉的什么部位吗？你知道蝈蝈最喜欢什么味道的食物吗？让我们一起来了解下嘴馋的蝈蝈吧。

七月中旬，酷热的夏季才刚刚到来。而事实上，烈日比时间更急不可耐，高温天气已经持续几周之久了。

村子里今夜庆祝国庆。孩子们围绕跳动的篝火欢呼雀跃，火光映照着教堂的钟楼。几束烟花冲上夜空，在"咚咚"的鼓声伴奏下，为节日增添了一些热闹气氛。此刻，我孤身一人，在一个昏暗的角落里，乘着夏夜九点的夜凉，静听起田野间另一番节庆的音乐会来。比起这时在村中广场上的欢庆，比起那灿烂的烟花、跃动的篝火、明亮的纸灯笼、醉人的美酒，这里的音乐会更让我心醉。简单、宁静中别有一种美丽与坚强的韵味❶。

◎写作分析

❶对比手法。用国庆时村里热闹的场面，衬托作者对虫子音乐会的喜爱。

天色已晚，蝉声停止了。一整个白天，它们都浸泡在烈日和热浪之中，拼命地嘶叫。夜幕降临，它们该歇息了，可噩梦也就在此时突然到来。从梧桐树深浓的枝叶中，突然传出一声可怕的嘶鸣，尖利而短促。这是蝉儿发出的绝望哀号。它在睡梦中遭到了狂热的夜间猎手——绿蝈蝈儿的袭击。绿蝈蝈儿猛扑上前，将蝉拦腰抱定，开膛剖腹，一掏而空❷。

◎写作分析

❷动作描写生动传神，将绿蝈蝈狩猎的方式形象地表现出来，画面感十足，可见作者运笔精妙。

让我们远离喧嚣去倾听，去沉思吧。当被捉住的蝉还在挣扎的时候，梧桐树梢上的节目还在进行着，但合唱队已经换了人。现在轮到夜晚的艺术家上场了。耳朵灵敏的人，能听到弱肉强食处四周的绿叶丛中，蝈蝈在窃窃私语。那像是滑轮的响声，很不引人注意，又像是干皱的薄膜隐隐约约地窸(xī)窣(sū)作响。在这喑(yīn)哑而连续不断的低音中，时不时发出一阵非常尖锐而急促、近乎金属碰撞般的清脆响声，这便是蝈蝈的歌声和乐段，其余的则是伴唱。尽管歌声的低音得到了加强，这个音乐会不管怎么说还是不起眼，十分不起眼的。虽然在我的耳边，就有十来个蝈蝈在演唱，可它们的声音不强，我耳朵的鼓膜并不都能捕捉到这微弱的声音。然而当四野蛙声和其他虫鸣暂时沉寂时，我所能听到的一点点歌声则是非常柔和的，与夜色苍茫中的静谧(mì)气氛再适合不过了。绿色的蝈蝈啊，如果你拉的琴再响亮一点儿，那你就是比蝉更胜一筹的歌手了❶。在我国北方，人们却让蝉篡(cuàn)夺了你的名声！

◎ 写作分析

❶用拟人手法写蝈蝈，突出了蝈蝈鸣叫的特点，流露出作者的喜爱之情。

在6月份，我捉了不少雌雄的蝈蝈关在我的金属网罩里。这种昆虫非常漂亮，浑身嫩绿，侧面有两条淡白色的丝带，身材优美，苗条匀称，两片大翼轻盈如纱❷。关于食物，我遇到了喂养螽(zhōng)斯时同样的麻烦。我给它们莴苣叶，它们吃了一点儿，但不喜欢。我必须另找食物，它们大概是要鲜肉吧，但究竟是什么呢？

◎ 常识积累

❷介绍蝈蝈的外表特征：浑身嫩绿，侧面有两条淡白色丝带，身材苗条匀称，两片大翼轻盈如纱。

清晨，我在门前散步，突然旁边的梧桐树上落下了什么东西，同时还有刺耳的吱吱声，我跑了过去，那是一只蝈蝈正在啄着处于绝境的蝉的肚子。我明白了，这场战斗发生在树上，发生在一大早蝉还在休息的时候。不幸的蝉被活活咬伤，猛地一跳，进攻者和被进攻者一道从树上掉了下来。有时我甚至还看到蝈蝈非常勇敢地纵身追捕蝉，而蝉则惊慌失措地飞起逃窜，就像鹰在天空中追捕云雀一样。但是这种以劫掠为生的鸟比昆虫低劣，它是进攻比它弱的东西，而蝈蝈则相反，它进攻比自己大得多、强壮有力得多的庞然大物，而这种身材大小悬殊的肉搏，其结果是毫无疑问的。蝈蝈有着有力的大颚、锐利的钳子，不能把它的俘虏开膛破肚的情况极少出现，因为蝉没有武器，只能哀鸣踢蹬1。

我笼里的囚犯的食物找到了，我用蝉来喂养它们。它们对这道菜吃得津津有味，以至于两三个星期间，这个笼子里到处都是蝉肉被吃光后剩下的头骨和胸骨，扯下来的羽翼和断肢残腿。肚子全被吃掉了，这是好部位，虽然肉不多，但似乎味道特别鲜美。因为在这个部位，在嗉(sù)囊里，堆积着蝉用喙(huì)从嫩树枝里吮(shǔn)取的糖浆甜汁2。是不是由于这种甜食，蝉的肚子比其他部位更受欢迎呢？很可能正是如此。

为了变换食物的花样，我还给蝈蝈吃很甜的水果：几片梨子，几颗葡萄，几块西瓜。这些它们都很喜欢吃。就像英国人酷爱吃用果酱作作料的带血的牛排一样，绿色蝈蝈酷爱甜食。也许这就是它抓到蝉后首先吃肚子的原因，因为肚子既有肉，又有甜食。

不是在任何地方都能吃到沾糖的蝉肉的，因此别的东西也得吃。对于金龟子一类的昆虫，它毫不犹豫地都接受，吃得只剩下翅膀、头和爪3。

这一切都说明蝈蝈喜欢吃昆虫，尤其是没有过于坚硬的盔甲保护的昆虫。它十分喜欢吃肉，但不像螳螂一样只吃肉。蝈蝈这蝉的屠夫在吃肉喝血之后，也吃水果的甜浆，有时没有好吃的，甚至还吃一点儿青草。

蝈蝈也存在着同类相食的现象。诚然，在我的笼子里，我从来没见过像螳螂那样捕杀姊妹、吞吃丈夫的残暴行径，

◎写作分析

1用拟人手法，把蝉逃跑时的情态生动地展现了出来。用鹰作比较，鹰是以大欺小，以强欺弱，而蝈蝈是以小胜大。

◎要点提示

2“囚犯”指蝈蝈，因被捉并装在笼中而有此称。“津津有味”说明蝉是蝈蝈非常喜爱的食物。通过观察发现蝈蝈最喜欢吃蝉的肚子。

◎要点提示

3作者通过不同的实验，知道了蝈蝈的食性：蝈蝈喜欢吃昆虫的肉，但是更爱吃沾糖的蝉肉。

◎要点提示

❶写蝈蝈彼此十分和睦地共居在一起，从不争吵。蝈蝈是一种群居动物。

◎要点提示

❷自私心到处存在，昆虫也不例外。用生动传神的语言写蝈蝈饱食后的神态，描述栩栩如生。

但是如果一只蝈蝈死了，活着的一定不会放过品尝其尸体的机会的，就像吃普通的猎物一样。这并不是因为食物缺乏，而是因为贪婪才吃死去的同伴。撇开这一点不谈，蝈蝈是彼此十分和睦地共居在一起的，它们之间从不争吵，顶多面对食物有点儿敌对行为而已❶。我扔入一片梨，一只蝈蝈立即占住它。谁要是来咬这块美味的食物，出于妒忌，它便踢腿把对方赶走。自私心是到处都存在的。吃饱了，它便让位给另一只蝈蝈，这时它变得宽容了。这样一个接着一个，所有的蝈蝈都能品到一口美味。嗉囊装满后，它用喙尖抓抓脚底，用沾着唾液的爪擦擦脸和眼睛，然后闭着双眼或者躺在沙上消化食物❷。它们一天中大部分时间都在休息，天气炎热时尤其如此。

点评赏析

本文是一篇妙趣横生的科学小品文，知识性和趣味性极强。本文将科学精神和人文精神高度结合，描写生动，语言优美，拟人手法的运用，加强了文章的表达效果。在这篇文章中，法布尔通过自己详尽的观察，用生动活泼的文字给我们介绍了蝈蝈这种可爱的昆虫，介绍了它的一些习性，如叫声、食物习性。其中详写了食物习性，对蝈蝈的叫声进行了略写。法布尔笔下的蝈蝈是鲜活的，字里行间洋溢着作者本人对生命的尊重与热爱。

知识链接

蝈蝈、蛐蛐、油葫芦、金钟（马蛉）号称“京城四大鸣虫”。蝈蝈雄虫有翅个体，在前翅附近有发音器，通过两翅摩擦发出鸣声。雌虫产卵器呈刀状或剑状。雄蝈蝈利用前翅摩擦发出醇美响亮的鸣声，吸引异性。因其个体大、鸣声亮，有“鸣虫之首”的美誉。我国已知200多种，著名的有纺织娘、蝈螽等。蝈蝈分布几乎遍及全世界，多数分布在热带和亚热带。主要栖息于草丛、灌丛中，捕食小昆虫或植食性，也有杂食性种类。一般一年一代，以卵越冬，也有以幼虫或成虫越冬的。

我国历来视蝈蝈为宠物，宋代人开始饲养螽斯，明代从宫廷到民间养螽斯已经较为普遍。中国独有的源远流长的蝈蝈文化至今仍在延续。每当夏、秋季，农民们把成千上万只蝈蝈运到城市，在一片悦耳的鸣叫声中，它们被一一出售。

回顾训练

1.昆虫记共有（　　）。

A.八卷　　B.九卷　　C.十卷　　D.十一卷

2.法布尔被誉为（　　）。

A.昆虫界的荷马　　B.昆虫界的圣人

C.昆虫至圣　　D.昆虫界的托尔斯泰

3.昆虫记是一部（　　）。

A.文学巨著、科学百科　　B.文学巨著

C.科学百科　　D.优秀小说

4.找出作者在文中对蝈蝈的称呼，并思考作者在什么样的情况下这样称呼蝈蝈。

扫码听读

大孔雀蝶 精读

导读　大孔雀蝶总是在夜晚出没，它美丽而又神秘。它们是如何交配与繁殖的呢？法布尔为了深入地了解大孔雀蝶的生活习性与交配方式，不厌其烦地一次又一次实验。剪掉它们的触须，会变得怎样？或者，剪去它们腹部的一点绒毛，会对它们造成什么影响呢？让我们带着这些疑问来看看，那些蝴蝶迅速死去到底是因为什么。

这真是一个令人难忘的夜晚啊。我要把它称为大孔雀蝶之夜。谁会不知道这种美丽的蝴蝶呢？穿栗色的天鹅绒外衣，系白色的毛皮领带，是全欧洲最大的蝴蝶。它的翅膀上散布着灰色和棕色的斑点，中间穿过一条浅色的之字形条纹，四周镶着一圈烟白色的边，翅膀中央有个圆圆的斑点，看起来就像是一只乌黑的大眼睛闪着彩虹般丰富多彩的光芒，白色、黑色、鸡冠红、栗色等颜色呈弧形排列在一起，变化多端❶。

◎写作分析

❶通过对大孔雀蝶外貌的细致描写，可以看出其非常漂亮。

大孔雀蝶的毛虫同样让人注目，它们的身体隐约呈黄色，上面稀落地环绕着黑色的纤毛，体节末端镶嵌着一颗颗蓝绿色的珍珠。它们的茧是棕色的，非常粗壮，出口呈漏斗状，十分特别，就像是渔夫的鱼篓。它们通常紧紧地贴在老巴旦杏树根部的树皮上。它们是以这种树的叶子为食的。

五月六日的上午，在我实验室的桌子上，一只雌性的大孔雀蝶在我眼前破茧而出。虽然它刚从茧里孵化，身上还是湿漉漉的，但我还是立刻把它关进了钟形金属网罩。尽管当时还没有任何关于大孔雀蝶的研究计划。把它关起来，只是出于观察者的习惯，我总是很关心未来可能会发生什么事情❷。

◎要点提示

❷可以看出作者当时并没有研究大孔雀蝶的计划，将它关起来只是习惯使然，可以看出作者对昆虫研究的无限痴迷。

幸亏我这样做了。晚上九点左右，一家人正准备睡觉，突然隔壁的房间里传来一阵杂乱的声音。小保尔半裸着身体，来来回回地跑着、跳着、跺着脚，还弄翻了椅子，一副害怕万分的样子。我听见他在喊我："快来，快来看看这些蝴蝶，跟鸟一样大的蝴蝶！房间里哪儿都是！"

我急忙跑过去。孩子的激动和夸张的呼喊一定是有原因的。我的居所遭到了从未有过的入侵，入侵者是一大群巨大的蝴蝶。其中有四只被保尔抓住关进了鸟笼，其余的则成群结队地在天花板上飞舞。

看到这样的情景，我想起了早上被我关起来的那只雌蝴蝶。"穿好衣服，孩子，"我对儿子说，"别管鸟笼了，跟我走。我们去看稀奇的事儿。"

我们下楼，直奔我的工作室，它在住宅的右侧。经过厨房时，我碰到了女仆，她也被眼前发生的奇观惊呆了。她用围裙扑打着那些大蝴蝶，起初，她还以为那是蝙蝠呢。

看来，大孔雀蝶已经占领了我住宅的各个角落。它们是被那只囚禁着的雌蝴蝶招来的，现在不知道楼上那囚犯身边是怎样的一番情景[1]。幸好，工作间的两扇窗户中有一扇开着。道路畅通无阻。

我们拿着蜡烛，走进那个工作间。眼前的景象叫人终生难忘。大蝴蝶们围着金属罩飞舞、停顿、飞走、飞回，时而冲上天花板，时而再飞下来，发出轻柔的噼啪声。它们扑向我们手中的蜡烛，用翅膀将烛火扑灭；它们还飞到我们肩上，钩住我们的衣服，擦过我们的脸。整个房间就像是巫师的巢穴，到处都是旋转纷飞的蝙蝠[2]。为了壮胆，小保尔将我的手抓得比平时更紧了。

这些蝴蝶有多少只呢？大约二十来只。加上那些迷失在厨房里、孩子们的卧室里以及住宅其他房间里的蝴蝶，总共

◎要点提示

[1]奇怪的现象，吸引读者的阅读兴趣，并能引发读者的思考：这些蝴蝶是怎么找来的？

◎写作分析

[2]运用比喻的修辞，凸显出那么多飞飞撞撞的蝴蝶给人带来的恐惧感，它们可以扑灭烛火，可以钩住衣服，擦过人们的脸。

将近有四十只。我刚才说，这是一个令人难以忘怀的大孔雀蝶之夜。那四十多位情郎不知怎么得到了消息，从四面八方赶来，殷勤地向今天早上在我那神秘的工作室出生的婚龄淑女表示爱意。

今天我们就不再打扰这群求婚者了。刚才，烛火已经烧伤了一些冒冒失失撞上来的蝴蝶，把它们略微烤成了焦黄色。明天，我们事先准备好实验的问题，再继续研究吧。

现在，我们先要清理场地，然后谈一谈在我观察的这八天里，每一次都会发生的同样的事情。蝴蝶们总是在黑夜降临之后，八点到十点之间，一个个地陆续飞来1。暴风雨即将来临，天空中乌云密布，一片漆黑，哪怕是在露天，在花园里没有树木遮挡的地方，也是伸手不见五指。

◎常识积累

1这处的描述提醒了我们，大孔雀蝶应该是昼伏夜出的动物。

除了黑暗之外，来访者还必须克服进屋前所遇到的重重困难。我家的房子掩映在一片高大的梧桐树下，要进去必须先经过一条两侧长满茂密丁香和蔷薇的小径。房子前面还种着一排松柏，以阻挡夏季干旱而强烈的西北风。最后，在离门几步远的地方，另有一道小灌木丛形成的壁垒。大孔雀蝶必须在黑暗中穿过这些杂乱的树枝，迂回转折，才能最终到达它们朝拜的圣地。

在这样的情况下，连猫头鹰也不敢贸然离穴。可大孔雀蝶长着复眼，比猫头鹰的大眼睛装备更加精良，因此它毫不犹豫，勇往直前，来往穿梭，却没有一点磕磕碰碰。它对自己的蜿蜒飞行控制自如，尽管一路上困难重重，但当它到达目的地的时候，仍然精神抖擞，大大的翅膀完好无损，没有一点擦痕。对它来说，黑暗无异于光明2。

◎常识积累

2因为大孔雀蝶长着复眼，所以能在黑暗的环境中畅通无阻。

即使我们认为大孔雀蝶可以看到普通视网膜所不可及的某些视野范围，这种超乎寻常的视力也不能成为它隔着一段距离获得消息并飞来的原因。遥远的距离和中间的种种阻挡，使大孔雀蝶根本不可能看见工作室里的雌蝴蝶。

而且，除非光的折射造成迷路——但在这里并没有折射的现象存在——否则，大孔雀蝶应该直奔它所见到的东西，因为光线所指的方向非常清楚。但事实上，大孔雀蝶有时却会弄错，并不是弄错大方向，而是弄错吸引它前去的事件所发生的确切地点。我前面说过，孩子们的房间在我工作室的对面，而工作室才是来访者真正的目的地。但在我手持烛火进入孩子们的房间之前，里面已经满是大孔雀蝶了。那些家伙肯定是接收了错误的信息。厨房里同样也有许多迟疑的蝴蝶，可能是因为厨房里明亮的灯光，对于那些夜间活动的昆虫来说，实在是一种不可抗拒的诱惑，足以让它们偏离目标❶。

◎要点提示

❶作者在排除原因后来证明光会让蝴蝶产生迟疑，偏离目标。

那么，让我们只考虑那些黑暗的地方吧。那里，迷路的蝴蝶并不少见。在它们的目的地附近，我几乎到处都能找到迷途者。因此，尽管被囚的雌蝴蝶在工作室里，但并非所有的蝴蝶都从那扇开着的窗飞进去，而那扇窗离金属罩就几步远，是最直接、最准确的通道。一些蝴蝶从楼下进来，在前厅里游荡，最多到达楼梯，而楼梯是一条死路，因为它的尽头是一扇关着的门。

如果大孔雀蝶是通过某种光线的辐射——无论这种辐射人体是否能感觉得到——来获得信息的，那么这些前来参加婚庆的客人们会直奔目的地。然而，从观察到的情况来看，事实并不是这样。一定有什么其他的东西在远处向它们发出信号，把它们引到确切的地点附近，然后让它们通过模糊的寻找和迟疑做出最后的发现❷。我们的听觉和嗅觉差不多也是以同样的方式给我们信息的，当我们需要精确地找到声源或味源的位置时，听觉和味觉只能大致地为我们指引方向。

◎要点提示

❷作者猜测，肯定雌蝴蝶可以通过什么手段给雄蝴蝶发出信号。

处于发情期的大孔雀蝶在黑夜里长途跋涉，它的感知器官究竟是什么呢？有人猜想是触须。事实上，雄大孔雀蝶

◎要点提示

1作者针对人们对大孔雀蝶利用触须来感知的认知，准备开始实验。

似乎就在用它那宽大的、毛状的扁平触须，探寻着四周的空间。这些华美的羽毛，仅仅是简单的装饰呢，还是同时能帮助那些热恋中的大孔雀蝶感知气息、为它们指引方向？要通过实验得出结论很容易。我们就做一个实验吧1。

发生入侵的第二天，我在工作室里发现了前一天晚上的八只来客。它们一动不动地趴在那扇关着的窗户的横档上。其余的蝴蝶在昨晚十点左右舞会结束时，都从进来时的那条路——也就是那扇日夜开着的窗户——飞走了。这八只坚持留下来的蝴蝶，正是我做实验所需要的。

我用一把小剪刀把这些蝴蝶的触须齐根剪断，但丝毫没有碰到它们身上的其他部位。这些被截去触须的伤员似乎根本没有把手术当一回事儿。它们全都纹丝不动，几乎连翅膀也没有扑腾一下。情况非常理想：伤口并无大碍。没有一只被剪去触须的蝴蝶因疼痛而发狂，它们只会更好地符合我的意图。一整天过去了，它们全都安静地待在窗户的横档上。

接下来还有另外几件事要做。特别是必须给雌蝴蝶换一个地方，被截去触须的雄蝴蝶在做夜间飞行时，不能让雌蝴蝶处在它们的眼皮底下，以便保证实验结果的真实性。于是，我将钟形罩连同被关在里面的雌蝴蝶一起搬到了别处，我将罩子放在门廊底下的地上，住宅的另一边，那儿离工作室有五十多米。

◎写作分析

2用拟人化的手法，写出大孔雀蝶做完“手术”后的状态，它们是没有触须的“伤员”了。

夜幕降临了，我最后一次去探视那八位伤员2。其中的六只已经通过开着的窗户飞走了；剩下的两只虽然还在，却都掉在了地板上，如果我把它们的身体翻过来，它们都已经没有力气再翻回去了。它们精疲力竭、奄奄一息。这可不是手术的过错。即使我没有剪去它们的触须，它们照样也会这样迅速地衰老。

另外六只蝴蝶精力相对充沛，已经离开了。它们会回到昨晚吸引它们的诱饵身边去吗？没有了触须，它们还能找到那只钟形罩吗[1]？那只钟形罩已经被挪到了别处，离原先的位置很远。

钟形罩被淹没在黑暗之中，几乎是在露天。我时不时提着灯笼和网兜去那里看看。来访的雄蝴蝶被我捉住，经过辨认、分类，然后立刻释放到隔壁的房间里，那房间的门是关着的。这种逐渐排除的方法使我能对蝴蝶的数量做出准确的计算，不用担心同一只蝴蝶会被重复统计。此外，那间临时牢房空空荡荡，十分宽敞，丝毫不会损伤被囚的蝴蝶，在那里它们会安静地休息，并且有足够的空间。在以后的实验中，我也将采取同样的预防措施[2]。

十点半，再也没有新的来访者了。这次实验宣告结束。我总共抓了二十五只雄蝴蝶，其中只有一只没有触须。在昨天接受手术的蝴蝶当中，有六只有足够的体力离开我的工作室，回到野外，而它们中只有一只重新飞回了钟形罩。这个结果并不丰硕，不能令我放心，我既不敢肯定也不敢否定触须的导向作用[3]。我必须做一个规模更大的实验。

第二天早上，我去探访了昨晚抓住的囚犯。看到的景象并不怎么令人振奋。许多蝴蝶都掉在了地上，毫无生气。如果用手指去捉，一些蝴蝶只能勉强露出生命的迹象。对于这些瘫痪的蝴蝶，我能抱什么希望呢？不过还是试一试吧。也许当跳爱情圆舞曲的时刻来临时，它们又会变得生机勃勃。

那二十四只新被抓住的大孔雀蝶接受了触须切除手术。原先那只被剪掉触须的蝴蝶不在其中，它已经濒临死亡，至少已经差不多濒临死亡了。最后，在这一天剩下的时间里，监狱的房门大开。谁爱出去就出去，谁有能力就回来参加晚上的婚庆[4]。为了使离开的蝴蝶们接受寻找实验，我又移动了钟形罩的位置，它原先就在门前，是雄蝴蝶的必经之路。

◎写作分析

[1]这些反问句激发读者的阅读兴趣，八只已经有两只不行了，剩下的这六只到底会怎样，我们迫切地想知道结果。

◎要点提示

[2]作者是以非常谨慎的态度进行观察的，这使作者的观察结果可信度更高，更具科学性。

◎要点提示

[3]不能因为一只蝴蝶的返回，就断定蝴蝶触须是否有导向作用，从中可以看出作者严谨的实验态度。

◎写作分析

[4]比喻生动形象，囚禁雌蝴蝶的这个房间是一个“监狱”；雌雄蝴蝶交配被说成“婚庆”，作者的语言风趣而有意境。

现在，我把它放到住宅另一侧底楼的一个房间里。当然，到达这个房间的道路也是畅通无阻的。

在二十四只被切除触须的蝴蝶中，只有十六只飞到了屋外。其余的八只筋疲力尽，不久就在原地死去。而在这十六只离开的蝴蝶中，会有多少只在晚上飞回钟形罩边呢？一只也没有。那天晚上，我只抓到七只蝴蝶，全都是新来的，全都戴着漂亮的羽翼。这个结果似乎证明，切除触须是一件比较严重的事情。可我还不想下结论：因为还存在一个疑点，非常重要的疑点[1]。

◎要点提示

[1]虽然实验已证明触须具有重要的作用，但具体有什么作用还是未知，作者循着这样的疑问又进行了实验。

刚被人残酷地割去耳朵的小狗穆菲拉尔说：“我现在的样子多好看！我仍然敢出现在其他狗的面前！”我的大孔雀蝶们是否也能有穆菲拉尔大师这样的感知呢？一旦失去了华美的羽饰，它们还敢出现在其他竞争者的面前，向雌蝴蝶稍稍表露一下爱意吗？它们没有来，究竟是因为自惭形秽呢，还是由于失去了导向的器官？或是因为它们等待得太久，短暂的热情已经消逝，它们筋疲力尽了？实验会告诉我们答案。

第四个晚上，我又抓到十四只雄蝴蝶，全都是新来的，它们先后被关到一个房间里，将在那里度过黑夜。第二天，趁它们白天静止不动的时候，我稍稍剪去了它们腹部中央的一些绒毛。剪掉这一点点绒毛不会给这些虫子带来丝毫不便，因为这些丝线般的绒毛很容易再长出来，这样做也不会使蝴蝶们失去任何寻找钟形罩所必需的器官。对于被剪过绒毛的蝴蝶来说，这不算什么；而对于我来说，这是重新来访的大孔雀蝶的真正标记[2]。

◎要点提示

[2]作者剪去绒毛，只是为了确定这些大孔雀蝶是否来过。

这一次，没有一只蝴蝶身体衰弱、不能起飞。到了夜晚，十四只被剪过绒毛的蝴蝶全部飞回了野外。当然，钟形罩的位置又被换过了。在两个小时的时间里，我总共捉到二十只蝴蝶，其中只有两只被剪过绒毛，仅此而已。至于前天被剪去触须的那些蝴蝶，则一只也没有出现。它们的婚期已经过了，结束了。

十四只被剪过绒毛的蝴蝶，只有两只飞了回来。另外十二只同样装备着所谓的导向器官，也就是羽饰一般的触须，可它们为什么会缺席呢？还有，为什么经过一个夜晚的囚禁之后，几乎总会有大批的蝴蝶变得虚弱衰竭呢？我只想得出一个答案：大孔雀蝶们被强烈的交配欲望折磨得精疲力竭❶。

为了它生命的唯一目标——结婚，大孔雀蝶有着非凡的天赋。它可以长途跋涉、穿越黑暗、排除万难，去发现自己的心上人。它有两三个晚上、几个小时的时间，来寻找爱人并与之嬉戏。但如果它没能抓住机遇，那么一切就都完了：精确的指南针会出故障，明亮的导航灯也会失色。这样活着还有什么意思呢！于是，它清心寡欲地退居一隅，就此长眠不醒，把幻想和苦难一同结束❷。

大孔雀蝶只是为了繁衍后代才以蝴蝶的形态出现的。它从不进食。许多其他种类的蝴蝶都是快乐的食客，它们在花丛中来回穿梭，展开螺旋形的吸管，插进甜蜜的花冠；而大孔雀蝶却是无与伦比的禁食者，它彻底摆脱了胃的奴役，根本不需要进食。口腔器官只是一个简单的雏形、无用的摆设，而不是真正可以用来吃饭的工具。没有一口花蜜会进到它的胃里：如果它的生命不因此而特别短暂，那么这倒真是一个了不起的特长。油灯需要油才能发光。大孔雀蝶放弃了它的“灯油”，但同时也放弃了长寿。它的生命只有两三个晚上，刚好够它和配偶相遇相识，仅此而已：大孔雀蝶也算享受过生活了❸。

那些被剪去了触须的蝴蝶没有再飞回来，这意味着什么呢？是不是意味着没有了触须，它们就无法找到钟形罩、找

◎ 要点提示

❶作者猜测，一夜之间大孔雀蝶变得很虚弱，是因为它们被强烈的交配欲望折磨的。

◎ 常识积累

❷大孔雀蝶寻找雌性的天赋，就是为了实现它的存在目标：找到雌性，并且与之交配。

◎ 常识积累

❸雄性大孔雀蝶不需要进食，它的口器只是个装饰。雄性大孔雀蝶的生存时间很短暂，只有三四天。

到在罩内等待它们的雌蝴蝶了？绝对不是。它们和那些被剪过绒毛的蝴蝶一样，接受了有害于身体的手术但丝毫没有受到损伤，它们的不归意味着生命走到了尽头。无论这些虫子的肢体是否受到伤害，它们都由于年龄的关系而不再有用，因而它们的缺席说明不了任何有价值的问题。由于没有必要的时间进行实验，我们无法知道大孔雀蝶触须的作用。这作用以前是一个谜，以后也仍将是一个谜。

◎常识积累

❶雌性大孔雀蝶也只能存活八天，它只要活着，就会在晚上吸引来大批的雄性蝴蝶。

被关在钟形罩里的雌性大孔雀蝶存活了八天。每天晚上，它都根据我的意愿，在住宅的这里或那里，为我引来一大群数量不定的访客❶。我用网兜一一捉住它们，然后把它们立刻关进一个门窗紧闭的房间，让它们在那里过夜。第二天，我给它们做上标记，至少是在它们的胸部剪掉一点绒毛。

这八天晚上飞来的大孔雀蝶总数达到了一百五十只，一想到今后两年里要如何辛苦地寻找，才能获得继续这项研究所必需的材料，一百五十这个数目就令我张口结舌。虽然大孔雀蝶的茧在我家附近并非找不到，但至少是非常罕见，因为毛虫赖以生存的老巴旦杏树在我们这里寥寥无几。我花了两个冬天的时间，把这些衰老的树木全部查看了一遍，仔细翻看了树干的根部和盖着树根的坚硬草皮，这些草皮犹如给老巴旦杏树穿上了鞋子。可是多少次我都是空手而归❷！可见，这一百五十只大孔雀蝶全都来自远方，很远的地方，也许方圆两公里以外或更远的地方。它们怎么会知道我工作室里发生的事情的呢？

◎要点提示

❷作者做了大量的工作，证明了自己家附近没有大孔雀蝶的存在，那么后来出现的雄性蝴蝶，都应该是从远处飞来的。

在远距离信息传递中，有三种元素能够被感知：光、声音和气味。在大孔雀蝶的例子中，能否说传递信息的元素是视觉呢？如果说，来访者们越过打开的窗户后，引导它们的是视觉，这无可非议。但在此前，在陌生的屋外，说大孔雀蝶有神奇而锐利的眼睛，能看到墙后的东西，这就不够了；

还必须承认它拥有灵敏的视觉，可以在几公里远的距离之外完成这样的奇迹。这都是些荒谬的说法，根本不值得讨论，我们还是谈谈其他东西吧。

声音同样也与信息传递无关。那只大腹便便的雌虫虽然能从如此遥远的地方唤来情郎，可它却非常安静，即使最敏锐的耳朵也听不到它的声音。也许它会有内心的颤动、爱情的战栗，可以借助极为灵敏的麦克风听见，严格地说，这是可能的；但是请别忘记，来访者们是隔着遥远的距离，在几千米之外得到信息的。在这种情况下，我们就不必考虑声音了❶。

◎常识积累

❶雌性大孔雀蝶不是依靠声音来传播讯息的，因为很多雄性大孔雀蝶来自远方。

剩下的还有气味。在我们的感觉领域里，某种散发气味的物体，比其他任何东西都能更好地大致解释，为什么大孔雀蝶会赶来、并在经过迟疑之后才能找到吸引它们的诱饵。是不是真的存在某种类似于被我们称为气味的物质呢？这种物质极为细微，我们绝对感觉不到，却能为那些嗅觉比我们更加灵敏的昆虫所感知。我们有必要做一个实验，十分简单的实验。只要将这种气味盖住，用另一种更强烈、更耐久的气味压制住它，让这种强烈耐久的气味来主宰嗅觉。极为强烈的气味可以压制微弱的气味。

我事先在雄大孔雀蝶晚上将要抵达的那个房间里撒上樟脑，又在被关在钟形罩里的雌蝴蝶身边放了一个装满樟脑的小圆盘。雄蝴蝶来访时，只要一进房门，就能闻到一股强烈的煤气厂的气味。可我的伎俩没有奏效。大孔雀蝶和往常一样到来；它们进入房间，穿过弥漫着樟脑味的空气，准确无误地飞向钟形罩，就好像在没有干扰气味的环境下一样❷。

◎要点提示

❷樟脑的强烈味道，不会影响大孔雀蝶的判断。

我对气味的信心动摇了。况且，我也不可能继续实验了。第九天，经过一番徒劳的等待，我的囚犯死了，临死前在钟形罩的网纱上产下一堆不曾受精的卵。由于没有了实验

◎要点提示

■1上一次观察是一次偶然的行为，但是这次的观察，作者要做好万全的准备了。

对象，我在明年之前都将无事可干。

这一次，我将会精心准备，大量储存，以便随心所欲地重复那些已经做过的实验，以及那些我打算做的实验■1。干活吧，别拖拉了。

夏天，我以每条一个苏①的价格购买了一些大孔雀蝶的毛虫。这笔买卖把邻居的几个小孩——我的供应者们乐坏了。每到星期四，他们做完了可怕的动词变位练习，漫山遍野地玩耍，会时不时找到一条肥壮的毛虫，挂在小棍子的顶端给我带来。这些可怜的孩子不敢碰那毛虫，当他们看到我用手指抓起它，就像他们抓起熟悉的蚕一样时，全都惊得目瞪口呆。

◎要点提示

■2做实验的准备并不容易，不仅需要四处奔走，花费大量的时间、金钱，还有可能会受伤，说明科学研究的不易。

我用巴旦杏树的枝叶喂这些毛虫，没过几天，它们就为我结出了漂亮的茧子。冬天，我又到喂养这些毛虫的大树底下不懈搜寻，以补充茧的储备。一些对我的实验感兴趣的朋友也来助我一臂之力。我不辞辛劳，四处奔走，讨价还价，还在荆棘丛里擦破了皮；终于，我拥有了一大批各种各样的大孔雀蝶的茧，其中有十二只特别大、特别重，我就此推断里面是雌蝴蝶■2。

可是，一场挫折在等待着我。五月来临，这个月的天气变幻莫测，将我的种种准备化为乌有，给我带来很多烦恼。冬天又卷土重来。强劲的西北风呼啸着，撕碎了梧桐的新叶，将它们撒得满地都是。天气寒冷得如同十二月份。人们不得不重新燃起夜晚的炉火，穿上刚刚脱下的冬衣。

我的大孔雀蝶们也饱尝艰辛。它们孵化得很迟，而且孵化出的都是些迟钝麻木的蝴蝶。雌蝴蝶们在钟形罩里等待着，根据它们出生的顺序，今天是这只，明天是那只；可是

注释

①苏：法国旧辅币，二十个苏相当于一法郎。

在罩子的周围，来自外面的雄蝴蝶却很少，甚至没有。然而，附近并不是没有雄蝴蝶，因为那些被我收集的长着大片羽饰的雄蝴蝶，一旦孵化出来，经过辨认，便立刻会被放到花园里去。可无论是远处还是附近的蝴蝶，来这里的都很少，而且没有一点激情。它们进来一会儿，然后就消失了，一去不返。恋人们都非常冷淡。

也许低温与提供信息的气味散发物是相悖(bèi)的吧，炎热会使它增强，而寒冷则使它削弱，就像普通气味的情况一样。这一年的工夫是白费了。唉！这种实验受制于某一短暂季节的反复和变换，是多么艰难呀[1]！

◎常识积累

[1]炎热会让气味的散发增强，而寒冷则会让气味削弱，气味的散发情况受季节的影响。

我开始了第三次实验。我饲养幼虫，漫山遍野地收集虫茧。五月来临时，我已经有了足够数量的虫茧。这一次，气候宜人，完全合乎我的心意。我又看到大量雄蝴蝶涌来的场面，这场面和刚开始蝴蝶入侵我家的时候一模一样，当时让我感到如此的震惊，并促使我开始进行这一实验。

每天晚上，雄蝴蝶们成群结队地赶来，有时十二只，有时二十只，有时更多。而大腹便便的主妇雌蝴蝶，则抓着钟形罩的金属网。它一动不动，甚至连翅膀也不抖一下。它好像对周围发生的一切漠不关心。也没有任何气味，我们家鼻子最灵敏的人都没有闻到什么；此外，在被我叫来参加观察的家人当中，即使是听觉最敏锐的人也没有听见任何声响。雌蝴蝶纹丝不动，屏息凝神地等待着。

雄蝴蝶三三两两，或者更多地扑向钟形罩的圆顶，在那里飞来飞去，不停地振动着翅膀，用翅尖拍打着圆顶。情敌们之间没有争斗，也没有吃醋，它们只是想方设法进入钟形罩。当它们对徒劳的尝试厌倦之后，便飞开了，加入到旋风般舞蹈着的蝶群之中[2]。有几只灰心丧气的蝴蝶通过打开的窗户逃之夭夭，但很快就有新的来访者代替它们；在钟形罩

◎常识积累

[2]大孔雀蝶的追求没有排他性，只是一门心思想着交配而已。

的圆顶上，直到晚上十点，雄蝴蝶不断地重复着接近雌蝴蝶的尝试，它们不一会儿就会感到厌倦，但很快又会重新开始。

每天晚上，钟形罩的位置都会被移动。我将它时而放在北面，时而放在南面；时而放在住宅右侧的底楼或二楼，时而放在住宅左侧五十米开外的远处；时而放在露天，时而又放在一个偏僻的房间。这些搬迁都非常突然，连研究人员或许都会被弄得晕头转向，却根本难不倒大孔雀蝶。我想欺骗它们，可这不啻(chì)是在浪费时间和心计1。

◎要点提示

1作者不断挪动钟罩的位置，可是雄性蝴蝶总能准确找到雌性蝴蝶的位置。

对于地点的记忆在这里不起作用。比如，前一天夜里，雌蝴蝶被安置在住宅的某一个房间，那些戴着羽饰的雄蝴蝶就到这个房间里飞上两个多小时，有的甚至还在那里过夜。而第二天，当夕阳西下，我给钟形罩挪动位置时，所有的雄蝴蝶都已经在屋外了。尽管雄蝴蝶的寿命很短，但那些最新来的雄蝴蝶还是有能力做第二次，甚至是第三次的夜间远行的。那么，这些朝生暮死的情场老手首先会飞到哪里去呢？

它们知道前一天夜里约会的准确地点。人们会认为它们先是在记忆的引导下回到那里，发现那里一无所有之后，就飞到别处继续搜寻。然而，事实和我料想的恰恰相反，并非如前面所述。没有一只雄蝴蝶再次出现在昨夜门庭若市的约会地点，甚至没有一只在那里做短暂停留。尽管它们事先没有从记忆那里得到任何信息，但昨夜的约会地点现在却冷冷清清。一个比记忆更可靠的向导把它们召唤到了别处2。

◎写作分析

2用对比的手法，说明大孔雀蝶不会受到地址转换的影响，会立刻找到新的位置。

到目前为止，雌性大孔雀蝶一直暴露在金属网罩里。那些在黑夜里目光敏锐的来访者，可以凭着我们分辨不出的微弱光线看到它。但如果我把它关到一个不透明的容器里，结果又会怎样呢？不同质地的容器，是否能使传递信息的气味自由传播，或将其阻隔呢？

今天，物理学为我们制造出了依靠电磁波来传达的无线电报。在这方面，大孔雀蝶会不会比我们领先一步呢？为了让周围的同类激动起来，为了通知几公里以外的求爱者，刚刚孵化的雌蝴蝶会不会拥有一种我们已知或未知的电波或磁波呢？这些波可能会被一些屏障所阻隔，却也能通过另一些屏障。总之，它会不会以自己的方式，使用着某种无线电报呢？我看这不无可能，昆虫都习惯于有这些不可思议的发明创造❶。

◎写作分析

❶一连串的疑问，能看出作者的思考非常全面，不仅考虑到了声音、气味，还想到了电磁波的作用。

于是，我把雌蝴蝶关进各种材料的盒子里。有白铁皮的、木头的，还有硬纸板的。所有盒子都严严实实，并用含油的胶泥封固。我还用了一只玻璃钟形罩，罩子被放在一块玻璃窗的绝缘支撑物上。

在这样严格封闭的条件下，不管宁静柔和的夜色多么惹人喜爱，雄蝴蝶是不可能再飞来的，哪怕是一只都不可能。不管盒子的材料是金属的还是玻璃的，是木头的还是硬纸板的，它们都绝对密封，对传达信息的气味构成了不可逾越的障碍。

有着两指之宽厚度的棉花层，也能起到同样的效果。我把雌蝴蝶放进一个大口瓶，在瓶口用绳子扎了一层棉花充当瓶盖。这足以让附近的雄蝴蝶对我工作室里的秘密一无所知了。没有一只雄蝴蝶前来。

相反，如果我们使用关得不严、微微打开的盒子，再把它们藏进抽屉或衣橱里，即使在这样加倍隐蔽的情况下，仍然会有大批雄蝴蝶前来，数量和飞向桌子上金属网罩的雄蝴蝶差不多。我清楚地记得有一天晚上，我把雌蝴蝶关进一只帽盒，藏到壁橱里，并将壁橱的门关上。雄蝴蝶们来到门前，用翅膀笃笃地撞门，想进去。这些路过的朝圣者穿过田野，不知来自何处，但它们对橱门后面盒子里的东西却一清二楚❷。

◎要点提示

❷通过对比发现，装大孔雀蝶的容器是否封闭，对大孔雀蝶的信息是否能传播出去非常有影响。

这样看来，任何类似于无线电报的信息传递手段，都是不能令人接受的解释，因为只要出现一道屏障，无论它的传导性能好还是不好，都会立刻阻断雌蝴蝶发出的信号。要想让信号传出去，并且传得远，有一个必不可少的条件：那就是关押雌蝴蝶的容器必须不完全密封，容器内外的空气必须可以相互流通。这又把我们引向了气味的可能性上面，而这一可能性已经在我前面的樟脑实验中被否定了。

我的大孔雀蝶茧子已经用完，可问题还是没有解决。要不要在第四年继续实验？我决定放弃，原因如下：大孔雀蝶的婚礼总是在夜间举行，如果我想跟踪观察它的行为习性，会非常困难。殷勤的求爱者无须灯光就能抵达目的地，而人类微弱的视力却使我在夜间不能离开灯光。我至少得点上一支蜡烛，而烛火却经常会被盘旋纷飞的蝶群扑灭❶。灯笼倒是可以帮我避免烛火熄灭的情况，但它的光线太暗，又有一圈大大的阴影，根本不适合我这个细致的观察者，因为我不但要观察，而且要观察得清楚。

◎要点提示

❶对大孔雀蝶的研究，作者不能再继续了，观察需要在晚上，但是当时的条件不允许，因为晚上的灯光会影响观察的效果。

不仅如此，灯光会使雄蝴蝶们偏离目标，让它们忘记正事，如果它持续太久，会使晚会的成功大打折扣。雄蝴蝶一进门，就会发狂似的直奔火光，从而烧坏身上的绒毛，这样一来，因烧伤而惊慌失措的它们，就无法提供可靠的证据了。即使它们没有被烧到，而是被火光外的玻璃罩隔着，它们也会停在火光边，一动不动，仿佛着了魔一般❷。

◎要点提示

❷大孔雀蝶具有趋光性，这种习性影响了作者的观察。

一天晚上，雌蝴蝶被放在餐厅的饭桌上，正对着打开的窗口。餐厅的天花板上亮着一盏汽油灯，灯上装有宽大的白色搪瓷反光罩。在飞来的雄蝴蝶当中，有两只停在钟形罩的圆顶上，向被囚的雌蝴蝶大献殷勤；另外七只则在路过时向雌蝴蝶致了一下意，就匆匆冲着灯飞去。它们围着灯转了一会儿，接着便似乎沉醉在乳白色锥面所发出的灿烂光辉之中，停在反光罩下，一动不动了。孩子们已经想动手去捉。“让它们去吧，”我说，“让它们去。我们要显得好客一点，别打扰这些来光明圣龛的朝圣者。”

整个晚上，这七只雄蝴蝶都一动未动。第二天，它们还在那里。醉人的灯光让它们把甜蜜的爱情忘得一干二净❶。

大孔雀蝶对光亮如此痴迷，使我不可能进行精确而持久的观察，因为观察者需要灯光。所以，我放弃了大孔雀蝶及其夜间的婚礼。我需要一种生活习惯完全不同的蝴蝶，它必须和大孔雀蝶一样，在实施恋爱幽会的壮举时灵活能干，但这幽会应该在白天进行。

在对符合上述条件的实验对象继续进行观察之前，我们暂时撇开事情发展的时间顺序，谈谈一只新来的蝴蝶吧，它是我在结束了对大孔雀蝶的研究之后飞来的。那是一只小孔雀蝶。

有人不知从哪儿给我带来一只非常漂亮的茧子，上面每隔一段距离就裹着一层宽大的白色丝套。丝套上有许多不规则的褶皱，从丝套里可以轻而易举地抽出一个茧来，茧的形状和大孔雀蝶的差不多，但体积却小很多。丝套的前端是用疏密不一的小树枝编成的网格，可以阻止入侵，同时又让茧的主人自如地出来。这让我一看就知道里面是夜间活动的大孔雀蝶的同类，因为这丝套带着编织者的标记。

果然，三月底，圣枝主日[①]那一天的上午，那只带有树枝网格的茧子给了我一只雌性的小孔雀蝶。它一出茧，就被我关进了工作室的钟形金属网罩里。我打开窗户，以便让这件事情在野外传开❷，同时，也给那些可能前来的雄蝴蝶一

◎要点提示

❶从几只蝴蝶的状态，可以看出灯光对大孔雀蝶产生了很大的影响。

◎要点提示

❷作者把蝴蝶放到网罩里，并且打开窗子，是为了吸引更多的雄性蝴蝶前来。

注释

①圣枝主日：基督教节日，复活节的前一个星期日，纪念耶稣进入耶路撒冷时受到人们挥舞棕榈枝夹道欢迎。

条自由出入的通道。被囚的雌蝴蝶趴在网罩上，整整一个星期都纹丝不动。

我的这位囚徒非常漂亮，它穿着带有波纹的棕色天鹅绒外衣，颈上围着白色的毛皮围巾，上方的翅膀尖端点缀着胭脂红的斑点；四只大眼睛里，黑色、白色、红色和黄褐色四种颜色如同心的新月般聚在一起❶。这打扮几乎和大孔雀蝶如出一辙，只是颜色更加鲜艳。这种身材和装束都极为美丽的蝴蝶，我一生中只见到过三四次。而它的茧我只是在不久以前才见到。至于雄性的小孔雀蝶，我还从未见过，只是从书本上得知，它们比雌小孔雀蝶小一半，颜色更鲜艳、更花哨，下方的两瓣翅膀呈橙黄色。

◎写作分析

❶详细的外貌描写，能看出这只小孔雀蝶非常漂亮。

这优雅的陌生人、这戴着美丽羽饰却又不为我所知的雄蝴蝶，在我们这一带似乎十分罕见。这一回，它们会不会光临呢？它们在遥远的树篱之中，会不会知道我工作室的桌子上有一只正值婚龄的雌蝴蝶在等着它们呢？对此我有信心，而结果也在意料之中。它们来了，来得甚至比我料想得还要快❷。

◎要点提示

❷作者的猜测是正确的，由此可见作者对一般昆虫的生活习性是比较了解的。

中午，全家人都在吃饭，只有小保尔因为关心可能发生的事情，迟迟没来。突然，他一脸春风地跑了进来。一只漂亮的蝴蝶在他手指中间扑扇着翅膀，它是在工作室对面飞舞时被当场抓住的。保尔把它拿给我看，并用目光询问着我。

“哎呀！”我说，“这正是我们要等的朝圣者。大家折起餐巾，去看看发生了什么事吧。午饭过一会儿再吃。”

眼前的奇异景象让我们忘记了吃饭。在雌蝴蝶魔法般的召唤下，插着漂亮羽饰的雄蝴蝶纷纷赶来，准时得不可思议。它们曲折地飞着，一只接一只地飞来。所有这些雄蝴蝶都来自北面。这个细节很重要❸。自猛烈的寒流归来至今，时间只过去了一个星期。北风依然呼啸着，如同暴风雨即将

◎要点提示

❸所有的蝴蝶都是从北面来这个细节，对于实验来说很重要。

来临，这对贸然开放的巴旦杏花是致命的。这是一场无情的风暴，常常是春天来临的前奏。今天，温度突然回升了，但北风仍旧在刮。

在第一场观察中，所有飞向雌性囚犯的雄蝴蝶都是从北面飞进花园的。它们都是顺着风向而来，没有一只逆风而行。如果引导它们的是某种和人类类似的嗅觉感官，如果它们是通过发散在空气中的气味微粒来辨认方向，那么它们应当从相反的方向抵达。如果它们从南面飞来，我们可以认为是风把气味带走，向它们传达了信息。可它们却从北面而来，在西北风盛行的季节，我们怎么可能再假想它们在远距离之外嗅到被我们称为气味的东西呢？气味微粒的走向与风向相反，所以气味传达信息的假设是不可接受的[1]。

来访的雄蝴蝶们沐浴在温暖的阳光下，在工作室前来回地飞了两个小时。大多数蝴蝶长时间地寻觅着，探测着高墙，贴着地面飞行。看到它们如此犹豫，人们会以为它们遇到了困难，找不到吸引它们前来的诱饵所处的确切地点。它们长途跋涉，没有发生差错，然而到了近处，却失去了精确的指向。不过，它们迟早会飞到屋里，向被囚的雌蝴蝶致意的，但它们不会久待。两个小时后，一切都结束了，总共飞来了十只小孔雀蝶。

在整整一个星期里，每天中午太阳最热烈的时候，都会有雄蝴蝶飞来，但是数量却越来越少，总共有四十只左右。我觉得不再有必要重复这样的实验，因为它们对我已知的情况不会带来任何新的补充。我只注意到两个现象：第一，小孔雀蝶是在白天活动，也就意味着，它在中午太阳最强烈的时候庆祝婚礼。它需要充足的阳光[2]。虽然大孔雀蝶无论从成虫的体形，还是毛虫的技艺，都和小孔雀蝶非常接近，但它却恰恰相反，它需要深夜的黑暗。谁有能力，就来说说两

◎要点提示

[1]既然都是顺风飞来的，那么小孔雀蝶就不大可能是通过气味来传播讯息的。

◎要点提示

[2]小孔雀蝶与大孔雀蝶的习惯不同，大孔雀蝶在晚上寻找伴侣，而小孔雀蝶是在中午的时候寻找。

者在习俗上为什么会有这种奇特差异吧。第二，强烈的气流从反方向将可能传递信息的气味微粒一扫而光，却并不像我们的物理学所想象的那样，阻止雄蝴蝶逆着气味到达目的地。

我若想继续观察，就得需要一种在白天举行婚礼的蝴蝶，但不是小孔雀蝶，它来得太晚了，我再也没有问题需要它来解答了。我需要另一种蝴蝶，随便什么，只要它在婚礼上机敏灵活就行。我能拥有这样的蝴蝶吗？

点评赏析

在研究大孔雀蝶的繁殖时，作者进行了多次实验。开始，作者认为是触角使大孔雀蝶具有识别对方和判断方向的能力，在经过多次实验后，作者虽然觉得并非如此，但也并没有急于下结论。作者转而对气味进行研究，虽然作者没有很明确地下结论，但是已经倾向于气味了。作品中的理性成分体现在作者的研究与思考中。法布尔在对昆虫的观察研究中，反复试验，并考证多方资料，对主流学术观点敢于质疑，竭尽所能对未知领域不断探索和补充，对自己的观察结果不轻易下定论，同时表明自己的怀疑态度与自身的局限。

知识链接

大孔雀蝶属于鳞翅目的锤角亚目，大孔雀蝶是蝴蝶家族的一员，在昆虫家族中不算小个子，但寿命很短。雄性大孔雀蝶寿命只有三四天，雌性大孔雀蝶也大约只有七八天。大孔雀蝶是欧洲最大的蝴蝶。

大孔雀蝶有很大的翅膀，其翅膀所占的比例比其他蝴蝶更大。天鹅绒般色彩绚丽的大翅膀是大孔雀蝶的最大象征。

回顾训练

1.大孔雀蝶是（　　）。

A.世界上最美丽的蝴蝶　　B.亚洲最大的蝴蝶　　C.欧洲最大的蝴蝶

2.孔雀蝶是一种________的蝴蝶，它们中________的来自________，全身披着________的绒毛，它们靠吃________为生。

红蚂蚁

扫码听读

导读　很多膜翅目昆虫都能很轻易地从陌生的地方返回故居，那红蚂蚁呢？红蚂蚁不会哺育儿女，也不善于寻找食物，它们需要找用人伺候它们吃饭，就是偷别人的孩子，让它们为自己的部族服务。作者为了知道红蚂蚁是依靠什么找到回家的路，做了几次实验，用扫帚扫，用水冲，用薄荷叶来擦拭地面，红蚂蚁还是找到了回家的路，它们应该不是依靠嗅觉来记忆的，那它们到底是依靠什么来找到回家的路呢？

把鸽子带到几百里远的地方，它依然能回到自己的鸽巢；燕子在非洲度过整个冬天后，能穿越千山万水重返旧巢。在这漫长的归途中，它们是凭借什么来找到方向的呢？是视觉吗？《动物的才智》的作者图塞内尔认为，鸽子找到方向凭借的是视力和气象；这位聪明的观察家对玻璃罩内动物标本的了解恐怕不如他人，但对于活跃在自然界中的各种动物却了如指掌。他说：“在法国，鸽子根据经验，知道北方是寒冷的，南方是炎热的；干燥来自东面，潮湿来自西面。这些气象知识足以帮助它认定方向，并指引它飞行。把一只鸽子装在篮子里，盖上盖子，从布鲁塞尔运到图卢兹，途中它自然无法看到途经的地貌，但却没有人能阻止它感受大气的热度，并就此推断出它是在前往南部。等它在图卢兹被释放的时候，早已知道要回巢就得往北飞，直到周围环境的平均温度与它居住地的温度相似时才停下来。就算它没能一下子找到旧居，那也只是因为飞得稍稍偏左或偏右了一点。但不管怎样，要不了几个小时由东向西的搜寻，它就能纠正这个小小的偏差。”

图塞内尔的解释非常有道理，但是只能说南北向移动的原因，对于等温线上的东西向移动，它就行不通了。并且，这个道理不适用于其他动物。看到猫儿穿过初次见到的迷宫般的大街小巷，从城市的一端回到另一端的家，我们决不能说这是视觉在指引，更不能归之于气候的影响。同样，指引我那些石蜂回家的也绝非它们的视觉，尤其是当它们在密林深处被释放的时候。

石蜂飞得并不高，离地面才两三米，根本无法俯视地形的全貌从而绘制地图。再说，它们干吗要俯视地形呢？它们只不过犹豫了一小会儿，在实验者身边转了几个圈，就立刻朝蜂窝的方向飞去；尽管有树枝遮挡，尽管有丘陵和山峰阻拦，它们还是能沿着离地面不高的斜坡飞越过去。视觉使它们避开了各种障碍，但并没有告诉它们应该往哪个方向飞。至于气象，就更没有起到什么作用，才几公里的距离，气候根本就没怎么变化。对冷、热、干、湿的感觉，并没有给我的石蜂什么启示，因为它们才出生几个星期，是不可能从中得到启示的。即使它们很有方向感，可由于放飞地的气候和蜂窝的气候是一样的，因此它们也不会知道该往哪儿飞。对于所有这些神秘的现象，我们只能给出一种同样神秘的解释，那就是：石蜂具有某种人类所不具备的特殊感觉。谁都不会否认达尔文那毋庸置疑的权威，他也得出了和我一样的结论。想了解动物对大地电流是否有感应，想知道它们在磁针附近是否会受到影响，这难道不是承认动物对磁性有某种感觉吗？而我们是不是也有类似的官能？当然，我说的是物理上的磁，而不是梅斯梅尔和卡格里奥斯特罗所说的磁。我们肯定没有类似的官能，要是水手们自己个个都是指南针，还要罗盘干什么？

因此，达尔文大师认为：有一种人类机体所没有的，甚至根本无法想象的官能，指引着身处他乡的鸽子、燕子、猫、石蜂及其他许多动物。至于这官能是不是对磁的感觉，我不敢妄下定论，但能为揭示这种官能的存在尽一份绵薄之力，我也就心满意足了。除了人类所具备的各种官能之外，自然界另外还存在着一种官能，这是多么了不起的研究成果，又是多么伟大的进步动力啊！可是，人类为什么不具备这种官能呢？对于“物竞天择、适者生存”来说，这可是一个非常有用的武器啊。如果真像人们所说的那样，所有的动物，包括人类在内，都诞生于原细胞这个统一的模子，并随着时间不断进化、优胜劣汰，那为什么一些微不足道的低等生物能具备这奇妙的官能，而万物灵长的人类却丝毫不能拥有它呢？我们的祖先居然听任这样一份神奇的宝贵遗产丢失，实在是太不英明了，这要比一截尾骨或者一缕胡子更值得保留。

这份遗产之所以没能保留下来，是不是因为人类和动物之间的血缘关系还不够近呢？我向进化论者提出这个小小的问题，非常想知道对此原生素和细胞核是怎么说的。

这种未知的官能是否也为膜翅目昆虫身体的某一个部分所拥有，并通过某个特殊的器官发挥着作用呢？大家立刻会想到触须。每当我们对昆虫的行为无法做出合理解释时，总是把触须搬出来草草了事，我们心甘情愿地认为触须蕴含着所有谜团的答案。可是这次，我有足够的理由怀疑触须有感觉并指引方向的能力。毛刺砂泥蜂寻找灰毛虫时，会用触须像手指般地不断敲打地面，它似乎就是这样发现藏在地下的猎物的。这些探测丝也许能帮助毛刺砂泥蜂捕猎，却未必能在旅途中为它们指引方向。这一点有待探究，而对此我已经探究明白了。

我把几只高墙石蜂的触须尽可能地齐根剪去，然后把它们带到陌生的地方放掉，结果它们和其他石蜂一样轻而易举地回到了窝里。我曾经对我们地区最大的节腹泥蜂（栎棘节腹泥蜂）做过同样的实验，这些捕猎象虫的高手也都安然地回到了它们的蜂窝。于是我们否定了刚才的假设，得出结论：触须不具有指向感。那么哪个器官具有这种感觉呢？我不知道。

我所知道的是：如果石蜂被剪掉了触须，它们回到蜂窝后就不再继续工作了。头一天，它们固执地在未完工的蜂窝前飞舞，时而在石子上小憩，时而在蜂房的井栏边驻足，它们长久地停留在那里，满腹悲伤、思绪万千地凝望着那永远不会竣工的建筑物；它们走开，又回来，赶走周围所有的不速之客，但再也不运回花蜜和泥灰。第二天，它们干脆不再出现。没有了工具，工人们自然也无心工作。当石蜂砌窝的时候，触须不断拍打、试探、勘察，似乎在负责把工作完成得尽善尽美。触须就是石蜂的精密仪器，就像是建筑工人的圆规、角尺、水准仪、铅绳。

迄今为止，我的实验对象都是雌蜂，出于母性的职责，它们对蜂窝忠诚得多。可如果被弄到陌生地方的是雄蜂，它们会怎么样呢？对这些情郎们我可不太有信心，它们可以乱哄哄地在蜂房前挤上几天，等候雌蜂出来，为了抢夺情人彼此没完没了地争风吃醋，而当建筑蜂巢的工程如火如荼时，它们却消失得无影无踪。我想，对于它们来说，重返故居有什么重要？只要能找到倾诉炙热爱情的情人，安居他乡又有何妨！然而我错了，雄蜂们也回来了！的确，由于它们相对较弱，我并没有安排长途旅行，只是一公里左右。但这对它们来说已经是一场远征、一个陌生的国度了，因为我实在想象不出它们能出门远行。白天，它们顶多看看蜂房或去花园里赏赏花；晚上，它们便藏身在荒石园的旧洞或石堆缝里。

有两种壁蜂（三叉壁蜂和拉特雷依壁蜂）经常光顾石蜂的蜂窝，它们在石蜂丢弃的蜂窝里建造自己的蜂房。特别是三叉壁蜂。这是一个极好的机会，能让我了解一下有关方向的感觉究竟在多大程度上适用于膜翅目昆虫；我充分利用了这个机会。结果呢，壁蜂（三叉壁蜂），无论是雌是雄，都回窝了。虽说我的实验速度快、次数少、距离短，但其结果与其他实验的结果是如此吻合，使我不得不完全信服。总之，算上以前做过的实验，我发现有四种昆虫能够返回窝巢：棚檐石蜂、高墙石蜂、三叉壁蜂和节腹泥蜂。我是否可以就此毫无顾忌地推而广之，认为所有的膜翅目昆虫都有这种从陌生地方返回故居的能力呢？对此我非常谨慎，因为据我所知，眼下就有一个十分能说明问题的反例。

我的荒石园实验室有丰富的实验品，著名的红蚂蚁位居榜首，它就像捕捉奴隶的亚马孙人[①]。这种蚂蚁不会哺育儿女，也不善于寻找食物，哪怕食物伸手可及也不会去拿，所以必须有用人伺候它们吃饭，帮它们料理家务。红蚂蚁偷别人的孩子，让它们为自己的部族服务。遭到劫掠的是其他种类的蚂蚁邻居，红蚂蚁把它们的蛹偷回来，蛹孵化后，就成了陌生人家中干活卖力的用人了。

六七月炎热的午后，我经常看到这些“亚马孙人”走出兵营，出发远征。它们的队伍可达五六米长。如果一路上没有什么值得注意的东西，队形

注释

①亚马孙人：希腊神话中一个居住在黑海之滨的民族，全部由女人组成，骁勇好战，以掠夺为生，并屠杀男孩。

便一直保持原样；可一旦发现有蚁窝的迹象，领头的蚂蚁便立刻停下散开，后面的蚂蚁大步赶上，大家便乱哄哄地挤成一堆。一批侦察兵被派了出去，原来是弄错了，于是队伍继续前进。大队人马穿过花园的小径，消失在草坪里，在稍远一点的地方又冒出来，再钻进一堆枯叶，然后又钻出来，一路盲目地寻找着。终于，它们发现了一个黑蚁窝！红蚂蚁们立刻下到黑蚂蚁的蛹房，不一会儿就带着战利品上来了。于是，在地下城堡的门口，黑蚂蚁红蚂蚁混战在一起，一方要保卫自己的财产，另一方则竭力要把它夺走，真是触目惊心。不过交战双方的力量过于悬殊，结果毫无悬念。红蚂蚁大获全胜，它们带着战利品，颚间衔着襁褓中的蛹，匆忙打道回府。对于不了解奴隶制习俗的读者来说，这“亚马孙人”的故事也许很有趣；但很遗憾，我不能再讲下去了，因为这离我们要谈论的主题——昆虫回窝——相去太远了。

强盗红蚂蚁队伍的远征路线长短不一，取决于附近黑蚂蚁窝的数量。有时候只要走十几步、二十步的距离就够了，可有时候却要走五十步、一百步，甚至更远的距离。我只看到过一次红蚂蚁到花园以外远征。这些“亚马孙人”爬上四米高的围墙，翻越过去，一直走到稍远处的麦田里。至于远征的路途如何，行进中的红蚂蚁毫不关心。无论是不毛之地还是浓密的草坪，是枯叶堆还是乱石堆，是泥石群还是杂草丛，它们一样走，并不对哪一种路特别偏爱。

回来的路线却是铁定不变的：红蚂蚁们去时走哪条路，回来时就走哪条路，不管这条路有多么蜿蜒曲折，也不管它经过哪些地方，又是如何艰难困苦。红蚂蚁带着战利品回窝时，所走的原路是根据捕猎时出现的意外情况决定的，而且往往十分复杂。它们走的就是去时的那条路，这对于它们来说绝对必要，即使这样会加倍辛劳，甚至会冒生命危险，它们也不会更改。

我猜想，红蚂蚁们刚刚穿过厚厚的枯叶堆，这对它们而言是一条危机四伏的道路，随时都有失足坠落的危险；为了从洼地里钻上来，爬上摇摇晃晃的枯枝桥，走出迷宫般的小路，许多红蚂蚁累得筋疲力尽。但不管怎样，哪怕背负的战利品使它们步履维艰，回来的时候，它们还是会选择穿越那个困难重重的迷宫。要想减轻疲劳的话该怎么办呢？只需稍稍偏离先前的路线就可以了，在不到一步开外的地方，就有一条平坦的好路。可红蚂蚁们对这条近在咫尺的归途却视而不见。

有一天，我发现它们又出去抢劫了，它们排着队，沿着池塘砌砖的内侧行进。池塘里的两栖动物前一天已被我换成了金鱼。呼啸的北风从侧面横扫队伍，把整排整排的蚂蚁都刮到了水里。金鱼们蜂拥而至，张开大口，吞噬着落水者。雄关漫道，天堑还没越过，队伍就惨遭涂炭。我以为它们回来时一定会改走另一条路，绕过这致命的危险。可根本没有。衔着蚁蛹的队伍依然沿原来的险途返回，于是金鱼们吃到了从天上掉下的双份馅饼：不仅是红蚂蚁，还有它们的猎物。红蚂蚁宁愿再一次被屠杀，也不愿换一条路线。

如果这些“亚马孙人”在远征途中随意兜圈，经常走不同的路，那么它们回家识途的困难就会陡增。一定是因为这个原因，它们养成了原路返回的习惯。如果不想迷路，红蚂蚁就别无选择：它们必须走自己认得、并且刚刚走过的那条路。爬行毛虫从窝里出来，到另一棵树或另一根树枝上去寻找可口的树叶时，会沿途织一条丝线，回家时它就循着这条丝线走。这是远行时可能迷路的昆虫所使用的最基本的方法。相对于爬行毛虫和它们幼稚的丝路，石蜂和其他昆虫的方法大不一样，后者依靠某种特殊的感觉来指引方向。

虽然红蚂蚁和石蜂一样，也属于膜翅目昆虫，但它回家的办法却没那么高明，这一点可以通过它只能顺着原路返回的事实得到证明。那么，它会不会在某种程度上效仿爬行毛虫的办法呢？也就是说，它不一定在途中留下指路的丝线，因为它不具备这样的工具；但它可以留下某种气味，比如某种甲酸味，然后靠嗅觉来给自己指路。很多人就是这样认为的。

那些人说：蚂蚁是靠嗅觉来指路的，而嗅觉器官似乎就是那动个不停的触须。对这个看法我不敢苟同。首先，我不相信嗅觉器官会是触须，理由前面已经说过了；其次，我希望通过实验，证明红蚂蚁不是靠嗅觉来指引方向的。

花了整整几个下午等候我的“亚马孙人”出窝，而且常常无功而返，这实在太浪费时间了。于是我找了一个帮手，她可没有我那么忙。她就是我的孙女露丝，这个小调皮鬼对于我跟她讲的有关蚂蚁的故事很感兴趣。她曾经目睹了红蚂蚁和黑蚂蚁的大战，对于抢夺襁褓中的孩子的事情一直若有所思。她脑子里充满着崇高的职责，对自己小小年纪就能为科学这位贵妇效力感到万分自豪。天气好的时候，她便满花园地跑，监视红蚂蚁，她的任务是仔细辨认红蚂蚁所走的路线，一直跟踪到被它们洗劫的蚁窝。她的热情已经受过了考验，所以我很放心。那天，我正在书房写每天例行的笔记，她突然来敲门了：

“是我，露丝。快来，红蚂蚁进黑蚂蚁的窝了，快来！”

“你看清它们走的路了吗？”

“是的，我做了记号。”

“什么？做了记号？怎么做的？”

“就像小拇指①那样，把白色的小石子撒在路上。”

我赶紧跑过去。情况就像我六岁的合作者露丝刚才所说的那样。她事先准备了小石子，一看到红蚂蚁的队伍出动，就一直跟着，每隔一段距离，便在它们走过的路上撒下几颗石子。现在，“亚马孙人”已经抢劫完毕，开始沿着用石子标出的路线回家了。这段距离大约有一百米，我有足够的时间进行我事先策划好的实验。

我用一把大扫帚，在蚂蚁经过的路上扫出一米左右的宽度，把路面上的粉末物质全部扫掉，代之以别的东西。尽管路上还留有这些粉末物质的气味，但蚂蚁不见了这些粉末，就会晕头转向。就这样，我在这条路的四个不同地方用扫帚扫过，每个地方相隔几步远的距离。

队伍来到了第一个被扫帚截断的地方。蚂蚁们明显地犹豫了起来。有的掉头走开，然后回来，再掉头走开；有的在截断处徘徊不前；还有的则朝两侧散开，似乎想绕过这块陌生的地方。领头的蚂蚁们先是聚成几分米宽的一团，接着分散到宽度约三四米的空间。但是，越来越多的蚂蚁来到了障碍前，它们聚集起来，乱哄哄的，不知所措。终于，有几只蚂蚁冒险走上了扫

注释

①小拇指：法国诗人、童话作家佩罗（1628—1703）的童话《小拇指》的主人公。他几次被抛弃在森林里，但都依靠智慧回到了家中。他使用的认路方法之一，就是沿途用白色的小石子做记号。

过的那段路，其他的跟着它们；与此同时，另一些蚂蚁从侧面绕了过去，也走上了原先的那条路。在其他截断处，蚂蚁们又同样犹豫不决，不过最终还是或直接或间接地走到了原路上。尽管我设置了圈套，红蚂蚁还是顺着小石子标出的路线，回到了窝里。

实验似乎肯定了嗅觉的作用。红蚂蚁在道路被截断的四个地方都表现出了明显的犹豫。它们最后之所以仍然能从原路回来，可能是因为扫帚扫得还不够彻底，使一些有气味的粉末仍然留在了原地。而另一些蚂蚁绕过扫过的部分再走回原路，则可能是受到了扫到一旁的残余物的指引。在下结论肯定或否定嗅觉的作用之前，最好是在更好的条件下再进行一次试验，将所有有气味的物质彻底扫除干净。

几天后，我制订了新的计划，露丝重新开始观察，并很快就向我报告蚂蚁又出动了。这在我的意料之中，因为在六七月闷热的午后，尤其是在暴风雨来临之前，“亚马孙人”很少错过这远征的最佳时机。“小拇指”的石子仍然被撒在蚂蚁走过的地方，我从中选取了一个最有利于我试验的地点。

我把一条用来给园子浇水的帆布管接到池塘的水龙头上，打开阀门，蚂蚁的归途顿时被一条绵延的激流冲断了，这激流约有一步宽，长得没有尽头。水很多，也很急，把地面冲洗得很彻底，带走了所有可能留下的气味。大水这样冲洗了约一刻钟。接着，当抢劫回来的蚂蚁队伍走近时，我放慢了水流的速度，减小了水帘的厚度，以免虫子们过分费力。如果“亚马孙人”必须走原路回家，那么它们就非得逾越这道障碍。

这一次，蚂蚁们犹豫了很长时间，连拖在最后的蚂蚁也赶上了队伍的排头。这时，它们踩着几颗露出水面的卵石走进了激流；脚下一个不稳，水流就卷走了那些最鲁莽的蚂蚁，可它们仍然固执地衔着猎物，随波逐流，搁浅在突出的地方，再回到岸边，重新寻找可以涉水渡河的地方。几根麦秆被水冲到这里或那里，成了摇摇晃晃的浮桥，蚂蚁们走了上去。而橄榄树的枯叶则成了木筏，载着蚂蚁乘客们。那些最勇敢的蚂蚁不借助任何渡河工具，一半靠自己、一半靠好运，结果到达了对岸。我看到一些蚂蚁被水冲到了离两岸两三步远的地方，似乎非常着急，不知如何是好。但不管这溃散的队伍多么混乱，即使遭受了灭顶的水灾，也没有一只蚂蚁丢弃它们的战利品。蚂蚁们非常小心，宁死也不会丢弃这些战利品。总之，它们好歹渡过了激流，而且是沿着既定路线渡过的。

我觉得，激流实验之后，路上气味的解释就行不通了，因为地面事先早就被冲洗干净，而且在蚂蚁渡河的过程中水流一直在不断更新。如果蚂蚁走过的路上真的有丁酸的气味，只是我们的嗅觉闻不到，或至少在我所讨论的条件下闻不到，那么就让我们看看，用另一种我们嗅得出来的、强烈得多的气味来盖住它，情况会怎样。

我等来了蚂蚁的第三次出动。在它们走过的路上，我用刚从花坛里摘下的几把薄荷擦了擦地面，然后把薄荷叶盖在稍远处的路上。归来的蚂蚁经过被擦过的区域时，似乎一点都不担心；在盖着叶子的地方，它们犹豫了一下，然后还是走了过去。

经过这两次实验——一次是激流冲洗路面；另一次是薄荷掩盖气味——我认为，再也不能把嗅觉说成是指引蚂蚁沿出发时的路线回窝的原因了。其他实验能让我们弄清楚真正的原因。

这一次，我对地面不作任何改变，只是在路中央铺了一些大大的纸张和报纸，用小石块压住。这块地毯彻底改变了道路的外貌，但却不会去掉任何可能留下的气味；可是在它面前，蚂蚁们却表现出了前所未有的犹豫，而此前我设下的任何圈套，包括汹涌的激流，都不曾使它们如此迟疑。它们反复尝试，四处侦查，试探着前进和后退，然后才冒险进入这个陌生的区域。终于，它们穿过了这块铺纸的地带，队伍又像往常一样，恢复前进了。

在前面不远处，还有我设计的另外一个圈套在等着它们。我在它们的路线上铺了一层薄薄的黄沙，而地面本来是浅灰色的。单是这样的颜色变化，就足以使蚂蚁们迷惑好一阵子，它们就像刚才面对纸地毯一样地犹豫了起来，不过时间不长。最后，这个障碍也同样被逾越了。

我铺的黄沙和纸张并不能使路上可能留有的气味消失，而蚂蚁们却每次都表现出同样的迟疑，并且都停了下来；很显然，指引它们按原路回家的不是嗅觉，而是视觉，因为每当我以某种方式——比如用扫帚扫、用流水冲、盖上薄荷叶、铺上纸地毯或跟地面颜色不同的黄沙——改变沿途的景观时，回家的蚂蚁队伍都会停顿、犹疑，并试图了解究竟发生了什么变故。没错，就是视觉，不过红蚂蚁的视觉很短浅，哪怕移动几颗小卵石，都会让它们觉得景物全非。正是由于这短浅的视力，哪怕是放一条纸带、放一层薄荷叶、铺一层黄沙、挥一下扫帚，甚至是做更微小的改动，都足以改变路上的景色，使带着战利品归心似箭的蚂蚁队伍在这块陌生的地方焦虑不安地停顿下来。最后，蚂蚁们之所以都穿越了这可疑的地带，是因为在反复尝试穿越不同的地带之后，有几只蚂蚁终于认出，在另一端有它们熟悉的地方。其他的蚂蚁出于对它们的信任，就跟着它们走了。

可是，光靠视力是不够的，“亚马孙人”还具备对地点的准确记忆力。蚂蚁的记忆力！它会是怎样的呢？它跟我们的记忆力有什么相似之处吗？这些问题，我回答不上来。但我可以用寥寥几行话告诉大家，这虫子一旦到过某个地方，就能把这个地方准确无误地记在脑子里。这情况我曾看到过多次。有时候，遭到“亚马孙人”洗劫的蚁窝有太多的战利品，远征队伍一次搬运不完；或者，红蚂蚁的所到之处有太多的蚁窝，需要再实施一次掠夺，才能将这个地方的财富彻底开发完。于是，第二天，或者两三天以后，红蚂蚁们再次出征。这一次，它们不再沿途搜索，而是直奔有许多蚁蛹的蚂蚁窝，走的就是原来的那条路线。我曾经在红蚂蚁远征的路上用小石子设置过路标，那条路有二十多米。两天后，我突然发现，“亚马孙人”正沿着一颗又一颗石子路标，走在同一条路上去远征。我根据这些石子路标，在心里说：它们要从这里经过、从那里经过。果然，蚂蚁们沿着石子路桩，经过了这里，也经过了那里，并没有明显的偏差。

两次远征隔了几天，难道我们还能说红蚂蚁走过的路上留有原先散发出的气味吗？没有人敢这么说。所以，为“亚马孙人”指路的肯定是视觉，外加对地点的记忆力。这记忆力很强，甚至可以把对路途的印象保留到第二天乃至更久；而且这记忆力不打一点折扣，可以指引蚂蚁队伍穿过各式各样的地面，不偏不差地走前一天走过的路线。

但是，如果在一个陌生的地方，“亚马孙人”会怎么样呢？在一个它们事先可能未曾勘探过的地方，对地形的记忆力就于事无补了；而除了这种对地形的记忆力之外，红蚂蚁是否拥有像石蜂那样辨别方向的能力，至少是在小范围内辨别方向的能力呢？它们能不能返回蚁窝，或者跟正在行进的队伍会合呢？

这支惯于抢劫的蚂蚁军团并非对花园的每个角落都了如指掌，它们更喜欢去北边的那部分，可能是因为那里能掠到更多的猎物。因此，“亚马孙人”通常都把队伍带到兵营的北面去，我很少在南面看到它们。所以，对于它们来说，南边的园子即使不陌生，至少决不会比北边的园子更熟悉。说完了这些，就让我们看看身处陌生地方的红蚂蚁是如何行事的吧。

我守在红蚂蚁的窝边。当队伍捕捉奴隶归来时，我把一片枯叶伸到其中一只蚂蚁的面前，让它爬上去。我没有碰它，只是把它运到队伍南边两三步远的地方。但这足以使它离开熟悉的环境，彻底晕头转向了。我看见这个“亚马孙人”回到地面后，像无头苍蝇似的到处乱闯，口中依然牢牢地衔着战利品；我见它匆匆忙忙地想去和战友会合，实际上却越走越远。我见它先往回走，然后又远去，左面试试、右面试试，四处摸索，却始终无法找对方向。这个长着强健大颚的好战的奴隶贩子只离开自己的队伍两步远，就迷了路。我记得有好几个这样的迷路者，找了半个多小时都没能回到原路，反而越走越远，可嘴里却始终衔着蚁蛹。它们的结果会怎么样呢？它们又会把战利品怎么样呢？我可没有耐心对这些愚蠢的强盗跟踪到底了。

我们再进行一次同样的实验，但这次把“亚马孙人”放到了北边。红蚂蚁虽然多少有一点犹豫，也朝各个方向做过试探，但最终还是归队了。因为那片地方它熟悉。

作为膜翅目昆虫，红蚂蚁肯定根本不具备其他膜翅目昆虫所拥有的方向感。它只能记住到过的地方，仅此而已。哪怕是两三步远的偏离，就足以使它迷路，无法与家人团聚。而石蜂则不然，它穿越几公里的陌生地区都不会有问题。刚才我还很惊讶：这种奇妙的官能连一些动物都具备，而人类却没有。人和动物这两个比较物之间的差别太大，难免会引起争论，而如今，这种差别不复存在了：被比较的是两种非常接近的昆虫——膜翅目昆虫。虽然它们都是从一个模子里出来的，为什么一个有辨别方向的官能，而另一个却没有呢？昆虫这种多出的官能，是它除器官的细节之外另一个具有决定意义的特征。对此，我期待着进化论者给出一个合理的解释。

我刚才已经认识了红蚂蚁对于地点的超强的、不折不扣的记忆力；那么这种记忆力到底灵活到什么程度，能将印象铭记在心呢？“亚马孙人”是否需要反复走几次，才能记住沿途的地理特征？还是走一次就够了？它是否能一下子就把走过的路线和到过的地方刻在脑海里？红蚂蚁不可能接受实验，给我们答案了，因为实验者无法知道远征队伍的路线是不是第一次走；此外，他也没有能力让红蚂蚁军团走这一条或那一条路。“亚马孙人”外出抢劫蚁窝的时候，总是随心所欲地选择路线，根本不受实验者的干预的影响。我们还是求助于其他的膜翅目昆虫吧。

我选择了蛛蜂，关于它的习性，我将在其他章节中做详细介绍。蛛蜂是捕捉蜘蛛和挖掘地洞的高手。它先将猎物捉住，使其瘫痪，给未来的幼虫做食物，然后再挖掘住所。由于带着沉重的猎物去寻找合适的住宅地很不方便，所以蛛蜂把捕来的蜘蛛放在草丛或灌木的高处，以防偷吃者——特别是蚂蚁——趁这珍贵美食的合法主人不在，把它给糟蹋了。蛛蜂将战利品安置在绿色植物的高处之后，便去找合适的地方挖地洞了。在挖掘期间，它会时不时地回去看看它的蜘蛛。它轻轻地咬一咬、拍一拍，仿佛在庆幸自己得到了这丰盛的美餐。如果有什么事情令它不安，它就不仅仅是去看一看，而是会把蜘蛛搬到离工地近一点的地方，不过总是放在植物丛的上面。蛛蜂的这一行为使我有了可乘之机，来了解一下它的记忆力到底有多灵活。

当这只膜翅目昆虫挖掘地洞的时候，我把它的猎物拿走，放在离原先的存放地半米之外的空旷处。不久，蛛蜂离开地洞，去看它的猎物了，它径直朝原来存放蜘蛛的地方走去。它找方向非常有一套，对找地点也非常拿手，这可能是因为它前面已经多次去看过它的猎物。之前发生的事我无法得知。我们不去管那第一次远征；其他的几次会更有说服力。眼下，蛛蜂准确无误地来到了之前摆放猎物的草丛。它在上面走来走去，仔细搜寻，不时回到原来存放蜘蛛的位置。最后，这位聪明的昆虫发现猎物已经不在那里，便在四周慢步徘徊，并用触须拍打着地面。终于，它在空旷处看见了我放的猎物，十分惊讶，赶紧上前，突然一抖，猛地往后退去，仿佛在问：这蜘蛛是活的还是死的？这是我之前的猎物吗？还是谨慎一点好。

聪明的蛛蜂犹豫了一小会儿，还是咬住了蜘蛛，一边拉一边倒退，把它放到另一丛植物上，仍然是在高处，离第一个存放地两三步远。然后，它又回到地洞边，继续挖土。我再次移动了蜘蛛的位置，把它放在稍远一点的一块光秃秃的地上。这一次，我们可以充分看得出蛛蜂的聪明才智了。有两处草丛曾经存放过它的猎物。第一个，蛛蜂曾经准确无误地回去过，它之所以能认得出，可能是因为此前它去过多次，做过较为深入的勘察，对此我不很清楚；而第二个草丛，在它的记忆中肯定只留下了肤浅的印象。它接受了那个地方，但事先并不曾仔细挑选；它在那里停留的时间很短，只够把蜘蛛抬到高处；这处草丛是它第一次看到，而且是匆匆地看了一眼。这样短暂的一瞥，能让它准确地记住吗？何况，在这虫子的记忆里，两个存放地很有可能会混淆。蛛蜂究竟会去哪个地方呢？

我们很快就看到了答案：蛛蜂又离开地洞去看蜘蛛了。它径直跑向第二个草丛，在那里找了很久，但猎物不见了。蛛蜂记得很清楚猎物最后是放在那儿，而不是其他地方；它在那里不停地寻找，根本没有想到去第一个存放地。对它来说，第一个草丛已经不重要了，它关心的只是第二个草丛。接着，它开始在附近寻找。

这膜翅目昆虫在那块光秃秃的地方找到了我放的猎物，便迅速将它放到了第三个草丛上，这样我又开始了我的实验。这一次，蛛蜂毫不犹豫地直奔第三个草丛，丝毫没有和前两个混淆起来，它记得很清楚，对前两个存放地根本不屑一顾。我又做了两次实验，每次这位猎人都是去最后一个存放地，对其他草丛漠不关心。这个小家伙的记忆力真是不可思议。尽管这个勤劳的猎人还得忙于地下的挖掘工作，但它只要匆匆瞥一眼，就能把一个与别处没有丝毫不同的地方记得清清楚楚。我们人类的记忆力能和它相提并论吗？我可不敢做肯定的回答。如果我们假设红蚂蚁也有同样非凡的记忆力，那么它们长途跋涉、按原路回窝也就顺理成章了。

我的实验还得出其他一些结果，也值得引起大家的思考。当蛛蜂经过不懈地艰难探索，确认蜘蛛不在它原先放置的草丛上后，便会到附近去寻找，而且可以说比较容易就找到了，这当然是我把猎物放在了比较显眼的地方的缘故。后来，我又增加了一点难度。我用手指在泥土里按了一个印，把蜘蛛放在这个小小的坑里，再盖上一片薄薄的叶子。寻找遗失猎物的蛛蜂有时会从叶子上经过，走过来又走过去，可就是没有怀疑过它的脚下正是藏猎物的地方。可见，指引蛛蜂的不是嗅觉，而是视觉。不过，它的触须一直在不断地拍打着地面。这触须有什么用？我不知道，但我能断定它不是嗅觉器官。通过泥蜂寻找灰毛虫的例子，我也得出了同样的结论，而这结论现在得到了实验的证实，在我看来它是决定性的。我还要补充一点：蛛蜂的视力很差，所以它经常会在离蜘蛛两寸远的地方走过，却看不见蜘蛛。

点评赏析

作者在这一章中，主要研究动物是怎么找到自己的家的。作者剪掉了石蜂和节腹泥蜂的触须，它们依然回到了窝中，实验证明触须不具有指向感。很多膜翅目的昆虫都有找到自己家的能力，但是红蚂蚁好像是个例外。作者用实验来戏弄红蚂蚁，想让红蚂蚁找不到回去的原路，做了多次实验，原来，红蚂蚁不是依靠嗅觉来辨别回家的路的，它们是依靠视觉的，而且还能记住来时的路。

黄　蜂 精读

导读　你想去征服黄蜂吗？你想知道黄蜂是如何筑巢的吗？读完此文，你就会得到答案，你还会发现黄蜂的巢是多么的壮观，它们是那么井井有条地建设着自己的家园，那么温柔体贴地抚育着蜂宝宝。但它们的智慧是有限的，它们不好客，在自然规律面前它们更显得无能为力。

它们的聪明和愚笨

在九月里的一天，我和我的小儿子保罗跑出去，想去瞧一瞧黄蜂的巢。

小保罗的眼力非常好，再加上特别集中的注意力，这些都有助于我们进行很好的观察。我们两个饶有兴趣地欣赏着小径两旁的风景。

忽然，小保罗指着不远的地方，冲着我喊了起来："看！一个黄蜂的巢。就在那边，一个黄蜂的巢，比什么都要更清楚呢！"果然，在大约二十码以外的地方，小保罗看见一种运动得非常快的东西，一个一个地从地面上飞跃起来，立即迅速地飞去，好像那些草丛里面隐蔽着小小的即将爆发的火山口，马上要将它们一个个喷出来一般❶。

◎写作分析

❶动作描写，通过"飞跃""爆发""喷"等词表现出黄蜂行动的异常迅捷。

我们小心谨慎地慢慢地跑近那个地点，生怕一不小心，惊动了这些凶猛的动物，引起它们对我们的注意和攻击，那样的话，后果可是不堪设想的。

在这些小动物们的住所的门边，有一个圆圆的裂口。口的大小大约可容下人的大拇指。同居一室者来来去去，进进出出，摩肩接踵(zhǒng)地向相反的方向飞去飞回，不停地忙碌着。

突然，“噗”的一声，我不觉吃了一惊，但是马上又醒悟过来了。我忽然想起现在我们正处于一个很不安全的时刻。要是我们太靠近去观察它们的行踪，就会引起不良的后果。因为，这样的不速之客会让它们感到不安，会激怒这些容易发脾气的战士来袭击我们。因此，我们不敢再多观察了。再观察下去就意味着要“牺牲”更多的东西了❶。

◎要点提示

❶靠近黄蜂的巢穴毕竟是一件很恐怖的事情，如果惹怒黄蜂，受到攻击，可是一件很危险的事情。

我和小保罗记住了那个地点，以便日落后再来观察。到了夕阳西下的时候，这个巢里的居住者，全体都应该从野外回家了。那样，我们就可以更好地观察了。

当一个人决定要征服黄蜂的巢时，如果他的这一举动，没有经过谨慎而细致的思考的话，那么这种行动简直就是一种冒险的事情。半品脱的石油，九寸长的空芦管，一块有相当坚实度的黏土，这些构成了我的全部武器装备❷。还有一点必须提到的是，以前的几次小小的观察研究，稍稍积累了一点儿成功的经验。这所有的一切物品与经验对我而言，是最简单，同时也是再好不过了。

◎要点提示

❷要征服黄蜂的巢穴，必须要有万全的准备。

有一种方法对我是至关重要的，那就是窒息的方法。除非我打算用我所不能够忍受的牺牲的方法，否则，我必须掌握窒息的方法。当瑞木特要把一个活的黄蜂的巢放在玻璃匣子内，观察里面的同居者的习性的时候，他不是亲自行动，而是选择了另一种方法，雇用了一个帮手，协助他进行实验。这个帮手经常从事这种痛苦不堪的工作。为了获得优厚的报酬，情愿牺牲自己的皮肤，为科学家们提供有偿性服务。但是，我可是打算牺牲自己的皮肤的❸。

◎写作分析

❸别的人是雇佣帮手来捕获蜂巢，可作者却要自己来动手，这个对比就能看出作者对于实验是亲力亲为的。

在还没有挖出我所要的蜂巢之前，我仔细思考了两次。然后，才开始我的计划。我首先将蜂巢里的居民窒闷住，死了的黄蜂就不能刺人了。这是一个残忍的方法，但也是一个十分安全的方法，可以让我不至于身处危险之中。我采用的是石油，因为它的刺激作用不至于过于猛烈。

因为我要做一次观察，所以我希望能留下一部分不死的黄蜂，否则的话老是观察死了的对象，就前功尽弃了。现在的问题只是在于如何把石油倒进有蜂巢的穴里去。蜂巢穴的出入孔道大约有九寸长，而且差不多和地面是平行的，一直通到地底下的窠(kē)巢。假如把石油直接倒入隧道的口上，这便是一个大大的错误，而且将会带来极其严重的不良后果。为什么呢？主要原因是，这样少量的石油，会被泥土吸收进去，而无法到达地下的窠巢。这样一来，到了第二天，当我们凭着想象，以为这时挖掘、凿开窠巢一定是很安全的时候，就会遇到很大的危险。我们就会碰到一群火上浇油般的黄蜂，在我们的铁铲下回旋，从而对我们造成一定的威胁。

早已准备好的九寸长的空芦管可以阻止这一不幸事件的发生。把这根空芦管插进差不多九寸长的隧道里面的时候，就形成了一根自动引水管。于是石油可以顺着导管流入土穴中，一点儿也不会漏掉，而且速度还很快。然后，我们再用一块事先已经捏好的泥土，像瓶塞子一样，塞住出入的孔道口，断绝这些黄蜂的后路。我们所要做的工作就到此为止了，剩下的就只是等待了❶。

当我们准备做这项工作的时候，是昏暗的月夜，正是九点钟，小保罗和我一起出去。我们只带了一盏灯，还有一篮子需要用到的工具。当时，远远地还可以听见农家的狗还在互相吠叫着，猫头鹰在橄榄树的高枝上叫着，蟋蟀在浓密的草丛中不停地奏着动听的音乐❷。小保罗和我则在谈论着昆虫。他热切而好奇地向我提出很多问题。为了不让他失望，我将我所知道的一切告诉了他，帮助他学习，以丰富他的知识，满足他的兴趣。这样一个快乐的猎取黄蜂的夜晚，让我

◎写作分析

❶详细的过程描述，表现出作者准备的充分。

◎写作分析

❷用远处的狗叫声、猫头鹰的叫声、蟋蟀的叫声来烘托夜晚的宁静。

们忘记了睡眠和被黄蜂攻击时的痛苦。

将芦管插入土穴中是一件非常精巧的工作，需要一些技巧。因为孔道的方向是无从知晓的，需要颇费一番猜疑和试探。而且有时候，黄蜂保卫室里的门卫会突然警觉地飞出来，毫不客气地攻击正在进行这项工作而且没有防备的人的手掌。为了防止这种措手不及的不幸事情发生，我和小保罗中的一个人，在一旁守卫，时刻警惕着，并用手帕不停地驱赶着进攻的敌人。这样一来，即使最后有一个人的手上不幸被命中，隆起了一块，就是很疼痛，也算是一个理想的、不算很大的代价，尚可以忍受❶。

◎要点提示

❶即使做好了万全的准备，也还是可能发生意外的情况。

在石油流入土穴中以后，我们便听到地下传来的众蜂惊人的喧哗声。然后，很快地，我们用湿泥将孔道封闭起来，一次一次地用脚踏实，使封口坚不可摧，从而使它们无路可逃。现在，没有什么其他的事可以做了。于是，我和小保罗就跑回去睡觉休息了。

第二天清晨，我们带了一把锄头和一把铁铲，重新又回到了老地方。早一点儿去比较好些，因为可能有很多黄蜂夜里是在外面游荡的，它们有可能在我们挖土的时候飞回来，这就糟糕了，因为这对我们又将是一种威胁。另外，清晨的冷气，可以多少削弱一些它们的凶恶和威风❷。

◎要点提示

❷晚上黄蜂可能会在外游荡，早上黄蜂应该会行动迟缓点，这是作者选择清晨行动的主要原因。

在孔道之前，芦管依然还插在那边，我和小保罗挖了一条壕沟，宽度刚好能容下我们俩，行动很方便。于是，我们从沟道的两边开始挖，很小心地一片一片铲去。后来，挖了差不多有二十寸深，蜂巢便暴露出来了。它吊在土穴的屋脊当中，一点儿也没有被损坏，完好地吊在那里，这真让我们感到高兴。

这真是一个壮观美丽的建筑啊！它大得简直像一个大南瓜。除去顶上的一部分以外，各方面全都是悬空的，顶上生长有很多的根，其中多数是茅草根，穿透了很深的“墙壁”进入墙内，和蜂巢结在一起，非常坚实。如果那地方的土地是软的，它的形状就成圆形，各部分都会同样的坚固。如果那地方的土地是沙砾的，那黄蜂掘凿时就会遇到一定的阻碍，蜂巢的形状就会随之有所变化，至少会不那么整齐❶。

在低巢和地下室的旁边，常常留有手掌宽的一块空隙，这块面积是宽阔的街道。这些建筑者，在这里可以行动自由，继续不停地进行它们各自的工作，用自己的双手，使它们的窠巢更大更坚固。通向外面的那条孔道，也通向这里。在蜂巢的下面，还有一块更大一些的空隙，其形状是圆的，就如同一个大圆盆，在蜂巢扩建新房时，可以增大其体积。这个空穴，还有另外一个用途，那就是盛废弃物品的垃圾箱。看来这里的基本建设还是较为齐全的。

这个地穴是黄蜂们用自己的“双手”亲自挖掘出来的。关于这一点，是用不着怀疑的。因为如此之大、如此整齐的洞穴，在自然界是没有现成的❷。当初，第一个开辟这个巢的黄蜂，也许是利用了鼹(yǎn)鼠所做的洞穴，加以借用，以图开始创建的便利。可是，筑巢的绝大部分工作都是黄蜂亲自操作的。然而，事实上，并没有一些挖出的泥土堆积在蜂巢的大门之外。那么，黄蜂们挖出的泥土被搬运到哪里去了呢？答案是：它们已经被弃散在不引人注意的广阔的野外去了。有成千上万的黄蜂参与挖掘这个壮丽的建筑物，必要的时候，还要将它扩大。这千百万只黄蜂，飞到外面来的时候，每一个身上都附带着一粒土屑，抛撒在离开窠巢很远的各处土地上。因此，挖出的泥土的痕迹一点儿也看不到了。所以，蜂巢看上去像一片净土一样。

黄蜂的巢是用一种薄而柔韧的材料做成的。这种材料是木头的碎粒，很像一种棕色的纸。它的上面有一条条的带，

◎常识积累

❶黄蜂的蜂巢大如南瓜，上面的茅草根和蜂巢结合在一起，蜂巢的下部形状与土质有密切的关系。

◎要点提示

❷如此大、如此整齐的洞穴，是依靠黄蜂的辛苦劳动开掘的。

其颜色视所用木头的不同而不同。如果蜂巢是用整张“纸”做的，就可以稍稍抵御寒冷，起到保暖的作用。但是，黄蜂就像做气球的人一样，它们懂得温度可以利用各层外壳中所含有的空气来保持。所以，黄蜂把它们的低巢做成宽的鳞片的形状，一片一片松松地铺起来，显出很多的层次来，整个蜂巢形成一种粗粗的毛毯状，厚厚的，而且多孔，其内部含有大量的空气❶。这样一来，外壳里的温度，在天气很热时，一定是很高的。

◎要点提示

❶整个蜂巢有很多层次，不仅空气流通很好，而且可以保温。

大黄蜂——黄蜂们的领导，在一样的原则下，建筑它自己的巢。在杨柳的树孔中，或者是在空的壳层里，它用木头的碎片，做成脆弱的黄色的纸板。它就利用这种材料来包裹它自己的窠。一层一层相互地重叠起来，就像个凸起的大鳞片一样，可以想象这有多么保暖！这个大鳞片的中间有充分的空隙，空气停留在里边也不流动。

黄蜂们的动作常常与物理学和几何学的定理相吻合。它们可以利用空气——这个不良导体来保持它们家里的温度。它们早在人类还未曾想到做毛毯之前就已经做出来了，而且技艺还很高，它们在建筑窠巢的外墙时，只要极小的外围，就足以造出很多的房间，它们的小房间也同样如此，其面积与材料都非常经济❷。

◎要点提示

❷黄蜂巢的设计是符合科学原理的，黄蜂很聪明。

然而，尽管这些建筑家们有如此之聪明智慧，但是，令我们感到奇怪的是，当它们遇到最小的困难时，居然会束手无策，愚笨无比。一方面，它们得益于大自然的本能指导它们像科学家一样地行动；而另一方面，很显然它们完全不具备反省的能力，其智力是相当低下的。关于这一个事实，我已用各种各样的试验加以证明了。

黄蜂碰巧将自己的房子安置在我家花园的路旁边，于是，我便可以利用一个玻璃罩来做试验了。在原野里的时候，我无法利用这种器具，因为乡下的小孩子们很快就会把它打破，而破坏了我精心准备的试验。有一天晚上，天已经黑了，黄蜂也已经回家了。我弄平了泥土，放上一个玻璃罩罩住黄蜂的洞口。第二天早晨，黄蜂们习惯性地开始工作。当它们发觉自己的飞行受到阻止时，它们是否能够在玻璃罩的边下挖掘出另外一条道路呢？是不是这些能够掘出广阔洞穴的刚强的动物知道只要创造一条很短的地道，便可以让它们重获自由呢？这便是我们的问题关键之所在了。那么，结果如何呢？

第二天早晨，我看到温暖耀眼的阳光已经落在玻璃罩上了。这些工作者们已经成群地由地下上来，急于要出去寻觅它们的食物。但是，它们一次又一次地撞在透明的"墙壁"上跌落下来，重新又上来。就这样，成群地团团飞转不停地尝试，丝毫不想放弃。其中有一些，舞跳得疲倦了，脾气暴躁地乱走一阵，然后重新又回到住宅里去了。有一些，当太阳更加炽热的时候，代替前者来乱撞。就这样轮换着倒班❶。但是，最终没有一只黄蜂大智大勇，能够伸出手足，到玻璃罩四周的边沿下边抓、挖泥土，开辟新的谋生之路。这就说明它们是不能设法逃脱的。它们的智慧是多么有限啊。

◎ 写作分析

❶用一连串的动作描写，表现黄蜂被玻璃罩挡住时的急躁。

这个时候，有少数在外面过夜的黄蜂，从原野归来了。它们围绕着玻璃罩盘旋飞舞，一直迟疑徘徊，不知如何是好。有一个带头决定往玻璃罩的下边去挖，其他的黄蜂也随着学它的样子。于是，大家齐动手，很快地，一条新的通路很容易地开辟出来了。它们也就跑了进去，终于到家了❷。于是，我用土将这条新辟之路堵住。假设从里面能够看出这条狭窄的通路，当然可以帮助罩内的黄蜂轻而易举地逃走。我很愿意让这些囚徒通过自己的观察和努力争得自由的光荣，享受阳光沐浴的欢乐，领会大自然的优美。

◎ 要点提示

❷飞回来的黄蜂，能够发掘一条新的出路回到家。

无论黄蜂的理解能力是如何的差劲。我想它们的逃脱，现在应该是可能实现的了。那些刚刚进去的黄蜂当然会指引一下路径，它们会指教其他的黄蜂向玻璃罩下边挖，以便尽快地逃离牢笼。

然而，事实却并不那么乐观。我非常失望，可爱的黄蜂们居然没有一点儿要从经验和实例上仿效学习的企图。在那个玻璃罩里，一点儿没有要继续挖掘出逃之路——地道的迹象。这些小昆虫们只是依旧团团乱飞，毫无计划，毫无目的，它们只是盲目地乱碰乱撞，挤作一团不知究竟发生了什么意外。每天都有很多可怜的黄蜂死于饥饿和炎热之下。一个星期以后，很遗憾，没有一个活的黄蜂能够侥幸存活下来，全军覆没了。一堆死尸铺在地面上，其状况尤其惨烈❶。

◎要点提示

❶被玻璃罩挡住的黄蜂，只会胡碰乱撞，不会去找一条新的出路。

从原野里返回的黄蜂们可以另辟新路，毫不费力地回到自己的家中。其原因是，从泥土外面可以嗅知它们的家，并去寻找它。这是黄蜂自然本能想方设法投入家的怀抱的一种表现，或者说是它们的一种防御方法。这是不需要任何思想和解释的。自从小小的黄蜂初次降临到这个世界上的时候开始，地面上的一切阻碍，对于每一个黄蜂而言，都已经很熟悉了。

但是，对于那些不幸被罩在玻璃罩里的黄蜂，就没有这种本能来帮助它们逃离险境了。它们的目的是明确的、单一的。它们想到阳光里面去，到野外去觅食。它们被罩在玻璃罩里，在这个透明的牢狱中，能够看到日光，它们便被蒙骗了，以为自己的目的已经完全达到❷。虽然它们几经努力，一往无前，继续不断地和玻璃罩相抗衡、相碰撞，心中抱有无限希望，想朝着日光，飞得再远一点儿，以便能觅到急需的食物。可是事实上那是无用的。在它们以往的经历中，没有任何经验和实践指导它们遇到这种情况时，应该如何行

◎写作分析

❷把玻璃罩比作牢狱，能看出黄蜂的可悲，它们自以为只要看到光明就可以逃出牢房。

事。于是它们走投无路，别无选择，只能盲目地固守着它们生来就惯有的老习性，从而生的希望越来越小，而逐渐将自己推向无奈的死亡❶。

◎要点提示

❶黄蜂没有应变这种情况的经历，所以，它们只能步入死亡。

它们的几种习性

假如我们掀开蜂巢的厚包，便可以看到里面隐藏有许多的蜂房，那好几层的小房间，上下排列着，中间用稳固坚实的柱子紧密连在一起，层数是不一定的。在一定季节的后期，大概是十层，或者是更多一些。各个小房间的口都是向下的。在这个种类看起来很奇怪的小世界里，幼蜂无论是睡眠还是饮食，都是脑袋朝着下边生长的，即倒挂着的。

这一层一层的楼即蜂房层，有广大的空间把它们分隔开。在外壳与蜂房之间，有一条门路与各个部分是相通的。经常有许多的守护者进进出出，负责照顾蜂巢中的幼虫❷。在外壳的一边，矗立着这个丰富多彩的都市的大门，一个没有经过什么过多装饰的裂口，隐藏在被包着的薄鳞片中。直面对着这个大门的，就是那从地穴深处直通到外面大千世界的隧道进出口。

◎常识积累

❷蜂房层中间有通道，有很多工蜂负责照顾生活在蜂房中的幼虫。

在黄蜂的社会中，生活着数量众多的黄蜂。它们的全部生命完全都投入到不辞劳苦的工作之中。它们的主要职责就是，当人口不断增加的时候，就不停地扩建蜂巢，以便新的公民居住。尽管它们并没有自己的幼虫，可它们呵护巢内的幼虫却是极小心勤勉，无微不至的❸。

◎要点提示

❸工蜂负责扩建蜂巢，也负责照顾幼虫，忙碌不停。

为了能观察到它们的工作状况，以及快到冬天的时候它们之中会有什么事情发生，我在十月里，把少许巢的小片放在盖子下面。里面居住着很多的卵和幼虫，并且还有一百个以上的工蜂在细心地看护着它们。

为了便于进行观察，我将蜂房分隔开来，让小房间的口

◎要点提示

❶工蜂一直都在辛勤地劳作，外界环境的变化也不会长时间影响它们的劳作。

朝着上面，然后并排放着。这样颠倒的排列，看起来似乎并没有使我的这些囚徒们烦恼，它们很快地就从被打扰的情形下适应过来，恢复了原来的空间状态，重新开始忙碌而辛勤地工作，似乎从来没有什么事情发生过一样❶。

事实上，它们当然需要再建筑一点东西。所以，我便选择了一块软木头送给它们，并且用蜂蜜来喂养它们，满足它们的需要。用一个拿铁丝盖着的大泥锅来代替隐藏蜂巢的土穴。再盖上一个可以移动的纸板做的圆顶形的东西，使得内部相当黑暗。当然，当我需要亮一些时就把它移开。

◎写作分析

❷用“铜墙铁壁”的比喻突出蜂巢异常坚固的特点。

黄蜂继续进行它们自己的日常工作，就好像从来没有受到过任何的扰乱一样。工蜂们一面照料着蜂巢中的蜂宝宝，与此同时，又要照顾好它们自己的房子。它们一起努力加油，开始慢慢地筑起一道新的铜墙铁壁❷。这墙壁围绕着它们最封闭的蜂房。看起来，它们似乎是打算重新再建筑一个新的外壳，作为新的外壳，来代替那个被我用铁铲毁坏了的旧外壳。但是，这些工蜂们并不是简单地修修补补，它们是从被我破坏了的那个地方开始它们的工作。它们很快就筑成了一个弧形的纸鳞片似的房顶，然后，用它遮盖住大约三分之一的蜂房。如果这个小蜂巢不曾遭到我的破坏的话，那么这些工蜂们搭建起的这个屋顶足可以连接到外壳呢。它们亲手做成的一个房顶，还不够大，只能遮盖住整个小房间的一部分而已。

至于我事先为它们精心准备好的那块软木头，它们根本不予理睬，甚至连碰都不曾碰上一下，仿佛它根本就不存在一样。或许这种“新型”的材料，对于黄蜂而言，用起来很不方便。它们宁愿放弃它，而继续选用那已经废弃不用了的旧巢，这样更加方便，而且更加得心应手一些。因为在这些旧的小巢内，不必辛辛苦苦地重新制作纤维，因为它们是已经做好了的，方便实用，只需拿来即可。而且，它们也不用浪费很多的唾液，只需相当少的唾液，再用它们的大腮仔细咀嚼几下，然后便形成了上等质地的糨糊，这是相当好的建筑材料1。

◎要点提示

1黄蜂很聪明，知道选用旧蜂巢可利用的材料来建造新的蜂巢。

下一步，它们一起把不居住的小房间统统毁得粉碎。然后，利用这些碎物，做成一种似天篷一样的东西。如果有必要的话，它们也会再次利用同样的方法，筑造出新的小房间，以便居住、活动之用。

与它们齐心协力筑造屋顶的工作相比较，更加有趣味的要算是喂养蛴(qí)螬(cáo)幼虫了。刚才还是一个个粗暴刚强、卖力气的战士，这会儿就摇身一变，成了温柔、体贴的小保姆。看到这些，谁也不会感到厌倦和反感的。一下子，充满了战斗气息的军营一样的窠巢，立刻变成了温馨的育婴室了。真是妙趣横生啊！

喂养好可爱的、柔弱的小宝宝，可是需要相当的耐心与细致的。假如我们只将注意力集中到一个正在忙碌工作的黄蜂身上，我们就可以清楚地观察到，在它的嗉囊里，充满了蜜汁。它停在一个小房间的前面，它的样子特别有意思，它把它小小的头慢慢地伸到洞口里面去，然后再用它的触须的尖儿去轻轻地碰一碰里面的一个小幼虫。那个小宝宝慢慢地清醒了过来，似乎看到了那个黄蜂递送进来的触须，于是向它微微地张开小嘴。它的样子，特别像一只刚刚初生不久，羽毛尚未丰满起来，乳臭未干的小鸟，正在向着刚刚辛辛苦苦为它觅食而归的妈妈伸出小嘴，急切地索要食品一般，不觉得让人感到一阵温馨2。

◎写作分析

2运用类比的手法，形象地描述出黄蜂小心翼翼喂养幼虫的经过，直观形象，易于读者理解。

不一会儿，这个刚刚从梦中苏醒过来的小宝宝，将它的小脑袋摇来摆去的，渴望着能够马上探索到它急切需要得到的食物，这可以算是它的本能天性了。然而它又是盲目地探寻着，一次次试探着外面的黄蜂为它们提供的食物。可以想象到小宝宝的急切心情，终于两张小嘴接触到了。一滴浆汁从“小保姆”的嘴里流出来，流进那个被看护者的小嘴里。仅仅这一点点就足够一个小宝宝享用了。现在，该轮到第二个黄蜂婴儿进食了。于是，这个小保姆又赶快马不停蹄地跑到别处去，继续履行它神圣的职责❶。

◎要点提示

❶黄蜂一直在忙碌不停地喂养幼虫，毫无怨言。

小宝宝们通过口对口地交接食物后，享受到大部分的蜜汁。但是，进食并没有完全告终，它们还没有享用完呢。因为，在喂食的时候，幼虫的胸部会暂时膨胀起来，其作用就如同一块围嘴或餐巾纸一样，从嘴里流出来的东西全都滴落在它上面。这样等保姆走后，小宝宝们就会在它们自己的颈根上舐来舐去，吮吸着滴在胸部的蜜汁，尽情地享受着美味的食物，不浪费一点儿。大部分的蜜汁咽下之后，幼虫胸部的鼓胀便会自然而然地消失掉。然后，幼虫会稍微往蜂巢里缩进去一点，继续回到它甜蜜的梦乡里❷。

◎要点提示

❷形象地写出那个自动形成的“围嘴”的作用，咽下蜜汁之后，“围嘴”就会消失。

当黄蜂在我的笼子里喂养小宝宝时，小幼虫们的头是朝上的，从它们的小嘴里遗漏出来的东西，自然会滴落在它们的围嘴上面。至于在蜂巢里喂养它们的时候，它们的小脑袋则是朝下的，但是，我并不心存怀疑，那便是在这样头向下的位置上，小幼虫的餐巾纸仍能发挥作用，而且功效是一样的。这是因为幼虫在蜂巢中时，它的头不是直的，而是略微有一点弯度的。因此，它们嘴里溢出来的蜜汁很可能是堆积在那块小小的围嘴上。而且，溢出的蜜汁是非常黏稠的，很快就会粘在围嘴上。与此同时，细心的小保姆就是再放下一部分食品在这个地方，也是有可能的。所以，无论小幼虫的头是朝下的还是朝上的，无论那块围嘴是在嘴的上边，还是在嘴的下边，这都不会阻碍围嘴充分发挥它的作用❸。其主要原因是这种食品非常有黏性，可以牢牢地附着在围嘴上。

◎要点提示

❸“围嘴”的作用很智能，方向的变化不会影响其作用的发挥。

因而可以说，这块小小的围嘴简直就是一个又方便又及时的小碟子，它可以减少喂食工作的困难，避免许多不必要的麻烦。为我们的小保姆们提供方便，使得它们又省力又省时，而且它还可以使得小幼虫们能够舒适、宁静地享用它们的美味佳肴，直至一饱口福，满足为止。还有一个好处，那就是不致让小宝宝们吃得太饱，撑坏了小肚皮而夭折。

如果是在野外，置身于大自然中，每当一年快要结束时，也是果品数量非常少的时候，有些青黄不接。在这种情况下，大多数的小保姆挑选其他的食物来继续喂养小幼虫。它们大多选择苍蝇，先将它们一一切碎，然后再喂给小幼虫们食用❶。但是，在我为它们制作的笼子中，一概不选择其他的东西作为幼虫的食品，我只为它们提供充足的有营养的蜜汁。

◎常识积累

❶当蜜汁不够的情况下，黄蜂也会给幼虫喂其他食物，看来黄蜂是杂食类动物。

吃了这些蜜汁以后，所有的看护者和被看护者似乎都变得精力旺盛起来。而且，一旦有什么不速之客突然闯进蜂房里，进行袭击侵略，那么它们将很不幸地立刻被处以死刑。显然，黄蜂分明是一种不好客的生灵，从不厚待宾客，更不允许其他动物随意侵扰自己的家园。即使是那种叫拖足蜂的蜂，形状和颜色与黄蜂是极其相像的，如果它们稍一走近黄蜂，来分享它们的蜜汁，那么它们的这种企图很快就会破灭，马上被觉察出来，于是，黄蜂们群起而攻之，直到置其于死地为止❷。拖足蜂的外貌并不能欺骗黄蜂那敏感的目光，如果拖足蜂反应不迅速，没有及时退避，那么就会大难临头引来杀身之祸，被黄蜂残酷地处死。所以，擅自闯入黄蜂的巢，实在不是一件明智的事情。即使来访的客人的外表与它们极为相似，工作也与它们大同小异，几乎可以说是团体中的一分子，都是绝对不行的。黄蜂是不会轻易地放过任何不请自来，不知趣的所谓客人的。因此，其他动物还是退

◎要点提示

❷黄蜂不会允许别的动物侵扰自己的家园，它们会群起而攻之。

避三舍，回避为佳。

我已经一而再、再而三地看到黄蜂对于客人们野蛮的待遇，假如闯入境内的不速之客，是个相当有杀伤力，而且凶猛无比的家伙，当它受到群攻而牺牲后，其尸首便会马上被众蜂拖到蜂巢以外，抛弃在下面的垃圾堆里边。但是，黄蜂似乎不会轻易地动用它那有毒的短剑来攻击其他的动物，还是比较手下留情的。如果我把一个锯蝇的幼虫抛到黄蜂群里面，对于这条绿黑色的小龙一样的侵入者，黄蜂们表示出很大的兴趣，它们一定是感到很奇怪。接下来，它们便向它发起进攻，把它弄伤，但是并不利用它们带毒的针去刺伤它。然后众蜂齐用力，要把它拖出巢去。与此同时，这条“小龙”也不服输，不断进行抵抗，用它的钩子钩住蜂房。有时利用它的前足，也有时利用它的后足。然而，最终这条可怜的“小龙”还是因为伤势太重，而且它还很软弱，最终被有力的黄蜂拉了出来❶。这条“小龙”很惨，小小的身体上充满了血迹，被一直拖到垃圾堆上去。黄蜂们驱赶这样一条并无什么力气的可怜虫可并不轻松，耗费了足有两个小时的时间呢！

◎写作分析

❶动作描写，作者有条不紊地写出黄蜂对付外来者的过程，它们不遗余力，直到对方被杀死。

如果，与此相反，我放的不是一个弱小的幼虫，而放一个住在樱桃树孔里的一种相对比较魁伟的幼虫在蜂巢里面，结果就不同了。立刻会有五六只黄蜂拥上来，纷纷用有毒的针去刺它的身体。不大一会儿，差不多几分钟以后，这只较强壮有力的幼虫终于也难逃厄运，一命呜呼了。但是，接下来便产生出了一个问题。这具笨重的尸体，很难把它搬运到巢外去。所以，黄蜂们觉得动它不成，便选择了其他的方法，比如吃掉它，或者，至少要设法使它的体重有所减少。因此，它们便一直吃它，直到吃剩下的那部分可以被拖动为止。然后，还是要把它拖到外面去，抛弃掉❷。

◎要点提示

❷黄蜂们有时吃虫子的尸体并不是为了充饥，而是为了处理垃圾。

它们悲惨的结果

有了如此凶猛而又残酷的方法来抵御外来闯入者的入侵，还有如此巧妙而又温柔的喂食方法，我制作的笼子里的小幼虫们一天一天茁壮成长着，黄蜂的家族日益兴旺起来❶。不过，当然也存在例外的现象。黄蜂的窠巢里，也有一些非常柔弱、不走运的小幼虫，它们长大成人，还未经历世间的风雨，沐浴阳光的温暖，便早早地夭折而去了。

◎要点提示

❶黄蜂对待幼虫“如春天般温暖”，对待敌人则“要像严冬一样残酷无情”。

我通过观察，发现了那些柔弱的病者，亲眼看见它们不能继续享用蜜汁，不能进食，渐渐地，一点点憔悴下去，衰弱下去。那些小保姆们早已比我更清楚地知晓了这一切。它们十分无奈地把头轻轻弯下来，朝着那些可怜的患病者，用触须很小心地去试听一下，最后得出结论，证明这些病者的确是不可医治，无法挽救了。于是，慢慢地，这个弱小的生命逐步走向生命的尽头，快到死的程度了。最终，被毫不怜惜地从小房间里拖到蜂巢的外面去。在充满野蛮气息的黄蜂的社会里，久病者不过仅仅是一块没有用处的垃圾而已，越早拖出去越好，否则的话，就有蔓延传染的可能❷。对于黄蜂而言，那将是很可怕的事情。但是这还不是最坏的可能。因为，随着冬天渐渐来临，黄蜂们大都已经预感到它们将来的命运。它们深知，末日就在眼前了。

◎要点提示

❷对待久病者，黄蜂不会有任何的迟疑，一定会尽快驱逐。

十一月里，非常寒冷的夜，使得蜂巢的内部起了变化。大搞基础建设的热情逐渐衰退了。到储蜜的地方，从事储蜜工作的黄蜂不再频繁地到那里去了。整个家庭，所有黄蜂全都逐渐地放任自流了。幼虫由于饥饿而大张着它们的小嘴，然而，等到的只不过是非常迟缓的救济品，或者干脆没有小保姆愿意光临到这里来给它们喂食。深深的惆怅牢牢占据了那些小保姆的心灵，它们从前的那份工作热情也不见了，

◎写作分析

❶工蜂心中的不快，为下文惨案的发生做了铺垫。

最终竟转化为厌恶。它们知道，再过不久的时间，一切就将变成不可能了❶。那么，小保姆还有什么存在价值吗？还会有什么好处吗？当然，在看护蜂的心中，答案是否定的。于是，饥饿的时候来临了。噩运降临到小幼虫的头上，它们悲惨而孤独地死去。因此，从前的那些温柔体贴的小保姆一变而成为不可思议的凶残的刽子手了。

那些小保姆会对自己说："我们没有必要留下许许多多的孤儿。不久以后，等我们都离开了这里以后，还能有谁来照顾这些可怜的后代呢？没有。既然是这样的结果，那还不如让我们亲手来把这些卵和小幼虫统统杀死。这样一个十分残暴的结果，总比那种慢慢被饥饿煎熬而死要强得多，长痛不如短痛嘛！❷"

◎写作分析

❷用拟人的手法，为工蜂屠杀幼虫的行为，做了合理的解释。

接下来的一幕闹剧，便是一场凶残的大屠杀行动。黄蜂们残忍地咬住了小幼虫颈项的后面，然后粗暴地把它们一个个从小房间里拖出来，拉到蜂巢的外面去，抛到外面土穴底下的垃圾堆里，其情景简直是惨不忍睹！

那些小保姆，也就是工蜂，在把幼虫从小房间中强行拖拉出来时，那种情形之残酷，就好像这些幼虫都是一些从外面来的生客一般，或者是一群已经死掉了的尸体。它们野蛮地拖着小幼虫的尸体，并且还要将它们的尸体扯碎。至于那些小卵，则会被工蜂们撕扯开来，最后把它们吃掉。

在此之后，这些小保姆，即刽子手，毫无生气地留着它们自己的生命。一天一天地，我带着无比的惊奇，注视着我的这些昆虫的最终的结局。非常出乎我的意料，这些工蜂忽然间都死掉了。它们跑到上面，跌倒下来，仰卧着，从此再也没有爬起来，就如同触了电一般。它们也有它们自己的生命周期。它们被时间这个无情无义的毒品毒死了。就算是一只钟表内的机器，当它的发条被放开到最后一圈时，也是会如此的❸。

◎写作分析

❸用比喻的修辞手法，形象地写出黄蜂死亡的原因，是因为其生命的周期到了终结的时候。

工蜂是老了！然而，母蜂是蜂巢中最迟生出来的，它们既年轻，又强壮。所以，当严冬降临，威胁到它们时，它们还仍有能力来抵挡一阵。至于那些末日已经临近的，很容易地就能从它们的外表的病态上分辨出来。在它们的背上，是有尘土沾附着的。在它们尚健壮，还年轻的时候，它们一旦发现有尘土附着在身上，就会不停地拂拭，把它们黑色、黄色的外衣清洁得十分光亮。然而，当它们有病时，也就无心注意卫生清洁了。因为已经无暇顾及了。它们或是停留在阳光底下，一动也不动，或者很迟缓地踱来踱去。它们已经不再拂拭它们的衣裳了，因为这已不再重要了，也没有任何意义了。

这种对装束的不在意，就是一种不祥的征兆❶。过了两三天以后，这个身上带有尘土的动物，便最后一次离开它自己的巢穴。它跑出来，主要是打算再最后享受一点日光的温暖。忽然，它跌倒在地上，一动也不动，再也不能够重新爬起来了。它尽量避免自己死在它所热爱和生存的巢里。这是因为，在黄蜂中，有一种不成文的“法律”规定，那就是巢里是要绝对保持干净整洁的。这个生命即将结束的黄蜂，要自行解决它自己的葬礼。它把自己跌落在土穴下面的坑里。由于要保持清洁卫生，这些苦行主义者，不愿意自己死在蜂房里。至于那些剩余下来的，还没有死去的黄蜂，它们仍然要保留这种习惯，直到它们最终的结局为止。这形成了一种不曾被摒(bìng)弃的法律条文。无论黄蜂世界中的人口如何增加，或是减少，这一传统总是要保持遵守的❷。

我的笼子里，一天天地空起来了。虽然这个屋子仍然是暖和的，而且里面还储备有很多的蜜汁，供剩下来的那些健康者食用。但是，到了圣诞节的时候，仅仅剩下了约一打的雌蜂。到一月六日，连最后剩余下来的黄蜂也全都死掉了。

◎要点提示

❶对自己一直最在意的事情开始不在意的时候，就意味着生命也失去了意义。

◎要点提示

❷群居动物都有一些约定俗成的规矩。黄蜂的法规就是要保持蜂巢的整洁，年老的黄蜂不可以死在蜂巢里。

那么，这种死亡是从哪里来的呢？让我的黄蜂统统都倒毙了。它们并没有受过饿，也没有挨过冻，更没有经历过离家的痛苦。那么，它们究竟是为了什么而死的呢？

◎要点提示

❶黄蜂的整体死去，不是因为囚禁，应该是一种自然现象。

我们不应该归罪于囚禁，即便是在野外，也会发生同样的事情。在十二月末的时候，我曾到野外去观察过很多的蜂巢，都曾经发生过同样的情况❶。大量数目的黄蜂，必须要死亡，这并不是因为碰到了什么意外情况，也并不是因为疾病的担忧，或是因为某种气候的摧残影响，而是由于一种不可逃脱的命运，这种命运摧残着它们，这和鼓舞着它们生活下去的力量是一样有力的。不过，它们这样的生命，对于我们人类倒是很有好处的。一只母黄蜂可以创造出一个拥有三万居民的城市。假如全体黄蜂都存活下来，那么，可想而知，这将是一场多么大的灾难啊！若是那样的话，黄蜂就可以在野外构造自己的王国，并且称王施虐了❷。

◎要点提示

❷黄蜂的繁殖能力超强，它们的毁灭是一种自我的调节，这是大自然的奥秘所在。

到了后期，蜂巢自己会毁灭的。一种将来会变成形状平庸的蛾子的毛虫，一种赤色的小甲虫，还有一种身着鳞状的金丝绒外衣的小幼虫，它们都是有可能攻击、毁灭蜂巢的小动物。它们会利用锋利的牙齿，咬碎一层层小巢的地板，使得整个蜂巢内的所有住房全部崩塌毁坏。最后，剩下来的只有几把尘土和几片棕色的纸片。到了第二年春天到来的时候，黄蜂们便又可以废物利用，白手起家，发挥大自然在建筑房屋方面赋予它们的高度的灵性和悟性，建造起属于它们自己的新家园。新的结构精巧而且十分坚固的城池，其中居住着约有三万居民——一个庞大的家族。它们将一切从零开始。它们将继续繁衍后代，喂养小宝宝，继续抵御外来的侵略，与大自然抗争，为自己的安全而战斗，为蜂巢内部生活的快乐而贡献自己的一分力量。生命不息，奋斗不止❸！

◎要点提示

❸新的一年开始了，欣欣向荣的一切也重新开始了，一个庞大的家族又要开始新的生活。

点评赏析

这篇文章主要介绍黄蜂的生活习性和它们的劳作及死亡过程。作者不是平铺直叙地介绍黄蜂的生活，而是使用讲故事的方式，按照自己观察的步骤一步步地叙述下来，这样既能表现观察的真实，又开辟了昆虫学研究的全新领域。法布尔以昆虫的生活史、外形、性格、行为和本能为着眼点，用其神来之笔加以记叙和描写，赋予了黄蜂传奇故事般的色彩，读起来尤为引人入胜。作者在讲自己观察黄蜂的生活时，做一步步的观察记录，用拟人化的表现手法，给读者以亲切之感；以讲故事的方式，使读者读起来如同亲眼所见一样。

知识链接

科学家宣称已经发现了如何分辨一只黄蜂是否正在“生气”（随时准备向你发起进攻）的方法，那个方法就是正视观察这只黄蜂的头部。黄蜂在准备攻击前会在头部出现一些深色的标记，这种斑点越明显，就表示这只黄蜂当下越凶猛和具有攻击性。

回顾训练

1.法布尔称赞________的建筑才能，认为在这一点上________远胜于卢浮宫的建筑艺术智慧。

2.黄蜂的蜂巢大概有______层，中间用稳固的________紧密连在一起。

3.一只母黄蜂可以制造出________居民的城市，在________月末的时候，蜂巢会自己毁灭。

4.黄蜂的主要职责有哪些？

扫码听读

切叶蜂

导读

如果你仔细观察就会在丁香花或玫瑰花的叶子上发现一些小洞，而这些小洞非常精致，就像是有人用巧妙的手法剪出来的一般，有圆形的，也有椭圆形的。这些小洞到底是谁干的呢？它是用什么完成的呢？它为什么要这么干呢？我们一起去寻找答案吧！

如果你在花园里漫步，稍加留意的话会发现丁香花或玫瑰花的叶片上，有一些精致的小洞，有圆形的，也有椭圆形的，像是谁用精妙的手法精心裁剪了似的。有些叶子上的洞较少，有些叶子上的洞不计其数，整个叶片几乎只剩下叶脉。这究竟是谁干的？它为什么要这样做？是因为好吃，还是好玩呢？这些“功劳”都要归功于切叶蜂，它们用自己的嘴巴当作剪刀，靠着眼睛的配合及身体的转动，将小叶片剪了下来。它们这么做，既不是因为叶片好吃，也不是出于恶作剧，而是将剪下的圆形叶片做成小口袋用于保存蜂蜜和卵。每个切叶蜂的蜂巢里至少有十几个这样的袋子，并且被整齐地叠放在一起。

我们见到的切叶蜂大多是白色的，身上披着条纹。它们常借居在蚯蚓的地道里，如果你走到泥潭边仔细观察的话，很容易发现这些地道。切叶蜂并不占用全部的地道，因为地道深处既阴暗潮湿，又不适合排泄，有时还会受到昆虫的偷袭。所以，它选用靠近地面七八寸长的那截作为自己的居住地。

切叶蜂一生当中会遇到很多天敌。显而易见，以地道作为防御工事并不十分坚固、可靠。能用什么办法进行加固呢？这时候，那些被剪下来的叶片就派上用场了。它们用大量零碎的叶片，把地道深处塞得严严实实。这些被用来填塞的叶片，大小不等，都是切叶蜂漫不经心地从叶片上剪下来的。

在切叶蜂的防御工事上堆放着一叠小巢，约摸有五六个。这些小巢是用切叶蜂从树上剪下的叶片筑成的。筑巢用的叶片的规格比加固防御工事所用的叶片规格要求更高，不仅大小所差无几，形状也要整齐划一，圆形的做巢盖，椭圆形的做底和边缘。

切叶蜂用自己的嘴作为工具裁剪树叶。为了达到巢穴各部对叶片的要求，它严格要求自己用这把剪刀剪出大小适宜的叶片。对于底部的设计，它很用心，一点儿也不含糊，它会选用与地道截面完全吻合的一片叶子作为巢底，如果没有特别合适的，它会用两三张椭圆形叶片拼凑成一个巢底，直到巢底与地面截面完全吻合，不留丝毫的空隙。

用来做巢盖的叶片往往是正圆形的。它特别圆，像是用圆规画出来的，每次都可以刚好盖到小巢上。

小巢全部做成后，切叶蜂就用很多随意裁剪的、大小不等的叶片做成一个栓塞，将地道塞好。

最让人匪夷所思的是，切叶蜂在没有依靠任何测量工具，没有任何参照物的情况下，是如何裁剪下这么圆的叶片的？有人推测，切叶蜂本身就可以当作圆规来使用。它的尾巴像圆规的针固定在叶片上的某一位点，头部像圆规的脚在叶片上转动，这样就能得到一个标准的圆。以我们的身体为例，固定住你的肩膀，挥动手臂，就会在空中画出一个圆。当然，这个圆跟切叶蜂画出的圆的精确度无法比拟。

这些被用来做巢盖的圆形叶片，每次都完美地、精准地盖在小巢上。而小巢建在地道的下面，切叶蜂无法随时测量小巢的大小，它们凭借着自己的感觉来决定所需叶片的大小。这些叶片要求相对严格，不能太大或太小，太大了盖不下，太小了就会掉进巢穴将它们的卵活活闷死。虽然要求如此严苛，但你也不用担心切叶蜂的技术。即使没有任何模具，它每次都可以非常熟练地从叶片上裁剪下符合自己所需大小的小叶片，毫无例外。人们不禁会问，切叶蜂为什么有如此高深的几何学学问呢？

一个冬季的夜晚，我们围坐在火炉旁。我想起了切叶蜂裁剪叶片的事情，于是就设计了一个小实验。

“明天可以赶集采购了，你们几个人中需要有人去购置一些物品。我厨房中经常用的那个罐子的盖子被猫打到地上摔坏了。我希望他能帮我带回来一个大小适宜，恰好能盖上罐子的盖子。去采购前，我允许他去观察我的罐子的形状、大小等等，但前提是不能借助任何工具，他需要凭借自己的记忆在集市上采购合适的盖子，请问你们中谁可以做到？”听到这些，大家都愁容满面，露出质疑的目光，一致认为这是一件难以完成的事情，谁都没有立刻站出来接受任务。

这的确是件很难的事。但切叶蜂的工作难度更难以想象。我们起码有一个摔坏了的盖子作为参照，切叶蜂可没有自己的巢盖。它们不能像我们在摊贩的一大堆盖子中，靠着互相比较来挑选合适的盖子。对于切叶蜂来说，它需要在距离家很远的地方，不假思索地在一片树叶上剪下一片能恰好作为巢穴的盖子的圆叶，必须是严丝合缝的。我们觉得难以完成的事，对于它们来说却是稀松平常的。我们如果不借助测量工具、模型或一个图样，很难选择一个大小适宜的盖子，可切叶蜂什么都不需要。

在几何学问题的实际运用上，切叶蜂的确是更胜一筹。当我们看到切叶蜂的巢穴和盖子，或是观察到其他昆虫所创造的奇迹时，我们无法用结构学进行合理的解释。我们必须承认，它们在某些方面远远超过我们。

点评赏析

本文主要介绍了切叶蜂的生活习性——用树叶储藏蜂蜜和卵，用树叶来建巢。作者开头先写如果仔细观察就会发现丁香花或者玫瑰花的叶子上有很多奇怪而又规整的小洞，“这到底是谁干的呢？它为什么要这么干呢？”运用设问的方式引出本文的主人公——切叶蜂，然后又自问自答解释了这些洞的由来以及切叶蜂剪下这些叶子的原因和用途。切叶蜂“剪”下来的叶子非常圆，而且它对用来建巢的叶子要求非常高，必须能够与小巢相符合，在这里，作者通过与人的对比，衬托出切叶蜂“剪圆”的技术之高超，切叶蜂的巢设计之完美，制作之精巧，表现了切叶蜂的智慧和对自然资源的充分利用。

扫码听读

隧　蜂

导读

你了解隧蜂吗？它们是一些酿蜜工匠，体形一般较为纤细，比我们蜂箱中养的蜜蜂更加修长。它们成群地生活在一起，身材和体色又多种多样。有的比一般的胡蜂个头儿要大，有的与家养的蜜蜂大小相同，甚至还要小一些。它们有一个明显的标记，也是它们家族的族徽——它们腹背面腹尖上有一道独一无二的腹环。它们也有一个致命的弱点，就是面对比自己弱小的偷食者愚蠢地无限宽容，致使自己的孩子饿死。这究竟是怎么回事呢？

你对隧蜂了解多少？我想你应该对它们知之甚少吧。但也没关系，不了解隧蜂这件事，对你的正常生活不会带来丝毫影响。如果你肯花一些时间和精力去关注它们，我相信，这看似没什么了不起的昆虫会给我们的生活增加很多趣味。生活在这大千世界，增加一些对隧蜂的了解，拓宽一下自己的知识面，也不是什么丢人的事。那就去探索它们吧，趁我们现在还有闲暇的时间，因为它们值得我们去了解。

应该怎么区分它们呢？它们形似蜜蜂，只是身形更为细长，属于酿蜜工匠。它们出入都是成群结队。它们的身材大小差异很大，个头大的足以胜过胡蜂，小的比苍蝇还小，还有一些跟一般的蜜蜂大小无异。可无论身形如何，它们都有一个明显的共同特征。这是辨别隧蜂的特有印记。

如果你有幸抓到了一只隧蜂，观察它腹部底端最后那道腹环，会发现腹环里有一条光滑明显的细沟，这个沟里藏着隧蜂们御敌的利器。当有敌人侵犯时，这个细沟便会来回移动，保护它们。不用分辨它的体形、体色，凡是拥有这个可移动的槽沟便能确认它是隧蜂家族的一份子。这个标记是隧蜂特有的，是隧蜂家族的族徽和象征，在针管昆虫属中，再也找不到其他蜂类还有这种稀奇、别样的滑动槽沟了。

四月伊始，它们的工作就紧锣密鼓地开展起来了。外面看来，工地没有一点动静。唯一可以证明它们在工作的，就是那些一堆堆新鲜的小土堆。

我们人类很少有机会能看到这些劳动者们，它们通常是在坑道里忙碌着。有时，那些小土堆渐渐地有了动静，先是顶部开始晃动，紧接着便有东西沿着斜坡滚了下去，一个劳动者抱着清理出的废物，把它们往土堆的顶端上推，而它们却用不着自己出来。这就是隧蜂目前忙活的事情。

五月到了，太阳和鲜花带来了欢乐。四月份那些辛劳的矿工们，摇身一变，成为勤劳的采蜜者。我常常见到它们浑身沾满黄色花粉，停留在土堆的顶端，上面有它们通往洞穴的入口。其中个头儿最大的就是斑纹蜂，我时常在我家的花园小径上看见它们筑巢建窝。仔细观察它们会发现，只要到了斑纹蜂们忙着存储食物的时刻，就会有那么一位不速之客来抢夺，让你知道什么是明目张胆地吃白食。

五月里的每天上午十点左右，昆虫们正忙活着储存自己的食物，我都会去观察它们忙碌的状态。在耀眼的阳光下，我坐在矮矮的椅子上，弓着腰，两个胳膊搭在膝盖上，从十点直到午饭，我就这么一动不动地看着它们。吸引我目光的是一种说不上名字的小飞虫，虽然个头小，但却是隧蜂最难以抵抗的敌人，是个实打实的吃白食者。

这个掠夺者是谁？它应该是有名字的，但我不想花费过多的时间去了解它，毕竟，这对读者来说也没有多大意义。与其浪费时间去研读枯燥的昆虫分类词典上的解释，不如给读者将某些具体事实讲述的更为清楚、明白。在这里，我只想对这个歹徒的外貌体征进行简单的描述。它们属于双翅目昆虫，身长五毫米，眼睛暗红，面色白净，胸廓深灰，上有五行细小黑点，黑点上长着后倾的纤毛，腹部呈浅灰色，腹下苍白，爪子系黑色。

它们是我所观察到的隧蜂种类中，数量最多的。它们常在地穴旁边的阳光下静候着，呈蜷缩状。只要发现隧蜂们满载而归，它们就立刻出动，围绕在隧蜂四周，紧紧跟随。后来，隧蜂忽然钻进自己的巢穴，这些掠夺者们也立即降落在洞穴入口附近。它们就这样，守在洞口，一动不动地，目视着、等待着隧蜂们结束自己的工作。终于，隧蜂们从洞穴里钻出来了，它们把头和胸廓探出来，在门前稍加停留。而等着吃白食的掠夺者们，依旧岿然不动。

隧蜂和小飞蝇，经常在间隔不到一指宽的地方相遇，即使是面对面，双方也会保持镇定自若。从隧蜂平静的外表看，它对这些伺机偷盗自己食物的掠夺者，没有丝毫的防备之心；那些掠夺者们也从不担心会因为偷食隧蜂的食物而带来什么麻烦。在这个一根手指就能将其压扁的巨人面前，这个形如侏儒的小飞蝇依旧纹丝不动。

我期望看到它们其中一方展现出胆怯的想法落空了。隧蜂丝毫不知自己家已经遭到掠夺，而掠夺者也没有表现出会因此带来恶果的担忧。打劫者、受害者，双方只是面对面，互相看了对方几眼而已。

隧蜂是宽厚的。但只要它想，不管是用大颚压，还是螯针扎，片刻间就能用自己锋利的爪子将破坏它们家园的强盗撕碎，但隧蜂根本没这么做，它任由那个小强盗在自己的家门前死死地盯着，纹丝不动的待着。为什么隧蜂会表现出这种看似愚笨的宽厚？

隧蜂飞走后，小飞蝇们就迫不及待地、大大方方地飞入洞中，像进入自己的家一样。现在，它可以在这些完全敞开着的储物间中恣意妄为，它还趁机建造了自己的产房。隧蜂没有回来前，它们不会受到任何干扰。隧蜂们要花费大量的时间采集花粉，吸食糖汁，那些私闯民宅者也同样需要充足的时间去干坏事。奇怪的是，小飞蝇们能精准地计算出隧蜂们外出干活的时间，在隧蜂返回前，已经逃之夭夭。它们并没有走远，而是选在一个距离洞穴不远的有利地形，准备再次伺机而动。

如果隧蜂突然撞到小飞蝇们正在打劫自己的家园，会发生什么事情呢？答案是，不会有事的。我看见一些特别胆大的小飞蝇尾随隧蜂飞入洞中，趁隧蜂忙着调制花粉和蜜糖时，在洞穴里悠哉地参观着。由于暂时无法享用隧蜂制作的甜品，小飞蝇们不得不暂时飞到洞口处等待着。从它们面无惧色、恬淡宁静的表情可以看出，即使深入隧蜂洞穴，也丝毫不会给它们带来任何危险。

即使小飞蝇耐不住性子，围着糕点转来转去，急切想品尝糕点师傅们做的甜品，也不会引起糕点师傅们多大的反感，更不会因此招致致命的打击，充其量是后背上挨上一巴掌。对于这一结果，我们从小飞蝇能安然无恙地从满是隧蜂的洞穴里出来就可得知。

隧蜂们外出归来，不管是硕果累累还是两手空空，在进入家门后，都会迟疑一会儿，随后便以飞快的速度贴地而行，在地面四周巡视一番。我想，它这么做的目的是为了迷惑心怀不轨的歹徒。虽然很有必要性，但这并没有体现出它有多聪明。

令隧蜂担心的从来不是所谓的敌人，而是如何能正确地找到自己的家门。因为这里到处都是土堆，一个接一个，它们相互重叠，加上我家的花园小径地方窄小，每天都会因为有新的杂物从洞穴里抛出而使本就狭窄的街道改头换貌。它们经常找不到家，等发现门口的细微差别，它们瞬间明白自己又走错了。所以，我们经常会看到它们犹豫不决的样子。

它不得不重新努力寻找，有时，会突然飞向远处。功夫不负有心人，它成功了，欣喜万分地回到自己的家中。但是，不管它动作有多么迅速，小飞蝇们依旧会候在它们家门附近，面朝着洞穴，等隧蜂外出后便可以进行偷窃。

当洞主又要外出时，小飞蝇便会稍稍后退一点，腾出一些地方让对方能正好通过洞口，也只仅限于此。它为什么还多挪地儿呢？如果你不了解其他情况，你根本不知道这是窃贼与洞主间的狭路相逢，但二者相遇竟是这种天下太平的场景。

隧蜂的突然出现，并没有让小飞蝇感到恐慌，它只是稍加留心了点儿。与此同时，隧蜂也没把小飞蝇看在眼里，除非对方纠缠它、尾随它。突然，隧蜂一个急转弯就没了踪影。

此刻，这些想吃白食的家伙们犯了难。隧蜂回来时，甜汁在隧蜂的嗉囊中，它们吃不着；花粉沾在隧蜂的爪钳里，还未定型，又是粉末状的，它们也吃不了。再说，花粉数量极少，根本填不饱它们的肚子。隧蜂必须往返多次外出采集，花粉积少成多，最终才能做成一个圆面包。材料准备齐全后，隧蜂就用它的大颚尖掺和、搅拌，做成面团，再用爪子将面团搓成一个个小丸。如果小飞蝇将卵产在那些材料上，经隧蜂这般操作，后果将是灭顶之灾。

所以，小飞蝇只会把卵产在已经做好的面包上。因为隧蜂是在地下制作面包的，小飞蝇不得不进到隧蜂的洞穴里。即使隧蜂身在洞中，这些胆大包天的小飞蝇们也毫不畏惧，就这么明目张胆的钻了进去。如此看来，这些失主不是胆小如鼠，就是傻到极致，任由窃贼们胡作非为。

小飞蝇其实可以自给自足，它能轻易地在花朵上找到食物，这比去偷去抢容易得多。所以，它去认真观察并擅闯他人居所并非是想坐享其成，据为己有。我想，它去隧蜂洞穴的目的就仅是想知道它们的美食口感如何。对它而言，建立自己的家庭才是至关重要的事。它去盗取他人物品不是为了自己，而是为了它的子孙后代。

当花粉面包被挖出后，我们常常发现它们已被糟蹋的呈碎末状，白白地浪费了。在储藏间地板上散落的黄色粉末里，还有三两条尖嘴蛆虫在蠕动着。它们是双翅目昆虫的孩子。有时，隧蜂的幼虫，洞穴真正的主人，也会跟蛆虫混在一起，但经常因食不果腹而显得瘦弱不堪。即使隧蜂幼虫没有遭到蛆虫的蹂躏，但蛆虫抢走了自己赖以生存的食物，因为没有粮食，幼虫经常饥肠辘辘，长此以往，身体一日不如一日，不久就一命归西了。幼虫死后，尸体成了细小的颗粒，与其余的食物掺杂在一起，被当作食物入了蛆虫的口。

当隧蜂幼虫们遭此劫难时，它们的妈妈又在干什么？如果它想知道自己孩子的境况，只要它想，随时探头进洞，就能知晓自己的孩子们有多么的凄惨。蛆虫把圆面包糟蹋了一地，还在里面来回穿梭。它只需看那么一眼，就完全明白事情的缘由了。那时，它肯定会把窃贼们的上下几代开肠破肚。它可以轻而易举地用自己的大颚把蛆虫咬碎，扔出去。但这个愚笨的妈妈却任由那些坐享其成的侵略者们继续逍遥自在着，什么都没做。

接下来，隧蜂妈妈的做法更加愚蠢。成蛹期到来后，隧蜂妈妈用泥盖把所有的房间封堵的严严实实，包括早已空无一物的储藏室。对于正处变形期的隧蜂幼虫来说，储藏室是它们绝佳的防护基地，但在小飞蝇来过之后再将其进行封堵，简直是荒谬至极。隧蜂妈妈这出于本能的、荒谬至极的反应，使其毫不犹豫地就这么做了，而且还给这个空房间加了封条。为什么说是空房呢？这里的食物早已被狡黠的蛆虫洗劫一空，随后，它们像能预知自己会遇到无法跨越的障碍似的，迅速逃走了。在隧蜂妈妈封堵储藏室前，它们早已逃之夭夭。

这些吃白食的蛆虫们，不仅诡计多端，做事还一丝不苟。它们都不选择黏土小屋，因为一旦屋门被堵，它们就会命丧其中。黏土小屋在建筑时，为了防潮，在内壁涂了波状防水层，由于小飞蝇的幼虫表皮既敏感、又娇嫩，待在这里，会让幼虫们感到特别舒适，这无疑是最适合它们生活的居所。但蛆虫好像并不满意此地，它们怕自己一旦变成小飞蝇后，会被困在里面，无法脱身，于是便匆忙离开，在升降井的周边，四散开来。

我从未在挖掘到的小屋内见到小飞蝇的身影，它们都是在小屋外。我发现，当它们还是幼虫时，会在黏土里建一个窄小的窝儿，成群地聚集在一起。第二年春季出土期时，成虫便轻而易举地从碎土爬出，直达地面。

令这些吃白食者不得不搬家，还有另外一个特别重要的原因。在七月，会迎来隧蜂的第二次生产。这些双翅目小飞蝇一年只生产一次，此时，它们的后代正处于蛹状，第二年才会变为成虫。在花园小镇上，又看到隧蜂妈妈开始忙碌采蜜的场景。它们不用花费大量的时间来重新建筑竖井和小屋，因为春天建的都还完好无损，只需稍加修葺就能直接使用。

如果隧蜂在清理房间时发现一只蝇蛹，那么，天生爱整洁的它们会怎么做呢？它会用大颚把这个碍眼的东西夹起，也可能会把它夹碎，搬到洞外，将它丢到废物堆里，然后把它当建筑垃圾似的处置掉。被扔到洞外的蝇蛹，经受雨打风吹，终是在劫难逃。

我特别佩服蛆虫的先见之明：不求一时之欢快，而谋未来的安然无恙。它受到来自两个方面的威胁：一是困在牢笼中，无论是现在还是变成飞蝇；二是被清扫房间的隧蜂发现，将其抛之洞外，任随风吹日晒，曝尸荒野。为了免遭这双重的劫难，它们必须在隧蜂封堵房间前，在七月清理洞穴前脱离苦海。

现在，我们来看看吃白食者接下来的状况。六月，隧蜂最清闲的时刻，我将花园小径进行了一次周全的检查，发现五十多个洞穴。地下曾经发生的惨案也尽在眼前。我们四个人，手指缝当筛，让从洞穴里挖出的土从指缝间缓缓通过。一个人筛查完，第二个人重新操作，再是第三个、第四个人，这样重复检查。检查结果却是让人悲伤的。我们居然连一只隧蜂的虫蛹都没找到。这一带，曾是隧蜂最为密集的区域，现在，它的居民消亡殆尽，取而代之的是双翅目昆虫。它们正处于蛹的状态，真是数不胜数。我把它们收集起来，便于观察它们的演化过程。

昆虫的生活季到头了，蛆虫在蛹壳内已经开始收缩、变硬，从外观上看，那些棕红色的圆筒依旧保持着纹丝不动的现状。它们是拥有潜在生命力的种子。即使经受七月骄阳的炙烤，也无法将它们唤醒。在隧蜂经历第二个生产期时，双方好像进入了休战期：吃白食者收工休憩，隧蜂和平地劳作。如果敌我双方接连不断地进行抗争，春夏不分，持续地大肆杀戮，我想，深受其害的隧蜂就会面临绝种的危险。第二代隧蜂能有如此长的休整期，不至于生态失去平衡。

四月，斑纹隧蜂忙着在围墙内的小径上寻找合适地点，建筑巢穴，与此同时，吃白食者也忙着化蛹成虫。啊！最让你出乎意料的是，迫害者和受迫害者的步调竟然是如此的精准同频。在隧蜂建巢初始，小飞蝇就已整装待续：它又要故技重施，用饥饿法将对方消灭殆尽。

如果，这只是个例，我们都不会关注它，毕竟多一只或少一只隧蜂，对生态平衡没有多大影响。但是，事实并非如此。在芸芸众生中，以形形色色的方法进行屠杀掠夺已经肆行无忌了。只要是生产者，不管是最低等还是最高等的生物，都会受到非生产者的剥削。人类，以其特殊地位，本应超脱于这种灾难之外，却将这种弱肉强食诠释得淋漓尽致。人们心中所想的就是“只有把别人手中的钱赚到自己手里才是做生意”。就如同小飞蝇心里所盘算的“抢隧蜂的蜜才是我们的工作”。为了能更好地抢夺，人们创造了各种不同规模、不同形式的屠戮，如战争、绞刑等，它们竟然还称小规模屠杀为一种行为艺术，不以为耻，反以为荣。

每个礼拜日，人们都会在村中小教堂里诵吟那个崇高的梦想：“荣耀归于至高无上的上帝，和平归于凡世人间的善良百姓！”①我们永远也不会看到它能实现。如果，战争只存在于人类，不久的将来，可能还会有和平状态的

注释

①原文为拉丁文。

存在，毕竟，还有很多人一直在为人类和平事业努力着。但战争，在动物界也是极其残忍的现象，它们都属于顽固派，绝无道理可讲。对于在自然界普遍存在的现象，或许，这就是一种难以治愈的绝症。这种无休止的屠戮，将会一直持续下去，不管是现在还是未来，永远让人感到胆战心惊。

于是，人类幻想着，有一个巨人，他有着战无不胜的力量，他是正义和权利的代表，他可以将各个星球玩弄于股掌之中。他知道人类在打仗、在杀人、在放火，野蛮人获得了胜利；他知道人类拥有炸药、炮弹、鱼雷艇、装甲车以及形形色色的高级杀人武器；他还知道在贫民百姓中因人类的贪欲引发的恐怖的竞争。这位巨人，这位正义使者，这位力量的化身，他会在拇指按压到地球时，犹豫着不把地球压碎吗?

他不会犹豫的……但是，他会让事物按照自身发展规律发展下去。他可能会想：“古代的信仰是有道理的；地球是一个正在经历着被叫邪恶的蛀虫咬噬的核桃。这是一个野蛮的原型，正处于向更加宽容的命运发展的困难阶段。我们顺其自然吧，因为秩序和正义终会来临。”

点评赏析

本文作者开门见山地引出要介绍的主人公——隧蜂，为我们介绍了隧蜂的外部特征和生活习性。在介绍隧蜂的特征时，作者运用了对比的写作手法，“个头大的足以胜过胡蜂，小的比苍蝇还小，还有一些跟一般的蜜蜂大小无异”，使读者印象深刻，更容易理解，也使文章更生动、更形象。而在描写隧蜂的生活习性时，主要讲述了小飞蝇蒙骗隧蜂，趁其不备飞到隧蜂的巢中抢夺食物，并用隧蜂的食物喂养自己的幼虫，但愚蠢的隧蜂对此却毫不知情，结果自己的孩子因此丢了性命。与此同时，作者还写到了吃白食者的狡诈与机智，体现了作者评论的客观性。最后，作者通过昆虫社会来折射人类社会。

扫码听读

狼　蛛 精读

导读　蜘蛛是我们多数人都认识的昆虫，而且一看到它就觉得可怕，可能因为大家认为它是有毒的。其实不然，蜘蛛中的大部分都是无毒的，但是狼蛛却是有毒的。本文着重介绍了狼蛛的生活习性和特征，以及它如何捕食。狼蛛是宁愿牺牲自己，也要舍命保护卵囊的伟大母亲，那么，它又是如何对待自己的孩子？

蜘蛛的名声很坏，这可能与它们的长相有关。它那狰狞的面孔，让人觉得它是极其可怕的动物，大多数人一看到它，就想把它一脚踩死。不过，只要你仔细观察，就会知道它既勇敢、又勤奋，它是一个纺织天才，也是一个捕猎高手，并在其他方面也有许多趣味❶。所以，即使不从科学角度出发，蜘蛛这种小动物也很值得研究。大家都惧怕它，都认为它有毒，这便是它最大的罪名。没错，蜘蛛的那两颗毒牙能瞬间将猎物杀死，也是导致它臭名昭著的罪魁祸首。单从这一点出发，它的确算是一种可怕的动物，但毒杀一只小虫子和谋害一个人是截然不同的两件事。不管蜘蛛在猎杀一个小虫子时动作有多迅速，但对于人类来说，比起蚊子那可怕的一刺，简直差远了。所以，我很肯定地说，多数的蜘蛛都是无辜的，它们被安上了很多莫须有的罪名，是被冤枉的。

◎写作分析

❶开篇对蜘蛛进行了高度评价，用事实消除了人们对蜘蛛的误解，为多数蜘蛛正了名。

但是，的确有少数种类的蜘蛛是有毒的。据意大利人流传的说法，如果一个人被狼蛛刺到，会浑身痉挛，像是在跳舞❷。而治疗方法很奇特，就是放音乐，除此之外没有任何办法。而疗效最好的只有几首固定的曲子。听起来有些好笑，或许里面真有一定的道理。

◎要点提示

❷多么奇怪的毒啊！吸引读者去探究原因。

◎要点提示

1用科学的原理解释为什么音乐可以解狼蛛的毒。

狼蛛之所以让你浑身痉挛，可能是因为它刺激了人的神经，只有音乐能让他们镇静下来，剧烈的舞动可以让中毒者出汗，身上的毒素随着汗液排出体外1。

我们家附近就生活着最厉害的狼蛛——黑肚狼蛛，从它们身上就能知道蜘蛛的毒性有多大。为了研究这种狼蛛，我在家里养了几只。现在我把它介绍给你，并让你知道它是如何捕食的。

之所以叫黑肚狼蛛，是因为它的腹部长着黑色的绒毛，这些绒毛里还有褐色条纹，腿部有一圈圈灰色和白色的斑纹。

长着百里香的干燥沙地是它最理想的居住场所。我那块儿荒地正好符合这个条件，其中大约有二十多个蜘蛛洞穴。每次经过洞边，我都会往洞里察看一下，总能看到那四只大眼睛。

这位隐士那四个望远镜似的眼睛像金刚钻一样闪闪发光，它的四只小眼睛在地底下很难观察到。

狼蛛的洞穴是它们用自己的毒牙挖成的，深约一尺，宽约一寸，最开始时，洞是笔直的，后来才慢慢变弯。狼蛛还在洞的边缘用稻草、废料碎片和一些石子等筑成了一面矮墙，看上去非常简陋，不仔细看还看不出来。这种矮墙高低不等，有时一寸高，有时仅仅是一道边，在地面上微微隆起。

为了观察，我准备亲手捉一只狼蛛。于是我找来一根小穗，在洞口轻轻舞动，同时嘴里嗡嗡地模仿着蜜蜂。我想狼蛛听到这声音会认为是猎物主动送上门，会立刻冲出来。但我的计划落空了。听到嗡嗡声，看到小穗舞动，狼蛛确实向上爬了一小段距离，它想试探到底是什么东西发出的声音，但它马上嗅出这是个陷阱，根本没有猎物，于是停住脚步，一动不动地待着，那充满戒备的眼睛警觉地向洞外观望着2。

◎要点提示

2狼蛛在出洞之前非常谨慎，不会轻举妄动，想要逮它只能诱捕。

狼蛛很狡猾，想要捉住它，用活蜜蜂作诱饵可能是唯一的办法。于是，我找了一个和洞口大小一样的瓶子，在里面装上一只土蜂，然后瓶口对准洞口。土蜂在瓶中嗡嗡直叫，猛烈地撞击着瓶壁，想拼命冲出这个令人厌恶的、囚禁自己的牢笼。当它发现唯一的出口可能是那个对准瓶口的洞口时，便不假思索地一头飞了进去。它显然不知道自己即将大祸临头，简直是飞蛾扑火。它往洞里飞行时，在洞的拐弯处与从里面匆忙往外赶的狼蛛撞了个正着。不一会儿，里面就传出了土蜂死亡时的惨叫声。这之后，沉寂了很长一段时间。我把瓶子移开，将一把钳子伸进洞里，摸索着往外掏。我把那只可怜的土蜂的尸体拖出来了，就像我刚刚想的那样，这个洞里刚才上演了一幕惨烈的悲剧。面对突如其来的猎物被突然抢走，狼蛛先是一愣，它怎么可能舍弃这肥美的食物呢？便匆匆跟了上来。此时猎物和猎手都出洞了，我急忙用石子堵住了它的洞口❶。狼蛛被这出乎意料的状况吓住了，一时没有反应过来是怎么回事，瞬间变得很胆怯，在那里犹豫着，不知所措，甚至连逃跑的勇气都没有❷。刹那间，我便轻而易举地用一根草将它拨进了一个纸袋里。

就这样，我成功诱捕到一只狼蛛，把它放进我的实验室。没过多久，它就繁殖了一大群后代。

我用土蜂诱捕它，不仅仅是为了抓捕它，还想看一下它是如何猎食的。我知道它不像甲虫一样吃母亲为自己储存的食物，也不像黄蜂那样有特殊的麻醉术，使猎物在两星期后仍保持新鲜的状态，而它每天都要猎食，只吃新鲜的食物❸。它是一个残忍的屠夫，一捉到猎物就立刻将其杀死，当即吃掉。

狼蛛猎食并不容易，也面临着很大的风险。那些看上去比它还凶猛的昆虫可能也会飞进它的洞穴，有的是有着强有

◎要点提示

❶再狡猾的狼蛛也敌不过人类的智慧！

◎写作分析

❷用拟人的手法写出了狼蛛犹豫而又胆怯的心理，生动形象。

◎常识积累

❸狼蛛与其他很多昆虫不一样，它只吃新鲜的食物。

◎写作分析

❶对狼蛛捕食猎物的动作进行准确的描绘，表现出狼蛛捕食方式的单一。

◎要点提示

❷用作者的亲身感受，突出木匠蜂的厉害，所以作者想让木匠蜂与狼蛛比试比试。

力牙齿的蚱蜢，也有带毒刺的蜂。谈到武器，这双方不分伯仲。究竟谁技高一筹呢？狼蛛不像条纹蜘蛛那样放出丝来困住别人，除了毒牙外，它什么武器都没有。

它唯一的办法就是扑在敌人身上，将对方立刻杀死。它必须把毒牙刺进敌人的要害部位❶。我觉得，虽然它的毒牙很厉害，但还没有到随便刺中敌人一处非要害地方就能轻取对方性命的地步。

与木匠蜂作战

狼蛛击败土蜂的故事我在上面已经讲过了，但我觉得还不过瘾，我想知道它与其他昆虫作战时的情形。于是，我给它选了一个强有力的对手——木匠蜂。木匠蜂身长约一寸，全身长满黑色绒毛，翅膀上有紫色的条纹。它有很厉害的刺，若被它刺到，会疼痛难忍，而且会肿起一个大包，需要很长时间才能消散。我之所以这么了解，是因为我亲身体会过。对黑肚狼蛛来说，它确实是一位难以应付的劲敌❷。

我用了同样的办法，将几只木匠蜂分别装到玻璃瓶中，又挑选了一只个头较大、性情粗暴且十分饥饿的狼蛛，然后把瓶口和那只如狼似虎的狼蛛的洞口对准。木匠蜂好像预感到自己要大难临头，在玻璃瓶里疯狂地叫嚷着，发出嗡嗡的声音。木匠蜂的动静惊动了洞里的狼蛛，它从里面往上爬，并将半个身子探出洞外，看到眼前的情形它也不敢贸然出动，双方就这样静静地对峙着。我在一旁静心观战。半小时后，情况没有发生任何改变，而狼蛛居然调转方向，不动声色地返回洞中了。可能狼蛛觉得事情不妙，贸然行动会有很大风险。所有的狼蛛都这么小心谨慎吗？面对这么丰盛的美食难道它会无动于衷吗？我又按照同样的方法在其他几个黑肚狼蛛的洞口试了几次，结果都一样，它们对“天上掉馅饼”的事有着很强的戒备心1。

最后，我期待的大战终于上演了。有一只肯定是饿疯了的狼蛛，它迅猛地从洞里冲了出来。不到一秒的工夫，强壮的木匠蜂就被放倒了，战斗就这么结束了。狼蛛把它的毒牙刺到了木匠蜂脑后，并在那里咬噬着。我怀疑它真的有这种本领：它能在瞬间毫无偏差地刺中对方的要害，也就是神经中枢。

之后，我又做了几次实验，发现狼蛛的作战手段十分相似，都是以迅雷不及掩耳之势将敌人迅速干掉。我终于明白在前几次实验中，狼蛛只看着洞口的猎物而不采取任何行动的原因了。它这么犹豫不决是有道理的。面对如此强大的对手，如果没有准备万全，贸然行动，万一失手，自己也可能命丧黄泉。若是没有击中木匠蜂的要害，它的生命还能维持几个小时，在这期间，它有充分的时间进行反击。狼蛛很清楚这一点，所以没有好的进攻机会，它不会贸然出手。它一直守在洞里等待着，直到对面的木匠蜂将其致命的部位暴露在极易攻击的范围内，它才会出击2。

◎写作分析

1用“天上掉馅饼”来代指木匠蜂的出现，句式新颖而又生动活泼，同时突出了狼蛛谨慎小心的特点。

◎要点提示

2狼蛛真是非常聪明又非常谨慎，知道寻找机会，尽量一击即中。

狼蛛的毒素

下面，我就让你知道，狼蛛的毒素究竟有多强。

我选了一只刚羽翼丰满、准备出巢的小麻雀作为实验品，让狼蛛去攻击它。麻雀的腿被咬伤了，流了一滴血，伤口是红色的、呈圆形，不一会儿，又变为紫色。这条腿像被注射了麻醉剂，无法动弹。除此之外，小麻雀好像并没有其他不适，胃口也不错，它还是活蹦乱跳着，只是变成了单腿行动。我的女儿很同情这只可怜的、被我当作实验品的小麻雀，喂它吃了一些苍蝇、面包和杏酱。看到它如此活跃，我们都相信，用不了多久它就能康复且会自由自在地翱翔于空中。即使过了十二小时，我仍然这么坚信。它依然正常吃喝，喂迟了它还会发脾气。但两天后，情况急转直下，它滴水不进，羽毛显得很凌乱，身体蜷缩着，有时一动不动，有时一阵痉挛。我的女儿把它捧在手中，不时地哈着气，想给它一些温暖。但是它痉挛的频率越来越高，程度越来越重，最后，它还是离开了这个世界❶。

那天晚饭时，整个餐厅弥漫着一股寒气。小麻雀的死，让家里人对我产生了一些敌意。从他们的目光我能感受到，他们肯定认为我做的这种实验太过残忍。大家都为小麻雀的不幸感到伤心。我也很懊恼：为了弄清楚一个小小的问题，付出的代价实在是太大了❷。

即便如此，我也没有停止实验，决定选择一只鼹鼠作为新的实验品。我是在田地捉的，当时它正在偷吃莴苣，对于这个小偷，即使死了，也不觉得可惜❸。我把它关在笼子里，每天喂它各种鲜活的昆虫，把它养得肥肥胖胖的。

我让狼蛛去咬它的鼻子。被咬后，鼹鼠不停地用自己的爪子挠着鼻子，直到鼻子被挠得血肉模糊，慢慢地开始腐烂。此后，鼹鼠开始食欲不振，几乎很少吃东西，行动迟缓。到了第二天晚上，它不再进食❹。大约在被咬三十六小时后，它的结局跟小麻雀一样。它应该是被毒死的，不是被饿死的，这一点通过笼子里还剩余大量的食物没有吃足以证明。

所以我们知道狼蛛的毒牙是多么危险了，它不仅可以毒杀小昆虫，连小麻雀、鼹鼠这些体形比它大得多的小动物也会死于它手。之后，我便再也没有做类似的实验，觉得已经没有必要了。所以，我们千万要提高对它的警惕，不能被它咬到，不能做它们的实验品。

黄蜂跟狼蛛很相似，它们也喜欢猎食时先麻醉对方。现

◎要点提示

❶残忍的实验！可怜的小麻雀！

◎写作分析

❷用作者的心理活动表现他的后悔之情，作者只是想要知道狼蛛的毒性，而不希望动物发生不幸。

◎要点提示

❸实验的动物一步步变大，是为了测试狼蛛的毒性到底有多大。

◎要点提示

❹两次的实验品由小到大，突出了狼蛛的毒素之大。

在，我们试着将二者做一下对比。相同的是，它们都喜欢新鲜食物，都喜欢用毒刺攻击猎物。不同的是，蜘蛛通过攻击昆虫头部的神经中枢，让对方立刻死去；黄蜂为了给幼虫捕食，并且保持食物的新鲜，它刺的是对方其他部位的神经中枢，使其失去行动能力❶。

昆虫们会根据自己的需求选择不同的方法对付猎物，这一点，它们生来就懂。这也使我觉得，世界上确有一位主宰世间万物的万能的神❷。

◎写作分析

❶使用作比较的方法，写出杀死昆虫的蜘蛛和麻醉昆虫的黄蜂之间的异同点。

◎要点提示

❷富有哲理性的话语，道出了“物竞天择，适者生存”的自然准则。

狼蛛猎食

我养了好几只狼蛛，它们被我安置在实验室的泥盆里。我经常观察它们，也见到狼蛛捕食的场面。它们把自己强壮的身体藏在洞里，只露出脑袋，眼睛四下观望着。它把腿缩在一起，随时准备一跃而起，扑向猎物。它们就这样保持着这个姿势，一待就是几小时，静静地等待着。

不管是蝗虫、蜻蜓还是其他昆虫从它洞口经过，只要它认定可以作为猎物，它就像箭一样从洞里跳出来，用自己的毒牙狠狠地扎在对方的头部。那些倒霉的昆虫，还没有明白怎么回事，就成了别人口中的美餐❸。它将猎物拖回洞里，准备在自己家中好好享用。它捕食技巧如此精湛，身手如此敏捷，让人惊叹不已。

◎写作分析

❸运用打比方的说明方法，描述狼蛛看到猎物经过，就像箭一样跳出来，形象地写出了狼蛛速度之快，身手之敏捷。

只要猎物离它不是很远，它都能纵身一跃将对方扑倒，毫无例外。但如果距离较远的话，它宁愿放弃，不会轻易冒险、贸然行动，更不会对猎物穷追猛打。从狼蛛捕食可以看出，它是一种非常理性且有超高耐性的动物❹。在洞里，它没有任何可以借助的设备，必须耐心地守在洞口。很多昆虫都没有恒心和耐心，它们肯定坚持不了多久就放弃了。但狼蛛不同。它确信，猎物迟早会来的，只是时间长短的问题，

◎要点提示

❹狼蛛不会贸然去猎取食物，突出狼蛛捕食具有恒心和理性。

终有让它等到的时刻。这块土地上生活着很多不怎么谨慎的昆虫，像蝗虫、蜻蜓等，种类繁多。所以狼蛛的机会还是很多的。它只需要耐心等待机会降临，只要猎物们刚好跳到它的旁边，就会被等待多时的狼蛛一击而中。这些猎物或是被当场吃掉，或是被拖进洞里享用。

即使狼蛛很多时候都是“等而无获”，但它也不会被饥饿困扰。因为它有一个特殊的胃，这个胃非常节制，能让它在很长时间内不进食也不会感到饥饿。我经常会忘记给实验室里的狼蛛喂食，有时长达一星期，但它们也没有显得憔悴，依然神采奕奕，只是变得像狼一样极其贪婪❶。

◎要点提示

❶饿了很久之后，还不能改变狼蛛的凶残，真是名副其实的“狼蛛”。

狼蛛年幼时，它的身体是灰色的，还没有黑绒腰裙，那是成年狼蛛特有的标志。它也没有洞可以藏身，不能用“守洞待虫”的办法进行捕猎。但是，它有另外一种觅食方法。它整日在草丛里转悠着，寻找着，让人觉得那才是真正的打猎。当小狼蛛看到猎物时，就会上前将它霸道地赶出来，然后穷追不舍。这些昆虫拼命地想逃走，可还是晚了，小狼蛛一下跳到它们的身上将它们抓住了❷。

◎写作分析

❷生动细致的动作描写，勾画出一个勇猛、身手敏捷的猎手形象。

实验室里的小狼蛛捕捉苍蝇时动作非常敏捷，我特别欣赏。狼蛛猛然一跃，就能捉住身处两寸高的草上的苍蝇，猫捉老鼠都没有这么敏捷。

幼年狼蛛因为身体轻巧，行动灵活，可以自由自在地做出一些动作，让人感觉灵敏得多。成年后，它们有了卵，便不能随心所欲地上蹿下跳了。于是，它们给自己挖了个洞，整日守在洞口，等待猎物，这就是成年狼蛛的捕猎方式。

狼蛛的卵袋

如果你了解了狼蛛是如何爱护自己家庭的，就可能改变对这可怕的家伙的看法。

八月的一个早上，我发现一只狼蛛在地上织了个手掌大小的网。这个网很粗糙，虽然样子不美观，但很坚固。这是它打的地基，可以用来隔开巢穴和沙地。在这个网上，它用最好的白丝织成一个席子，大小和一个硬币差不多。接下来，它在席子的边缘不断地加厚，直到变成一个碗的形状，四周由又宽又平的边围着。狼蛛在这里产好卵后，用丝盖在上面。从外面看，只能看到丝毯上放着一个圆球**1**。

> ◎要点提示
>
> **1**用最好的材料来织网，这网既不漂亮，又很粗糙，但是它很坚固，凝结了母亲对孩子的一片心意。

之后，狼蛛把攀在圆席上的丝一根根抽去，从周边向中间卷起来，盖在圆球上，然后，它再用牙齿拉，用腿扫，直到把装着卵的袋子从网上拉下来。这是一项非常费心劳神的工作。

装卵的袋子像樱桃一样大，是用白丝织成的圆球，摸上去非常柔软**2**。仔细观察，你会发现袋中央有一圈水平的折痕，那里很坚固，即使插一根针也不会把袋子捅破。

> ◎写作分析
>
> **2**从视觉、触觉等角度来展开描写，使说明更加具体形象。

这条折痕就是圆席的边。圆席包住了袋子的下半部分，上半部分作为小狼蛛的出口。圆球顶端除了母蛛织的丝盖以外，没有其他的保护措施。除了卵，袋子里什么也没有，不像条纹蜘蛛的袋子那样，里面铺着柔软的垫褥和绒毛。狼蛛的卵在冬季来临前就已经孵化了，所以气候不会对它们产生影响。

一整个早上，母蛛都在忙着织袋子，中间一点儿休息也没有。现在终于可以休息了。它怕小球一不小心就丢了，像宝贝似的将其紧紧地抱在怀中**3**。第二天早上，我再去看时，它已经把小球挂在身后的丝囊上了。

> ◎要点提示
>
> **3**一直为了孩子在忙碌不停，好不容易到了休息时间，也要抱着孩子度过，可见母亲对孩子的爱之深。

接下来的三个多星期里，无论是爬到洞口的矮墙上，还是遭遇危险急忙退进洞穴，或是外出散步，它总是拖着那沉重的、宝贝似的袋子，从不肯将它放下。如果突发某种意外使小袋子不小心从它手中脱离，它会发疯似的立刻扑上去，紧紧地抱住它，并反击那些抢它宝贝的敌人**4**。待到周围没

> ◎要点提示
>
> **4**对孩子的爱的本能让它疯狂，可见狼蛛是一位可敬的母亲。

有什么危险，它再迅速将小球挂在丝囊上，匆匆离开。

再有几天夏季就结束了，每天早上，狼蛛都会在太阳把地面晒得很热时带着它的小球从洞里爬出，安静地沐浴在阳光里。初夏时，它们也常常这样做，沐浴着阳光小睡。但现在，它们这么做的目的完全不同。以前，狼蛛都是前半身探出洞外，后半身藏在洞里。这个姿势能让太阳光照到自己的眼睛上，它晒太阳是为了自己。狼蛛现在晒太阳的姿势与之前截然相反，它前半身藏在洞里，后半身露在洞外，用后腿把装着卵的小球举在空中，轻轻地转动着，保证每一部分都能充分享受到阳光的照耀。这个姿势从上午保持到下午，直到傍晚太阳落山❶。它这样的举动不是短期内的，要持续三四个星期，每天都如此，这份耐心实在令人感动。鸟类用自己的胸给卵提供充分的热量；狼蛛把自己的卵放在太阳底下，直接吸收太阳这个天然大火炉的热量。

◎要点提示

❶狼蛛孵化幼仔的方式确实与众不同，更加显示出母蛛对后代的关爱。

狼蛛的幼儿

九月初，小狼蛛孵化出来了。这时圆球会沿着中间的折痕裂开。它是如何裂开的？是母蛛察觉到里面的动静后将其打开的吗？还是圆球到了一定的时间自己裂开的？这都有可能。这让我们想起了条纹蜘蛛的卵袋。小条纹蜘蛛出巢前，母蜘蛛早已过世，所以它们只能等着巢穴自动裂开后，才能从里面出来。

小狼蛛出来后，它们紧紧地挤在母亲的背上，大约二百多只，远处看去，母蛛身上像被包裹上一块树皮❷。小蜘蛛孵化出来以后，圆球就从丝囊上脱落了下来，像垃圾一样被丢在一边。

◎要点提示

❷孩子都趴在母亲身上，这真是一种甜蜜的负担，大自然造物真是太神奇了。

尽管很拥挤，但这些小狼蛛们都很乖，它们静静地待在母亲背上，不乱动，也不会因为占不到好的位置而把别人推开。它们在干什么？它们是让自己母亲背着它们到处去逛。它们的母亲一点儿也不觉得厌烦，不管是在洞中还是洞外，它总背着这一大群孩子来回奔走，从不会想要甩掉，直到换季1。

◎要点提示

1独特的童年经历，尽心尽力的伟大母亲！

小狼蛛在母亲背上都吃什么呢？它们应该什么都没吃，因为直到它们从母亲背上离开，小狼蛛们跟刚从卵里出来时完全一样，看不出长大。

在没什么猎物存在的季节里，母蛛自己也吃得很少。如果我拿蝗虫喂它，它会等很久才慢慢开口。为了维持生命，它不得不出来捕猎，这时，它依然背着自己的孩子们。

到了三月，狼蛛的洞穴也已经历了风雨、霜雪的侵袭，有些破败，当我去探望洞中的狼蛛时，它依旧背着那些小狼蛛，依旧那么精神抖擞。这么算来，小狼蛛们至少要在母亲背上待五六个月。鼹鼠，著名的美洲背负专家，也只把孩子们背在身上几个星期，和狼蛛比起来，真是差太远了2。

◎写作分析

2使用作比较的方法，突出狼蛛母亲的伟大。

背着小狼蛛出门是很危险的，这些小家伙随时面临着被草拨到地上的风险。如果小狼蛛不小心掉到地上，它的命运会如何？它的母亲会帮它吗？

母蛛需要照顾的孩子实在太多，每个孩子只能分到它极少的爱。不管从它背上掉下一只、几只狼蛛，或是全部摔下来，它绝对不会费心帮助它们。它不会出手相助，但它会静静地等待，等着孩子们靠自己的能力去解决问题，而不是依靠别人的帮助。对于小蜘蛛来说，这个困难能快速、利落地解决掉3。

◎要点提示

3真正的爱，既是母亲陪在身边悉心呵护，也包括培养孩子们独自生存的能力。

我做过这个实验，用笔把小狼蛛从母狼蛛背上刮下来，母狼蛛依旧继续前行，丝毫没有恐慌，也没有帮助孩子们的打算。那些落地的小蜘蛛在沙地上迅速追赶着母亲，等它们追上后就攀住母亲的腿。多亏母亲的腿多，而且撑得很开，

◎要点提示

❶既有无微不至的关爱，又有理性放手的锻炼，狼蛛的确是位好母亲。

◎写作分析

❷让我们带着这些悬念往下看，小狼蛛到底吃什么呢？

在地面上摆出一个圆，小蜘蛛们有的在这里攀住一只脚，有的在那儿攀住一只脚，它们就沿着往上爬，没过多久，小蜘蛛们一个不落地又在母亲的背上团聚了❶。面对这样的情况，母蛛之所以不为它们费心，是因为小蜘蛛早已懂得自己照顾自己。

小蜘蛛会在母亲背上待七个月，在这期间，母蛛会喂孩子们东西吃吗❷？母蛛猎食后，会跟孩子们一起共享美食吗？我原以为母蛛会这么做的。那段时间，我特别留意观察母蛛，想看它如何把食物分给它的孩子们。母蛛通常是把猎物拖到洞里后再吃，偶尔也会在外面进食。我只有等到它在野外进餐时，才有机会观察到下面的情景：母蛛享受美餐时，背上的小蜘蛛们一点儿要下来分享的欲望都没有，在它们眼里，仿佛这些食物根本没有诱惑力。它们的母亲也毫不客气，自己把食物享用完了，没有给孩子们留下一星半点。母亲在那儿吃着东西，孩子们竟然就这么伏在母亲背上张望着，我怀疑小蜘蛛还不知道“吃东西”是种什么概念。它们不明白母亲狼吞虎咽是在干什么，就这么安静地待着❸。

◎要点提示

❸在作者的细致观察中可知，母狼蛛进食时，小蜘蛛们并不进食，只是安静地待在母亲的身上。

◎写作分析

❹悬念加深，既不与母蛛分享食物，又不从母蛛身上吸取养料，小狼蛛是如何成长的呢？

在母亲背上的这七个月里，小狼蛛们靠什么生存呢❹？

或许你会猜测：它们应该是从母亲的皮肤上吸取养料吧！但事实并非如此。据我观察，我从没有见小狼蛛们把嘴巴插进母亲的身体里吮吸。而母蛛的精神状态还与以前一样，也并没有因为被榨取而显得瘦削、衰老，甚至比以前还胖了。

那小蛛们究竟靠什么来维持生命呢？是以前卵里吸取的营养吗？肯定不是。卵中的养料微乎其微，能维持它们的生命都实属不易，更别说是给它们提供能量来造丝了。那么，小蛛的身体里肯定存在着某种能量。

动物如果不动，保持完全静止，则意味着生命暂时停止，相当于没有生命，这样我们就很容易理解它们为什么不需要进食。但小蛛们并非不动，它们只是在母亲背上安静地歇着，随时准备运动。当它不小心从母亲这个“婴儿车”上掉下来时，得迅速爬起来并抓住母亲的腿回到原处；为了保持平衡，它们必须稳稳地停在原地；有时，还需要把小肢伸直，搭在旁边的小蛛身上。所以，小狼蛛们不是处于绝对静止的状态❶。

从生物学角度出发，我们知道每块肌肉在运动时都会消耗能量。动物和机器一样，身体的零部件用久了也会产生损耗，要时常维修、更新。动物运动后，也需要补充消耗的能量。动物的身体就像是火车头。火车头在运转时，需要活塞、杠杆、车轮和蒸汽导管等紧密配合，同时各部件会不停地磨损，铁匠和机械师们为保证这些零件持续运转，供应源源不断的能量，需要时刻进行维护和补加新材料，就像给动物喂食一样。火车煤炉里的煤就是能量的来源，是机器运转的动力。如果没有煤，即使机器的各部件完好无损，火车头依然无法开动。

动物也是一样，只有能量充足才能运动。动物胚胎期时，由母体的胎盘或卵提供养料，这种养料可以制造纤维素，促使小动物们成长发育，也能弥补其他方面的不足。除此之外，小动物们必须获取能产生热量的食物才能进行跑、跳、游泳、飞跃或其他各方面的运动。任何运动都离不开能量❷。

继续讨论小狼蛛们，它们从出生直到离开母蛛背之前的七个月内，身体一直保持不变。它们从卵中获取了足够的养料，所以有了良好的体质。所以，这就比较容易理解了，小狼蛛的身体不再发生变化，它们也就不再继续吸收养料。

但它们一直保持运动状态，也就必须有能量的补充，它

◎要点提示

❶绝对的静止才会不消耗任何的能量，但是小狼蛛在母亲身上要保持平衡，掉下来后还要爬上去，所以不是绝对静止的。它们需要维持生命运动的能量，这能量究竟从哪里来呢？

◎写作分析

❷用动物和机器运动需要消耗能量引出小狼蛛也必须消耗能量，更进一步引起人们的揭秘兴趣。

们又是从哪里获取能够产生能量的食物的呢？

或许我们可以这样考虑：火车运动的能量来自哪里？煤。煤是什么？它是埋在地下的、亿万年前的树木。树木的叶子吸收了阳光，相当于储存了太阳光的能量，简言之，煤就是储存起来的阳光。煤经过燃烧，释放了其中的能量，可以给火车头供应能量❶。

◎写作分析

❶宕开一笔。但狼蛛与煤有什么关系呢？设置悬念。

动物也是这样，不管是食肉动物、食草动物还是杂食动物等，都是依靠来自太阳的能量才赖以生存。太阳的能量储存在一切可被食用的物体里，比如草、果子、种子等。太阳是万物的源泉，是宇宙的统领，没有太阳，地球上就没有任何生命❷。

◎要点提示

❷太阳是能量之源，法布尔对此作了猜测，认为小狼蛛可能是从太阳光中得到能量。

被摄入动物体内的食物，经胃部消化代谢，蕴含其中的能量被释放，从而被动物利用。除此之外，还有其他获取能量的方式吗？太阳光能像蓄电池充电那样，通过照射直接被动物体的皮肤吸收利用吗？生物为什么不能直接靠阳光生存？我们所食用的食物，除了阳光还蕴藏其他的物质吗？

化学家给了我们答案。在未来，粮食会被人工制品代替，田地也会被工厂和实验室取代。

化学家们的工作主要是配置各种能够产生纤维和能量的人工制品，物理学家们则是每天利用精密仪器，将太阳能注入人体。这样，人类不用依靠饮食就有了运动和维持生命所需的能量。那将是个多么有趣和奇妙的世界！人们不需要摄入食物就能直接将太阳能吸收到体内。

这个梦想能实现吗？这或许是科学家们应该认真研究的问题❸。

◎要点提示

❸这是对未来的大胆想象，人可以靠太阳获取能量！

小蛛的飞逸

到了三月底，小狼蛛们要与母蛛告别了。这时，母蛛经常会蹲在洞口的矮墙上。

作为母亲，它早知道会有这么一天，对于小蛛们的即将离开，它没有任何挽留。孩子们将来的命运如何，也不是它能负责的[1]。

◎要点提示

[1]面对即将到来的分离，母亲表现得很平淡，因为它知道，这是必经的过程。

它们分别那天，天气很好。在那天最热的时候，小蛛们成群结队地从母亲背上爬下来。它们并没有表现出对母亲的依依不舍，在地上爬了一会儿后，像认准了某种目标似的，飞快地爬上了我实验室的架子上。这一点与它们的母亲截然相反。它们的母亲喜欢住在地底下的洞里，它们却喜好高处。架子上刚好有一个竖起来的环，它们沿着环爬到顶端，在上面开心地纺丝，搓绳，时不时还会往空中伸展伸展自己的腿。我明白了，它们这是想继续往上爬。孩子们长大后，总会远行，去开创新的天地。

我在环上又插了跟树枝。没过一会儿，它们就又爬到了树枝的顶端[2]，在上面纺丝，将树梢周围其他地方搭在一起，做了一个吊桥。它们在吊桥上来来回回地忙碌着，但它们看起来还是一副不满足的样子，总想往更高处爬。

◎写作分析

[2]极言小蛛攀高之迅速，这几段都是对小蛛飞逸之轻快灵巧的描写。

于是，我又把一根几尺高的芦梗插到架子上，芦梗顶端还分出几处细枝。小蛛们又急不可待地直爬到顶端。在那里，它们又纺丝、搭吊桥，乐不思蜀地玩着。

但是，这次的丝很特别，平时很难见到。它们很细很长，仿佛轻轻一吹就能将其吹走，只有太阳光刚好照到丝上时，才能隐约看到。小蛛们在若有若无的丝上走着，微风吹来，飘飘悠悠的像在跳舞[3]。

◎写作分析

[3]用比喻的手法，说小蛛在空中剧烈地抖动像是在跳舞，形象生动且富有美感。

突然，一阵微风吹来，丝被吹断了。小蛛们立刻抓住断了的那头丝，在空中随风飘荡。若是风再大一些，它们可能会被吹到很远的陌生地带，在那里，它们要重新开始新的生活。

小蛛们连续好多天一直重复着这样的活动。只有在阴天，没有太阳供应能量的时候，它们才会静止不动。

◎要点提示

1所有的孩子都各自奔前程，完成了任务的母亲没有悲伤的必要，狼蛛做得比人潇洒。

后来，这个大家庭消失了。小蛛们飘向了四面八方。它们的母亲也已经苍老了很多，它似乎并没有因为孩子们的离去而感到悲伤1。

不用天天背负着沉重的负担，母蛛一下子轻松了很多，变得更加年轻，每天都兴高采烈地出去捕食。一只狼蛛的寿命长达几年，所以，不久之后，母蛛可能会做祖母，甚至曾祖母。

◎要点提示

2任何动物都有其独特的本能，大自然的奥秘等待着我们去探索！

对比年幼狼蛛和成年狼蛛，我们知道攀高是只有狼蛛年幼时才拥有的一种本能2。母蛛也不知道自己的孩子有这样的本领，不久之后，连它们自己也会忘得干干净净。小蛛们被吹得七零八落，在陆地上流浪了很多天后，便开始挖洞。刚离开母蛛时，它们还在肆意攀爬，动作是如此敏捷。但现在，没有谁会想着再去攀登什么。我们人类有火车、飞机等各种交通工具，但蜘蛛没有。如果它们想要去往很远的地方，就必须依靠大自然的帮助。于是，它们便爬到高处，在上面吐丝，以丝为交通工具，然后借助风力，达到它们远行的目的3。旅行结束了，它们要开始新的生活，也就不再需要这种交通工具了，它们也就忘记了自己曾经是个攀登大师。

◎要点提示

3狼蛛借助风力的智慧，更让我们对神秘的自然充满神往！

点评赏析

《狼蛛》这篇文章是介绍狼蛛生活习性和特征的科普说明文。法布尔以狼蛛的生活史、性格和行为本能为着眼点，详细地介绍了狼蛛的生活行为。通过法布尔仔细地观察、详细地记录、生动的笔触，将狼蛛刻画得栩栩如生；同时，作者用文学性的话语来说明，融科学理论与艺术因素于一体，开辟了说明文的新领域。

文章多次运用仿词的修辞手法。仿词即化用一个熟悉的词语，根据语境用原词语的结构或方法另造出一个新的词语，这样能够形象说明要说明的事物对象，且生动有趣。这篇文章中的一些化用如“等而无获”（劳而无获），“守洞待虫”（守株待兔），这样的使用既贴合语境，又能简洁明了地说明事实。

这篇文章还使用了作比较的说明方法，如将杀死昆虫的狼蛛与麻醉昆虫的黄蜂作比较。狼蛛，因为它靠猎杀猎物生活，所以它咬昆虫头部的神经中枢，使它立即死去；而黄蜂，它要为它的幼虫提供新鲜的食物，因此，它刺在猎物的另一个神经中枢上，使其失去动弹“能力”。文章用质朴而准确的语言道出了狼蛛和黄蜂的不同，昆虫世界自成的生存系统就在这简单的叙述中表现出来，质朴的语言蕴含着深刻的哲理。

知识链接

狼蛛通过头前面用来抓取食物的两个前肢和用来走路的头两对腿摩擦而发出嘶嘶声，听起来像是撕裂绸缎的声音。这种声音可以起到吓阻敌人的作用，这或许是狼蛛在其进化过程中最成功的地方。这种恐吓声音是由一组腿上的绒毛倒钩与另一组腿上的绒毛粘缠在一起，然后又相互撕开发出的。

回顾训练

1.狼蛛的毒素很厉害，作者依次用________、________这几种动物来做实验。

2.狼蛛一次性大概会生下______只小蜘蛛，小蜘蛛全部待在__________。

3.小狼蛛有一种本能，但很快就会消失，这种本能是什么？为什么要有这种本能呢？

扫码听读

彩带圆网蛛

导读 经常被人类忽视的蜘蛛，其实具有超凡的能力。如天才建筑师——彩带圆网蛛，最擅长编织。它可以一次又一次吐出丝，猎杀蝗虫、螳螂；它还可以贴心地为自己的子女编织盛放蛛卵的丝袋，这个袋子里有柔软的褥子、精致的缎子，还有透气的毡子……但是，丝袋好像并没有很好地保护彩带圆网蛛的孩子们，这是为什么呢？

寒冬腊月，当虫儿停止忙碌，准备越冬时，它们向阳的温暖巢穴里一片宁静。我这个时候四处搜寻，时常会被一些偶然发现感动不已。有这种发现就能心满意足，这样单纯的人是幸福的！尽管生活如此艰难，并且总是随着我们长大成人而显示出它更加严酷的一层意思来，但我还是祝福那些单纯的人能同我一样，对这种曾经、现在，并且未来犹将带给我们惊喜的美好发现而心存感激。

如果他们在柳林和矮林的禾本科植物中搜寻，愿他们也能找到同我这时所看到的一样的精美艺术品。这是一只彩带圆网蛛的巢穴，一件令人惊诧的杰作。

根据分类，蜘蛛不属于昆虫类，若以此为真，在这里谈论彩带圆网蛛似乎就有些不太恰当了。去它的分类学吧！虽然这种动物有八只脚，而不是六只，长着小肺袋而不是气管，但我们的研究是自发的，无须在意这些条条框框。此外，蜘蛛目动物属于节肢动物门，它们的身体是由许多节构成的，这种构造其实已暗含在法语中“昆虫”与“昆虫学”这两个词的词义之中了。

以前，人们叫这个种群“关节动物”，这个名字好听易懂，顾名思义，一目了然。但现在它已是老古董了。如今人们使用一个动听的新名词来称呼它——“节肢动物门”。但是，居然有人对这一进步提出质疑！啊！这些异教徒！你们只消先念一遍“关节动物”，然后再大声喊出“节肢动物门”这个新名词，就会知道动物学是不是有所进步了。

从外表和花纹来看，彩带圆网蛛是法国南部最美丽的蜘蛛目动物。它的肚子有榛果那么大，里面装满了蛛丝，肚子上相间地分布着黄、银、黑三色条纹，因此，它又有了“彩带圆网蛛”这个美名。在这圆鼓鼓的肚子的四周，生着八条长腿，腿上有着浅色和棕色的彩环。

一切小猎物都是它的美食。所以，但凡有活蹦乱跳的蝈蝈儿，有轻盈盘旋的蝴蝶，有自在翱翔的蚊蝇，有翩翩起舞的蜻蜓，它就在那里安营扎寨，唯一的条件是：只要那里有结网的支点。通常，它会在灯芯草间结一张横跨小溪两岸的网，因为那里的野味比较丰富。其次，尽管热情稍弱，但它也会选择茂密的矮橡树丛，或是铺着薄薄绿毯的小山坡张网，那些都是蝗虫喜爱的地方。

它的捕猎工具是一张垂直张开的大网，网的周长根据地点而定，四周有许多条缆丝连在附近的小树枝上。这种结构也为其他结网的蜘蛛目动物所采用。从一个中心点辐射出几根笔直、等距的线。在这个构架的基础上，一根蛛丝由中心点向外围连绵不断地螺旋前进，与辐射线交叉形成十字。其规模与图案之规则实在令人叹为观止。

在蛛网的下部，由中心点垂下一根不透明的宽带，弯弯曲曲地穿过辐射线。这是彩带圆网蛛所织的网的标记，就好比是艺术家在自己的作品上签下了大名，也好像这只蜘蛛在织蛛网的最后一刻时说：“大功告成了！”

当蜘蛛在辐射线之间反复穿行、完成自己的螺线圈时，它是心满意足的。毫无疑问，这项工作可以保证它几天不愁吃喝。但这里面可没有半点纺纱女的虚荣心：那根弯曲强韧的宽带是为了让蛛网更加牢固。

对蛛网做特别加固并非多此一举，因为有时它所经受的考验相当严峻。彩带圆网蛛可不能选择自己网住的猎物。它稳居蛛网的中心，一动不动，展开八条腿，注意从蛛网四面八方传来的振动，就等老天把猎物送上门来。猎物有时是飞行失控跌下来摔得晕头晕脑的傻瓜蛋，有时是跳跃过猛一头撞进蛛网的大块头。

特别是蝗虫，这充满热情的家伙轻率地放开腿脚乱蹬，为此常常掉进陷阱中来。它的充沛活力似乎让蜘蛛肃然起敬；它用那长了尖刺的腿拼命乱踢，自以为当即能把网捅破，逃之夭夭。但事实并非如此。要是蝗虫第一次无法挣脱，那么其命休矣。

这时，彩带圆网蛛背对猎物，同时启动所有的喷壶花洒状吐丝器。它用较长的后肢接吐出的蛛丝，并将后肢充分张开呈拱形，以便让蛛丝射出。通过这些动作，彩带圆网蛛得到的就不仅是一条蛛丝，而是一块闪光的丝帘、一把云状的折扇，上面的主线几乎都是各自独立的。随着彩带圆网蛛的两条后肢飞速地交替合抱，它把这块裹尸布抛了出来，并将猎物反复翻滚以从各方面将它裹得严严实实。

将要与猛兽搏斗的古代角斗士出现在竞技场上，左肩上挂着一条绳网。野兽一跃而起。角斗士右手猛地一挥，撒开大网，如同渔夫将渔网撒开；他将野兽罩住，并用网眼缠住其手脚。最后，三叉戟的一击结果了战败者的性命。

彩带圆网蛛采用的方法与角斗士相同，但它还有一个优势，即可以用蛛丝重新缠绕猎物。如果第一次吐出的丝不够用，紧接着还可以来第二次、第三次，一次又一次，直至它的蛛丝储备用尽为止。

当白色的裹尸布里不再有动静了，蜘蛛这才接近被捆住的猎物。它有比角斗士的戟更好的武器：毒牙。无须特别费力，它只对蝗虫轻轻一咬便退下，静等猎物因毒素的作用而虚弱下去。

不一会儿，它回到纹丝不动的猎物身边，开始吮吸，并多次更换下手的部位，直到将其吸干。最后，那枯槁失色的残骸被丢出网外，而蜘蛛又回到网的中心，再次静候猎物的到来。

彩带圆网蛛吮吸的可不是一具尸体，而是一只被毒液麻痹的猎物。假如蝗虫刚被咬时我就将它救下，刚剥去丝套，它就会恢复知觉，甚至好像先前什么都没有经历过一样。看来，蜘蛛并没有在吮吸猎物体液之前将它杀死，只是把它毒昏而已。也许这轻轻地一咬是为了之后吮吸起来更加容易。因为猎物死去后体液将停止流动，不易于吸出；而活体中的体液会流动，吮吸起来就容易多了。

为此，吸食血液的彩带圆网蛛对自己叮咬时释放的毒液量有所保留，甚至在对付它那些体形巨大的猎物时也是这样，因为它对自己的角斗技艺非常自信。不管是长腿蚱蜢还是蝗虫中最硕大的胖乎乎的灰蝗虫，蜘蛛都毫不犹豫地照单全收，一经麻醉立刻将它们的体液吸食殆尽。这些庞然大物弹跳力量惊人，完全有能力挣破蛛网、逃之夭夭，恐怕极少被网住。我将它们放到蛛网里，余下的事情就由蜘蛛来做了。它毫不吝惜地喷出丝来，将猎物层层裹住，接下来便尽情地将其吸干。只要蛛丝消耗得多一些，制服大猎物也不比对付普通猎物难多少。

我曾经亲眼看见过更加精彩的场面。这次出场的是大腹便便、身上有着波浪花纹、银光闪闪的圆网丝蛛。和它的同胞一样，圆网丝蛛也织一张垂直的大网，上面用一条弯曲的宽带署上了大名。我在网里放上一只螳螂，它身材魁梧，只要条件允许，它完全能扭转乾坤，把猎手变成猎物。这回蜘蛛要捕捉的可不再是温和的蝗虫了，而是一头力大无穷、穷凶极恶的巨妖，只要它一出锯齿，就能撕裂圆网丝蛛的肚子。

蜘蛛敢迎接挑战吗？时机还没有到。它坐镇丝网中心，在迎战凶猛的猎物之前先掂量着自己的力量，静待着猎物在挣扎之中让爪子越缠越紧。终于，它出动了。螳螂腹部卷起，双翅高翘如竖直的风帆，并张开布满锯齿的双臂，总之，它摆出了幽灵般的架势，严阵以待。

蜘蛛对这些威胁视若无睹。它用遍布全身的吐丝器吐出成片的蛛丝，再由后肢交替环抱、拉伸、张大并大量抛出。在这样猛烈的丝雨之下，螳螂那恐怖的锯齿、锋利的前足旋即不见了；仍然如幽灵般高高翘起的双翅也一并消失了。

然而被困的螳螂猛跳了几次，将蜘蛛震出网外。这虽然是意外，却也早在预料之中。霎时，一条保险带从吐丝器中喷出，将圆网丝蛛悬在半空当中，来回摆动。一切恢复平静之后，它卷起保险带，升回网里。这时，螳螂圆滚滚的肚子与后肢都被结结实实地捆住了。蜘蛛的蛛液也已经用尽，只能吐出稀薄的蛛丝来。幸运的是，战斗已经结束了。猎物在厚厚的裹尸布下，已看不见踪影。

蜘蛛没有叮咬就退下了。为了制服这凶猛的猎物，它已经耗尽了所有库存的蛛丝，要知道，用这些蛛丝可以织出好几张宽大的蛛网呢。有这么多蛛丝缚住猎物，其他的防范措施就显得多余了。

回到网中心小歇片刻之后，蜘蛛开始入席就餐。它在猎物身上的不同地方切了几个浅浅的口子，这儿一下，那儿一下。蜘蛛就从这些切口处吮吸猎物的血液。这顿饭耗时颇多，因为猎物实在太肥大了。我用了整整十个小时观察这个吃不饱的家伙，每当它吸干一个切口里的汁液，就换一个切口再吸。夜幕降临，掩盖了它纵饮之后的醉态。第二天，被吸干的螳螂躺在地上。蚂蚁们正瓜分着猎物的残骸。

在生儿育女这方面，圆网蛛更是才华横溢，甚至超过了它的捕猎艺术。彩带圆网蛛用来盛放蛛卵的丝袋，或者称之为蛛巢，更是一件远胜于鸟窝的精品。它形态如一只倒置的气球，大小如鸽卵。丝袋的上端逐渐收口呈梨形，开口处齐平，镶着月牙边，从每一个月牙的交角处延伸出揽丝，将其固定在四周的小树枝上。丝袋的其余部分呈优雅的卵形，垂直悬挂在几根起稳固作用的丝线中间。

丝袋顶端凹陷似火山口，上面覆盖着蛛丝毡子。其他部分是一整个外壳，由一种缎状物制成，洁白、厚实、密集、难以扯破而且防潮。棕色甚至黑色的蛛丝被织成宽带状、纺锤状，或是任意子午线状，装饰在丝袋球体的顶端外部。这些织物的作用显而易见：它是一个防水顶盖，无论是露水还是雨水都无法穿过。

圆网蛛的丝袋悬挂在接近地面的枯草丛里，随时受到各种恶劣天气的威胁，为了保护袋里的卵，它尤其需要抵挡寒冬的侵袭。让我们用剪刀剪开丝袋看一看。袋的底部是一层厚厚的棕红色蛛丝，没有经过编织，蓬蓬松松的，好像极其细腻的棉絮，似柔软的云朵，又似羽绒褥子，即使是天鹅的绒毛也无法与它媲美。这就构成了防止热量丧失的屏障。

这柔软的一堆蛛丝保护的是什么呢？在这羽绒褥子中间，悬着一个桶形小包，下端浑圆，上端平直，由一片丝毡封口。小包由极其细腻的缎状物织成，里面盛有橘黄色珍珠般的美丽蛛卵，它们相互黏在一起，形成一个大小类似于豌豆的球体。这就是蛛丝褥子要保护抵御严冬的珍宝。

我们已经了解了这个作品的结构，现在让我们来看一看纺纱女是怎么工作的吧。要观察这个可不太容易，因为彩带圆网蛛是在夜间工作的。它需要黑夜的静谧以避免弄错复杂的编织规则。清晨，我有时能撞见它正在辛勤工作，这让我得以简单地讲述它的工作过程。

大约八月中旬，我的观察对象开始在钟形罩下工作。在钟罩内部上方，它先用几根紧绷的蛛丝搭起了脚手架。脚手架的格子结构就好比蜘蛛在野外用来充当蛛网支点的草叶与荆棘丛。编织丝袋的工作就在这摇晃的支架上开始。圆网蛛看不见自己在做的事，因为它是背对着织物的。但由于编织程序组织得非常合理，因此一切都能自然顺利地进行。

蜘蛛缓缓地绕圈前进，肚子末端摇摆着，时而向左，时而向右，时而翘高，时而放低。它放出的是单线。它用后肢牵伸着蛛丝，将其粘到已经搭好的脚手架上。这样，一个缎状物织成的盆就逐渐成形了，它的边缘慢慢升高，最后形成一个高约一厘米的袋子。袋子的织物特别轻软。为了把袋子绷紧，尤其是在收口处，蜘蛛用一些揽丝将它与附近的其他蛛丝相连。

接着，吐丝器休息片刻。轮到卵巢开始工作。蜘蛛一口气接连不断地排出蛛卵，蛛卵落入袋中，一直漫到袋口。袋子的容量计算得恰到好处，既能容纳所有的卵，又完全没有多余的空间。蜘蛛排完卵退下后，我隐约瞥见了那一堆橘黄色的卵；紧接着，吐丝器又开始工作了。

工作的内容是给袋子封口。这时，蜘蛛使用工具的方法略有变化。它的肚子末端不再摇晃，而是放低，接触一个点；然后收回，再放低，再接触另一点；这里完成后再换到那里，勾勒出许多错综复杂的丝线。同时，它用后肢将喷出的蛛丝压实。这样织出的不是一块织物，而是一块毡子，一块绒布。

在这个盛卵的缎袋四周，是为了抵御严寒的羽绒褥子。不久，将会有小蜘蛛在这柔软的庇护所里暂做停留，等待它们的关节变得结实起来，并为以后大规模的迁徙做准备。编织工作进展迅速。突然，吐丝器的原材料变了：先前吐出的是白色蛛丝，而现在却成了棕红色的，比先前的更加纤细；喷出时呈云雾状，蜘蛛灵巧的后肢像一把毛梳一般地梳理着，让蛛丝蓬松起来。渐渐地，盛卵的袋子不见了，淹没在这精美的丝绒中。

气球已经成形，上端收口呈瓶颈状。蜘蛛上上下下，左右偏移。从吐丝器喷出第一缕蛛丝起，它就定下了丝袋优雅的形状，似乎它的腹部顶端长着测量器似的。

接着，原材料与先前一样再次突然改变了。洁白的蛛丝重新出现，拈合成线。编织外壳的时候到了。由于织物非常厚实，而且交织方式十分细密，因此这项工作耗时最多。

首先，圆网蛛这儿拉拉，那儿拉拉，用几根蛛丝支撑住那层棉絮。它特别注重丝袋颈部的边缘，上面镶有月牙形的花边，花边的每一个棱角都由一根丝绳延伸出去，充当整个丝袋最主要的支撑物。吐丝器每一次经过这里时，都不会忘记对它特别加固，以保证球体的平衡稳定，直至工作结束。不一会儿，支撑悬挂丝袋的花边勾勒出应该封住的火山口形袋口。接着，蜘蛛用类似刚才封卵袋用的毡子把袋口封好。

这些安排妥当之后，圆网蛛开始真正编织丝袋的外壳。它时进时退，反复旋转。它的吐丝器并不接触织物。后肢是它唯一的工具，它们有节奏地交替工作着，拉伸蛛丝，用足节前端的栉将丝抓住，粘贴到织物上，而它的腹部末端则颇有章法地摇摆着。

就这样，蛛丝规则地曲折分布着，精确得类似于几何图形，简直可以与丝厂机器绕出的漂亮棉线团相媲美。这样的工序在整个丝袋的表面反复进行，因为蜘蛛每时每刻都在不停地移动。

每隔极短的时间，蜘蛛的腹部就往上移动靠近气球状丝袋的开口处，这时吐丝器才真正碰到流苏般的边缘。这种接触的时间相当长。呈星形辐射状的流苏边缘是整个建筑的基础，也是整个丝袋最棘手的地方，因为这里的丝线是粘连着的；而在其他部位，蛛丝只是依靠后肢的运动简单地相互重叠。如果要把丝袋拆开，边缘上的蛛丝就会被弄断；而其他部位的蛛丝则可以被退绕开来。

织物完成了，圆网蛛在上面留下了它棱角分明的白色亚光签名；蛛巢收尾时，蜘蛛编织出一些不规则的棕色细丝带，从球体连接外部的边缘一直垂到丝袋的中部。为此，它使用了第三种不同的蛛丝，这是一种介于棕红与黑色之间的深色蛛丝。吐丝器大幅度地在两极之间纵向摆动，吐出蛛丝，再由后肢任意地将它造成丝带。这个步骤一结束，蛛巢就大功告成了。蜘蛛看也不看一眼这卵袋，就缓步离开了。余下的事情和它不再相干，时间和阳光会代它去做。

圆网蛛感到自己死期将至，就爬下网来。它在附近坚韧的禾本科植物丛中，用蛛丝织好了一顶神圣的帐篷；为了这项工程，它耗尽了吐丝器中的蛛丝。它已经没有必要爬回网中，重归自己的猎场：因为它已经没有可以用来捆绑猎物的蛛丝了。再说，以前的那种好胃口也已经消失。它有气无力，形容憔悴地挨过几天，接着就死去了。这就是发生在我那些钟形罩下的事情；想必在荆棘丛中也是如此吧。

在编织捕猎大网的技艺方面，圆网丝蛛胜过彩带圆网蛛，但在筑巢方面它却不及后者高明。它的巢是一个毫无优雅感的钝锥形。袋口很大，上面有突出的月牙形花边，向四面辐射开来，它们是悬挂丝袋的支点。丝袋由一个大盖子封口，盖子的一半像缎子，另一半像绒布。余下的部分是白色而结实的织物，上面时常布满着无序的深色条纹。

这两种圆网蛛巢的区别仅限于外壳，一个呈钝圆锥形，另一个呈气球形。在这两种不同的外壳里面，有着相同的内部构造：首先是丝绒褥子，接着是盛满蛛卵的小桶。虽说这两种蜘蛛依据各自的特殊设计筑巢，但它们使用的御寒方法却是相同的。

我们看到，圆网蛛，尤其是彩带圆网蛛的卵囊是一个凝聚着高深复杂工艺的杰作。它采用了不同的材料：白色蛛丝、棕红色蛛丝、褐色蛛丝；此外，由这些材料加工而成的产物也各不相同：有结实的织物、柔软的褥子、精致的缎子，还有透气的毡子。这一切都出自同一个作坊，那个作坊织出了捕捉猎物的蛛网，弯弯曲曲的加固丝带，并把层层裹尸布抛向猎物。

啊！多么奇妙的丝绸作坊啊！就是依靠那极其简单的设备，而且是同样的设备——后肢与吐丝器，蜘蛛轮流做着制绳工、制纱工、织布工、丝带工和制毡工的工作。圆网蛛是怎样管理这丝绸厂的呢？它是怎样随心所欲地制造出多种粗细不同、色彩各异的丝束的呢？它又是怎样先用一种方法编织，接着又改换另一种方法的呢？我只看到它的产品，却不了解生产的设备，更不用说它的操作方法了。我茫然了。

当蜘蛛在静夜里聚精会神地工作时，有时也会由于一些突如其来的干扰而忙中出错。这些干扰不是我引起的：因为深夜里我并不在场。它们是由我用于观察的玻璃罩的简单布局造成的。

在野外，圆网蛛们各自独居，相距甚远。每一只蜘蛛都有自己的狩猎范围，在那里它们不用担心其他蛛网相隔太近，从而与自己争抢猎物。而在我的罩子里，情况却与野外相反，圆网蛛们同居一处。为了节省空间，我把三两只圆网蛛放在同一个网罩里。

我那些脾气温顺的俘虏们在罩里和平共处。它们之间没有纷争，也没有侵占邻居财产的事发生。每一只蜘蛛尽量在相距最远的地方编织蛛网的框架，然后它们就各自躲在那里，全神贯注地等待蝗虫跳进网来，仿佛对其他蜘蛛所做的事情漠不关心。

但是，当产卵期到来时，住所狭窄的空间仍然引起了诸多不便。不同蛛网的固定丝相互交叉，形成了混乱的丝网。只要其中的一张蛛网在振动，那么其他的也会或多或少地振动起来。这种干扰足以让产卵的圆网蛛分心并做出蠢事。下面就有两个例子。

夜里，有一只卵袋刚刚织好。早晨我去看时，它已经大功告成，垂挂在网罩下。它结构完美，装饰着中规中矩的黑色子午线丝带。卵袋里什么也不缺，只缺最重要的东西：蛛卵，就是为了它，纺织女才不惜耗费那么多蛛丝的。可蛛卵到哪里去了呢？它们不在中心的小袋里，因为我打开袋子时发现里面是空的。它们都在地上，在稍低一些的瓦罐沙砾上，没有任何保护。

可能是蜘蛛妈妈产卵时受到了干扰，没有对准口袋就让卵落到地上去了。或者是它在慌乱之中从网上爬下来，由于卵巢急于排卵，于是它就把卵产在了所遇到的第一个支撑物上。无论怎样，假如它的蜘蛛脑袋还有一点点清醒，它就该意识到这场灾难，并因此不再去编织那个已经毫无用处的精美巢穴。

然而事实完全不是这么一回事：空空如也的卵袋就像平常一样被编织着，形状一点不差，结构也同样精细。我丝毫没有插手，于是蜘蛛重复着从前被我拿走卵和食物的膜翅科昆虫所做过的荒唐事。那些遭抢的膜翅科昆虫一丝不苟地把它们的小房间封好。同样，圆网蛛在它那空空如也的卵袋周围放上羽绒垫子，并织好塔夫绸一般的套子将它包起来。

另一只圆网蛛由于编织时意外的抖动，刚完成那层棕红色的丝絮，就离开了自己的蛛巢，逃到离尚未完工的作品几寸远的罩子拱顶上。在那里，它倚靠着光秃秃的网格织了一片既不成形又毫无用处的垫子，假如没有受到干扰，它本可以用这些蛛丝来编织卵袋的外壳的。

可怜的傻瓜！你用绒布包住笼子的铁丝，却不让自己的卵得到完全的保护。先前织好的丝絮不见了，而罩子拱顶的金属则又粗又硬；但这一切都没能让你察觉到你现在的工作都是毫无意义的！你让我想起了蜾蠃蜂，虽然它的巢已经被拿走，但它还是把泥浆涂到墙上原先蜂巢的位置。你用自己的方式告诉我一种奇异的心理，这种心理能够将精湛高超的技艺和不可思议的愚蠢行为结合在一起。

让我们把彩带圆网蛛的作品与攀雀这种最擅长筑巢的鸟类的作品做一个比较吧。这种山雀经常出没在罗讷河下游的柳树林里。在水流湍急的主河道不远处，河水延伸进陆地，形成一片宁静的水域；就在这片水域的上方，攀雀的巢在水面微风的怀抱中轻轻摇动。它悬挂在那些杨树、老柳树或者赤杨树垂下的枝条末端；这些树生长在岸边，而且都非常高大。

攀雀巢像一个棉袋，四处密封，只在侧面有一个狭窄的洞口，刚好可以让鸟妈妈通过。从形状看来，它既像化学家的蒸馏釜，又像侧面伸出短短细颈的曲颈甑。

或者更形象一些：它像一只边缘收紧、侧面留着一个圆口的袜底。从外观上看，相似之处更加明显：人们几乎会以为自己看见了编织针留下的粗针痕迹。因此，普罗旺斯的农民惊讶于鸟巢的结构，用他们形象的语言称攀雀为“lou Debassaire”，即织袜鸟。

杨树和柳树早熟的小蒴果为攀雀筑巢提供了材料。每到五月，这些蒴果中间就会飘下一种“春雪”来，细细的毛絮被空气的漩涡卷起，堆积在地面的缝隙里。这种棉花看起来和我们工厂里生产的一样，只是纤维很短。原料储备是无限的：大树是慷慨的，当细腻的雪花从小蒴果中飘出时，柳林里的微风就将它们集中起来。因此采集原料轻而易举。

困难的是怎样利用它们。攀雀是如何编织它的袜子的？它如何能用喙和小爪子这些简单的工具，来编织人类灵巧的手指也无法编出的织物？通过对鸟巢的观察，我们了解了一部分答案。

单用杨树的毛絮是编不成能够承受一窝雏鸟的重量，并经得起风力摇动的悬垂袋子的。那些毛絮，看起来像切得细碎的普通棉花，即使一团叠着一团，混合压成毡，也只能形成松散的一团，只要有一阵风吹来，就会立即四处飞散。因此攀雀还需要一张网，即一层纬纱来将它们固定。

一些长着粗糙树皮的细小枯枝，在空气与潮湿的作用下得到了很好的沤泡，为攀雀提供了一种类似麻的粗纤维。这种纤维可以从任何木块中提取出来，而且经受了柔性和韧性的考验，攀雀就把它一圈一圈地缠绕在选定用来支撑鸟巢的树梢的末端。

它缠绕得不是很规则。这些曲线笨拙而随意地重叠交叉着，有些比较松散，有些则绷得较紧；不过它们至少是结实的，这一点至关重要。此外，这个纤维套子就好像建筑物的拱顶石一样重要，它在树枝上延伸出一段相当长的距离，这样可以增加鸟巢固定支点的数目。

这些细细的带子绕了一定圈数之后，便在末端松散开来，自由自在地垂挂着。这些细带之后有更多更细的线混杂进来。在这团混乱而且千拉万扯的线团里，有些地方甚至已经打过了结。我没看到攀雀如何工作，单就它的成果来判断，那块用来支撑棉花内壁的网应该是这样制成的。

很明显，这块充当内部构架的纬纱并不是一次完成的；随着攀雀逐渐用棉絮把高处部分塞满，它慢慢地延伸着。攀雀先一点一点用喙将地上那些棉花叼起，用爪子梳理整齐，然后再将这絮状棉团塞进网眼里。接着，它用喙敲打，用胸口挤压棉絮的里里外外。最后，它制成了一块两寸厚的松软毛毡。

在这只袋子的侧面高处，有一道狭小的入口，延伸成短短的细颈形状。这是喂食用的小门。即使是身体小巧的攀雀也必须硬挤才能穿过这段通道。富有弹性的墙壁先是被撑得向外鼓起，接着又恢复原状。最后，鸟儿又在它的居室里加上一张最高级的棉床垫。床垫上摆放着六到八只樱桃核般大小的洁白的攀雀蛋。

然而，同彩带圆网蛛的蛛巢相比，这令人惊叹的鸟巢还只是一个简陋的掩蔽所。从形状上看，袜底状的鸟巢显然比不上布满无可挑剔线条的球状的蛛巢。正如夹杂着韧皮纤维的棉布在巧手织就的缎子面前，不过是一块上不了台面的棕色粗呢；而悬挂鸟巢的吊索与纤细的丝绳相比，简直就是一根缆绳。攀雀的床垫又哪能比得上圆网蛛那经过精心梳理的棕红色云雾状丝绒垫子呢？就所建造的巢穴而言，不管怎么说，蜘蛛都远胜过了攀雀。

然而，攀雀作为母亲却是更尽心尽责的。它会一连几周蹲在自己的卵袋底部，将卵贴在心窝上，用自己的体温去孵化小攀雀鸟。圆网蛛就没有攀雀鸟这样的温情。它把巢的未来丢给了不可预知的命运，连看都不再多看一眼。

点评赏析

彩带圆网蛛一面是凶暴残忍的“猎人”。有人把它织的网叫作八卦迷魂帐，这是为什么呢？因为它的网很像在三国时期的赤壁之战时诸葛亮命士兵摆的八卦阵，万一别的昆虫粘上这个“八卦蜘蛛网”，它们就完了。法布尔在寻找彩带圆网蛛时看到了一个“场景”——战斗胜利者彩带圆网蛛昂着头，而失败者是已经在厚厚“裹尸布”下的魁梧凶残的螳螂。另一面它又是一个温柔可亲的好妈妈。它在冬季产卵，产卵前它的身材像一颗肥肥胖胖的榛子仁。彩带圆网蛛在生儿育女方面更是才华四溢，技术甚至超过了它的捕猎技术，它用所有的丝为它的小宝宝做的巢穴既温暖又舒适安全，宝宝们在它的精心呵护下快乐成长。

两种稀奇的蚱蜢

导读　在生活中，我们知道有许多讲蚱蜢的俗语，如“秋后的蚱蜢——蹦跶不了几天”，这是讲蚱蜢生活习性的。其实蚱蜢的种类很多，这篇文章就给我们介绍了两种不常见的蚱蜢：一种叫恩布沙，另一种叫白面孔螽斯。它们奇异的特征和生活习性，一定会让你大开眼界。

恩布沙

海是生物最初出现的地方，至今还存在许多种奇形怪状的动物，让人们无法统计出它们的具体数目，也分不清它们的具体种类。这些动物界原始的模型，保存在海洋的深处。这就是我们常说的，海洋是人类无价的宝库，它是人类生存的重要条件之一。

但是，在陆地上，从前的奇形动物，差不多都已经灭绝了，只有少数的遗留下来，能留到现在的大多都是一些昆虫类的动物。其中之一就是那种祈祷的螳螂。关于它特有的形状和习性，我已经在前文对你们说过了。另一种则是恩布沙。

这种昆虫，在它的幼虫时代，大概要算布罗温司省内最怪的动物了。它是一种细长、摇摆不定的奇形的昆虫。它的形状和任何昆虫都不一样，没有看惯它的人，绝不敢用手指去碰触它。我的近邻的小孩，看了这个奇怪的昆虫以后，对它这个奇异的模样，有了很深的印象，他们叫它为“小鬼”。他们想象它和妖魔鬼怪等多少有些关系。从春季到五月，或是到秋天，有时在有阳光和温暖的冬天，人们可以遇见它们，虽然它们从不集成大群。

荒地上坚韧的草丛，可以受到日光照耀并且有石头可以遮风的矮树丛，都是畏寒的恩布沙最喜欢的住宅。

我要尽我一切的可能告诉你们，它看起来像什么样子。它身体的尾部常常向背上卷起，曲向背上，形成一个钩的形状，身体的下面，即钩的上面，铺垫着许多叶状的鳞片，排列成三行。

这个钩架在四只长而细的、形如高跷的足上；每只足的大腿和小腿连接之处，有一个弯的、突出的刀片，这个刀片与屠夫切肉常用的那种刀片相仿。

在高跷或四足蹬上的钩的前面，有很长而且很直的胸部突起。形状圆而且很细，像一根草一样，草干的末梢，有狩猎的工具，是完全类似螳螂的那种猎具。

这里有比较尖利的鱼叉，还有一个残酷的老虎钳，生长着如锯子似的牙齿。上臂做成的钳口中间有一道沟，两边各有五只长长的钉，当中也有小锯齿。臂做成的钳口也有同样的沟，但是锯齿比较细巧、密集一些，而且很整齐。

在它休息的时候，前臂的锯齿嵌在上臂的沟里。它的整体就像一架可以加工的机器，有锯齿、老虎钳、沟、道，如果这部机器再稍微大一点，那它就成了一部令人可畏的刑具了。

它的头部也和这种机器相辅相成。这是一个多么怪异的头啊！尖形的面孔，卷曲而长的胡须，巨大而且突出的眼睛，在它们中间还有短剑的锋口；在前额，有一种从未见过的东西——一种高的僧帽一样的东西，一种向前突出的精美的头饰，向左向右分开，形成尖起的翅膀。

为什么这个“小鬼”要这样像古代占卜家一样戴着奇形怪状的尖帽子呢？它的用途在不久以后我们就会知道的。

在这个时候，这动物的颜色是普通的，大抵为灰色，待发育以后，就会变为装饰着灰绿、白与粉红的条纹。

如果你在丛林中遇见这个奇怪的东西：它在四只长足上动荡，头部向着你不停地摇摆，转动它的僧帽，凝视着你的眉头，在它的尖脸上，你似乎可以看到要遭受危险的形象。但是，如果你想要捉到它，这种恐吓姿势，马上就会不见了。

它高举的胸部就会低下去，竭力用大步逃之夭夭，并且它的武器会帮助它握着小树枝。假如你有比较熟练的眼光，它就很容易被捉住，关在铁丝笼子里。

起初，我不知道应该如何喂养它们。我的“小鬼”又很小，最多只有一两个月大。我捉大小适宜的蝗虫给它们吃，我选取了其中最小的一些喂给它吃。

“小鬼”不但不要它们，而且还惧怕它们。无论那个无思想的蝗虫怎样很温和地靠近它，都会受到它很坏的待遇。

尖帽子低下来，愤怒地一捅，使蝗虫滚跌开去。

因此可知，这个魔术家的帽子实际上是自卫的武器。雄羊用它的前额来冲撞，和它的对手进行搏斗；同样的，恩布沙也在用它的僧帽来和它的对手进行抵抗。

第二次，我喂给它一个活的苍蝇。这次恩布沙立即就接受了它，把它当成一次酒席上的佳肴。当苍蝇走近它的时候，早已守候着的恩布沙掉转了它的头，弯曲了胸部，给苍蝇猛然一叉，把它夹在两条锯子之间。就连老猫扑捉老鼠也没有这样的迅速。

我惊奇地发现，一只苍蝇不仅可供给它一餐，而且足够整日食用，甚至可以连着吃上几天。这种相貌凶恶的昆虫，竟然是极其节食的动物。

我开始以为它们是一个个的魔鬼，但是，后来发现它们的食量像病人一样小。经过一个时期以后，就连小蝇也不能引诱它们了。在冬天的几个月里，它完全是断食的。到了春天，它才又准备吃一些小量的米蝶和蝗虫。它们总从颈部攻击俘虏，如螳螂一般。

幼小的恩布沙，被关在笼子里时，有一种非常特殊的习性。

在铁丝笼里，它的态度从最初一直到最后，都是一样的，而且是一种顶奇怪的态度。它用它那四只后足的爪，紧握着铁丝倒悬着，纹丝不动，活像一只倒挂在横杠上的小金丝猴一样，它的背部向下，整个的身体就挂在那四个点上。如果它想移动一下，前面的鱼叉就会张开，向外伸展开去，然后，它紧握住另一根铁丝，朝怀里拉过来。

用这种方法将这个昆虫在铁丝上拽动，仍然是背朝下的，于是鱼叉两口合拢，缩回来放在胸前。

这种倒悬的位置，对于我们而言一定会很难受的，也是很不容易做到的，要是人很可能就会得病的，要么是高血压，要么是脑出血。但是，恩布沙保持这样的姿势的时间并不短，它在铁丝笼里，可以持续十个月以上，竟然毫无改变。

苍蝇在天花板上，确实也是这种姿势的，但是它有休息的时间。它累了就要休息一会，养足了精神以后，再做这种动作。它在空中飞动，用平常的习惯走路，沐浴在阳光中。

恩布沙则完全相反。它保持这种奇怪的姿势，达到十个月以上，绝不休息。它悬挂在铁丝网上，背部朝下，猎取、吃食、消化、睡眠，经历过昆虫生活所有的经历，直至最后死亡。它爬上去时年纪还很轻，而落下来的时候，已经是年老的尸首了。

应该注意的是，它这个习惯的动作，只有处在俘囚期的时候才会如此，并不是这种昆虫天生的、固有的习惯。因为在户外，除去很少的时候，它站在草上时是背脊向上的，并不是倒悬着的。

和这种行为相似的，我还知道另外一个稀奇的例子，比起这个还要特别一些。这就是一种黄蜂和蜜蜂，在夜晚休息时的姿态。有一种特别的黄蜂——生有红色的前脚的"泥蜂"，八月底的时候，在我的花园里非常之多，它们很喜欢在薄荷草上睡眠。在傍晚薄暮时，特别是在窒闷的日子里，暴风雨正在酝酿，大风大雨即将来临的时候，可是，我们却能见到一个奇怪的睡眠者——仍然在那里安详地熟睡着。

大概在晚上休息时，它的睡眠姿态没有比这个更奇怪的了。当你见到它以后就会觉得特别的稀奇古怪了。它用颚咬入薄荷草的茎内，方的茎比圆的茎更能握得牢固一些。它只用嘴咬住它，身体却笔直地横在空中，腿折叠着，和枝干成直角。这昆虫把全身的重量，完完全全地放置在它的大腮上。

黄蜂利用它强有力的颚这样睡觉，身体伸展在空中。如果按动物的这种情形来推测，我们从前对于休息的固有观念就要被推翻了。

任凭风暴狂欢，树枝摇摆，这位睡眠者并不被这摇晃的吊床所烦扰，至多是在某个时候用前足抵住这摇动的枝干罢了。也许黄蜂的颚像鸟类的足趾一般，具有极强的把握力，比风的力量还要强大许多。

尽管如此，有好几种黄蜂和蜜蜂都是采用这种奇怪的姿势来睡眠的——

用大颚咬住枝干，身体伸直，腿缩着。

大约在五月中旬，那时候恩布沙已经发育完全了。它的体态和服饰比螳螂更引人注目。它还保留着一点幼稚时代的怪相——垂直的胸部，膝上的武器和它身体下面的三行鳞片。但是它现在已经不能卷成钩子，看起来也文雅多了：大型灰绿色的翅膀，粉红色的肩头，矫捷的飞翔，下面的身体装饰着白色和绿色的条纹。

雄的恩布沙，是一个花花公子，和有些蛾类相似，更是夸张地用羽毛状的触须修饰着自己。

在春天，农人们遇见恩布沙的时候，他们总以为是看到了螳螂——这个秋天的女儿了。

它们外表很相像，以致人们都怀疑它们的习性也是一样的。因为外观一样，又都是昆虫类的动物，所以人们没有认真仔细观察，也没有考察过它们的行动坐卧，所以就猜测它们的生活习惯是一样的。

但是，事实上因为它的那种异常的甲胄(zhòu)，会使人们想到恩布沙的生活方式甚至比螳螂要凶狠得多。但是，这种想法却错了。这个误解对恩布沙是不公平的。无调查研究的结论是靠不住的。

尽管它们都具有一种作战的姿态，但是，恩布沙却是一个比较和平、友好的动物呢！它不是一个好斗好战的恶劣的凶手。

把它们关在铁丝罩里，无论是半打（一打是十二只，半打是六只）还是一对，它们没有一刻忘掉柔和的态度。它们之间都是和平友好、互利相处的。

甚至到发育完成的时候，它们几个也是互相体谅、互相谦让、互不侵犯的。它们吃的东西比较少，每天的食物只有两三只苍蝇就足够了。

食量大的小动物，当然是好争斗的。吃得饱的动物，把争斗当作一种消化食物的手段，同时也是一种健身的方式。争强好胜，事事不让人，从来不吃亏，这是典型的弱肉强食者的特点：从来就是见便宜就占，见利益就争，见好事就抢。螳螂一见到蝗虫立刻就会兴奋起来，于是战争就不可避免地开始了。螳螂立刻就扑向蝗虫，但是蝗虫也不示弱，两者你争我斗，蝗虫用利齿欲扑向螳螂，但螳螂用它尖利的双颊给蝗虫以有力的反扑。你争我斗的场面，十分精彩。

但是，节制的恩布沙，是个和平的使者，它从不和邻居们争斗，也从不用做鬼的形状，去恐吓外来者。它也从不像螳螂那样，和邻居们争夺地盘。它从不突然张开翅膀，也不像毒蛇那样做喷气、吐舌状。它从来也不吃掉自己的兄弟姐妹，更不像螳螂那样，吞食自己的丈夫。这种惨无人道的事情，它是从来不做的。

这两种昆虫的器官，是完全一样的。所以这种性格上的不同，与身体的形状无关，与其外表也无关。或许可以说是由于食物的差异而造成的。

无论是人还是动物，淳朴的生活总可以使性格变得温和一些，随和一些。这些都可以营造一个和平共处的好环境。但是，自奉太厚了，就要开始残忍起来。贪食者吃肉又饮酒——这是野性勃发的普遍原因——从不能像自制的隐士一样温和平静。它是吃些面包，在牛奶里浸浸，这样简单的生活。它是一只普普通通的昆虫，它是平和、温柔、和善的。而螳螂则是十足的贪食者。

虽然我的解释已经很清楚明白了，但是还有人可能会提出更深一层的问题：

这两种昆虫有完全相同的形状，想来一定也有同样的生活需要，而为什么一种如此的贪食，而另一种又如此有节制呢？

它们在态度方面，如同别的昆虫已经告诉我们的一样，嗜好和习性并不完全取决于自身的形状，以及身体结构，而是取决于本能的要求，还有自身的自律。

白面孔螽斯

在我所居住的区域里的螽斯是白面孔的。无论在其善于歌唱，还是在其庄严的风采上，它都可以算得上是蚱蜢类中的首领。它生有灰色的身体，一对强有力的大腮，以及宽阔的象牙色的面孔。

如果想要捕捉它，这并不是什么难做到的事，也并不烦人。在夏天最炎热的时候，我们常可以见到它在长长的草上来回跳跃，特别是在岩石下面，那里有松树生长着。

希腊语中Dectikog（即白面孔螽斯Decticns的语源）的意义是咬，喜欢咬。白面孔螽斯因此得了这个名字。

它确实是善于咬的昆虫。假如有一种强壮的蚱蜢抓住了你的指头，你可要当心一点儿，因为它会把你的指头咬出血来，咬得你生疼，甚至有时疼痛难忍。它那强有力的颚仿佛是凶猛的武器。当我要捕捉它时，我必须非常小心提防它，否则随时都有被它咬伤的危险和被它咬破的可能。它那两颊突出的大型肌肉，显然是用来切碎它捕捉的、硬皮的捕获物时用的。

把白面孔螽斯关在我的笼子里，我发现蝗虫、蚱蜢等任何新鲜的肉食，都符合它的需要。特别是那种长着蓝色翅膀的蝗虫，尤其适合它的嗜好。

当把食物放进笼子里时，常常会引起一阵骚动。特别是在它饿极了的时候，它会一步一步地很笨重地向前突进。因为受长颈的阻碍，它不能很敏捷地行动。有些蝗虫立刻就被捉住，有的乱飞、乱蹦、乱跳，有的急了跳到笼子的顶上，逃出这螽斯所能捉捕到的范围之外。因为它的身体很笨重，不能爬得那么高。不过蝗虫也只能是延长它们自己的生命而已，最终也无法逃脱被白面孔螽斯蚕食的厄运。它们或因疲倦，或因被下面的绿色食物所引诱，纷纷从上面跑下来，于是立刻就会被螽斯所捕获，成为其口中之美食。

这种螽斯，虽然智力很低下，然而却会用一种科学的杀戮方法。如同我们在别的地方见到的一样，它常常先刺捕猎物的颈部，然后再咬住主宰它运动的神经，使它立刻失去抵抗的能力。和其他肉食动物一样，如哺乳动物虎、猎豹等，它们都是先将所捕捉的猎物的喉头管咬住，使其停止呼吸，丧失反抗力后，再一点点地享用它的肉体。

这是一种很聪明的方法，因为蝗虫是很难杀死的。有时虽然蝗虫的头已经掉下来了，但它的躯体依然还能够跳动不已。我曾经见过几只蝗虫，它们已经被吃掉一半了，还不断地乱跳，居然逃走了。

因它嗜好蝗虫，能捕杀那些对于未成熟的谷类有害的种族，所以这类螽斯多一些，对于农业也许有相当的益处。

不过现在它对于土地上保存果实的帮助，是非常薄弱的。它带给我们的主要的兴趣，事实上是那些远古遗留下来的纪念物。它留给我们一些现今已经不用了的习性。

我应该谢谢白面孔螽斯，使我再次知道了关于幼小螽斯的一两件事情。

它产下的卵，并不和蝗虫、螳螂一样，把它们装在硬沫做成的桶里；它也不像蝉那样，将它们产在树枝的洞穴里。

这种螽斯将卵像植物种子一般，种植在土壤里。母的白面孔螽斯身体的尾部有一种器官，可以帮助它在土面上掘下一个小小的洞穴。在这个洞穴内，它产下若干个卵；将洞穴四周的土弄松一些，用这种器具，将土推入洞中，就像我们用手杖将土填入洞穴一样。用这样一种方法，它将这个小土井盖好，再将上面的土弄平整。

然后，它到附近的地方散一会儿步，以作消遣和放松。用不了多长时间，它就会回到先前产卵的那个地方，靠近原来的地点——这是它记得很清楚的——又重新开始工作。

如果我们注意观察它一个小时，就可以看到这种全部的动作，不下五次以上，连附近的散步也包括在内。它产卵的地点，常常是靠得很近的。

各种工作都已经完成以后，我察看这种小穴。只有卵放在那里，没有小室或壳来保护它们。卵通常约有六十个，颜色大部分是紫灰色的，形状如同梭一样。

我开始观察螽斯的工作，就想看看它的卵孵化的情形。于是在八月底的时候，我取来很多的卵，放在一个里面铺有一层沙土的玻璃瓶子中。它们在里面度过八个月的时间，感受不到气候变化带来的痛苦：没有风暴，没有大雨，没有大雪，也没有它们在户外必须经受到的、过度炎热的光照和日晒。

六月来临时，瓶中的卵，还没有表现出开始孵化的征兆。和九个月以前，我刚把它们取来的时候一样，即不发皱，也不变色，反而表现出极其健康的外观。在六月里，小螽斯在原野里经常可以遇到了，有的甚至已发育得很大了。因此我很怀疑，究竟是什么理由使它们迟延下来的。

于是，我就产生了一种意见：这种螽斯的卵，如同植物一样，被种在土地里，是毫无保护地暴露在雨雪之中的。

在我瓶子里的卵，在比较干燥的状况下，度过了一年的三分之二的时间。因为它们本来是像植物种子一样散播着的。它的孵化大概也需要潮湿，需要适合它的一切孵化条件，如同种子发芽时需要潮湿一样。这时，我开始决定要试一试。

我将从前取来的卵，分出一部分，放在我的玻璃管里，在它们上面，薄薄地加上一层细细的潮湿的沙子；然后把玻璃管用湿棉花塞好，以保持里面的湿度。无论谁看见我的试验，都会以为我是那种在试验种子的植物学家。

我的希望可以实现了。在温暖潮湿的环境之下，卵不久就表示出要孵化的迹象。它们渐渐地，一点点地涨大，壳显然就要分裂开了。我花费了两个星期的工夫，每个小时我都很认真仔细、不知疲倦地守候着它们，想看看小螽斯跑出卵来的情形，以解决遗留在我心中很长时间的疑问。

那个疑问是这样的。这种螽斯，按照惯例，是埋在土下边约一寸深的地方，现在这个新生的小螽斯，夏初时在草地上跳跃，发育得完全一样，长有一对很长的触须，细得如同发丝一般；并且身后生有两条十分异常的腿——像两条跳跃用的支撑杆，对于走路是很不方便的。

我很想知道，这个柔弱的小动物，携带着这样笨重的行李，当它到地面上来时，其间所有的工作，是怎样进行的呢？它用什么东西从土中开出一条小道路来呢？它有遇到一粒小沙就会折断的触角，少许的力量就会断脱的长腿，这个小动物是显然不可能从土坑中解放出来的。

我已经告诉过你们：蝉和螳螂，一个从它的枝头、一个从它的巢出来时，穿有一种保护物，就像一件大衣一样。

我想，这个小螽斯，从沙土里钻出来的时候，一定也有比出生以后，在草间跳跃时所穿的还要简单而且又紧又窄的衣服，作为一种保护。

我的估计并没有错。这时候，白面孔螽斯，和别的昆虫一样，的确穿有一件保护外衣。这个细小的、肉白色的小动物，已经长在一个鞘里了，六个足平置胸前，向后伸直。

为了出来时比较容易一些，它的大腿绑在身旁，另一半不太方便的器官——触须——一动也不动地压在包袋里面。

它的颈弯向胸部。大的黑点——是它的眼睛，那毫无生气而且十分肿大的面孔，使人以为那是盔帽。颈部则因头弯曲的关系，十分开阔。它的筋脉同时微微地跳动着，时张时合。因为有了这种突出的、可以跳动的筋脉，新生的螽斯的头部才能自由转动。它依赖颈部推动潮湿的沙土，挖掘出一个小洞穴。于是筋脉张开，成为球状，紧塞在洞里，在幼虫移动它的背并推土时，可以有足够的力量。

如此，下一步的步骤已经成功了，球泡的每一次涨起，对于小螽斯在洞中的爬动，都是很有帮助的。

看到这个柔软的小动物，身上还是没有什么颜色，移动着它那膨胀的颈部，攒掘土壁，真是可怜。

它的肌肉还没有达到强健的时候，这真无益于与硬石斗争啊！不过经过不懈的奋斗，它居然获得了最终的成功。

一天早晨，这块地方，已经做成了小小的孔道，不是直的，约有一寸深，宽阔得像一根柴草。一般用这样的方法，这个疲倦的昆虫终于可以达到地面上了。

在还没有完全脱离土壤以前，这位奋斗者也要休息一会儿，以恢复它这次旅行后的精力。再做一次最后的拼搏，竭力膨胀头后面突出的筋脉，以突破那个保护它已经很久的鞘。这个动物就这样将外衣抛弃了。

于是，这是一个幼小的螽斯了。它还是灰色的，但是，第二天就渐渐变黑了，同发育完全的螽斯比较起来简直是成了一个黑奴了。不过它成熟时的象牙面孔是天生的，在大腿之下，有一条窄窄的白斑纹。

在我面前发育的螽斯啊！在你面前展开的生命实在是太凶险了。

你的许多亲属们，在尚没有得到自由之前，就因疲倦而死去了。在我的玻璃管中，我看到了好多螽斯因受到沙粒的阻碍而放弃了尚未成功的奋斗。

它的身上长有一种绒毛，欲将它的尸体包裹起来。如果我不去帮助它，它到地面上来的旅行会更加危险，因为屋子外面的泥土已经被太阳晒硬了，变得更加粗糙。

这个有白条纹的黑鬼，在我给它的莴苣菜叶上咬啮，在我给它居住的笼子里跳跃着，我可以很容易地豢(huàn)养它。

不过它已不能再提供给我更多的知识了，所以，我就恢复了它的自由，以报答它教给我的那些知识。我送给它这个房子——玻璃管，还有花园里的那些蝗虫。

因为它教给我蚱蜢在离开产卵的地点时，穿着一件临时的保护衣服，将那些最笨、最重的部分，如它的长腿和它的触角等，全都包在鞘里。它又告诉我这种略微伸缩、干尸状的动物，为了它旅行的方便，它的头颈上生有一种瘤，或者说是颤动的泡口——是一种原来就生成的机器。在我最初观察螽斯的时候，我并没有看见螽斯用它作为走路的辅助。

点评赏析

这篇文章主要介绍了两种我们不常见的稀奇的蚱蜢——恩布沙和白面孔螽斯。在介绍恩布沙这种蚱蜢时，因为考虑到我们不曾见过，所以作者描写得十分细致入微且生动形象，并且把它和大家熟悉的螳螂作对比——外表相像而性格截然相反；在描写恩布沙的头部时，设置悬念，吸引读者读下去，接着讲了头部的形状特点。这样全方位、细致形象的刻画使我们在读的时候眼前立刻浮现出蚱蜢的样子。

尤其是作者在刻画恩布沙的时候，主要表现它吃得很少，是平和的动物，所以作者评价说："无论是人还是动物，淳朴的生活总可以使性格变得温和一些，随和一些。"作者总是由动物联想到人。动物的嗜好和习性并不完全取决于自身的形状，以及自身的结构，除了本能的要求，还有自身的自律！

迷宫蛛 精读

扫码听读

导读　所有的蜘蛛基本都会结网，它们所织的网精巧而又坚固。在蜘蛛的众多种类中，有一种蜘蛛叫迷宫蛛，它们所结的网更是巧妙。虽然它们的网没有黏性，可昆虫一旦落在这迷宫一样的网上时，除了最强大的虫子外，谁都没法逃跑。这种网有什么魔力吗？

如果说圆网蛛是一位纺织能手，能编织出垂直的猎网，那么其他许多蜘蛛则同样善于创造，来满足生存的两大首要法则，即填饱肚子和繁衍后代❶。在这些蜘蛛中，有的在这方面很有造诣，人尽皆知，在许多书中都被提到。

◎要点提示

❶蜘蛛织网是为了捕捉猎物、填饱肚子和繁衍后代。

有些蜢蛛和纳博讷狼蛛一样，居住在地洞里，不过比起那种生活在荒地里的粗俗狼蛛来，蜢蛛的地洞则精细多了。狼蛛只在井口用石砾、柴火和丝堆起一个简陋的护井栏；而蜢蛛则会在洞口安装一个活动的小圆盖，就像是一扇百叶窗，铰链、槽口和插销系统一应俱全。当蜢蛛回洞后，小圆盖就会落下，卡进槽口里，精确得简直天衣无缝。如果有侵犯者执意要打开小圆盖，躲在洞里的蜢蛛就会拉上门闩，也就是说把它的小爪子插进铰链对面的一些孔里，然后把身体紧紧地靠在墙壁上，使那扇门紧紧关闭❷。

◎要点提示

❷蜢蛛真是聪明，不但有自己的洞穴，洞穴的门还能紧闭，防止敌人入侵。动物的智慧不容小觑啊！

另外一种出名的蜘蛛便是银蛛，它会用丝在水中为自己建造一个精巧的潜水袋，用来储存空气。有了这个呼吸装置，它就可以躲在阴凉的地方窥探猎物了。在酷暑的天气里，那可真是一个舒适的避暑胜地，就像是荒谬的人类有时用大理石和石块建造的水下宫殿一样。如今，迪拜尔的水下宫殿的天花板只是一个令人憎恶的回忆，而银蛛那精致的穹顶却仍然经久不衰。

如果我能亲自观察银蛛的话，我很愿意跟大家谈一谈这位能工巧匠，并且在关于它们的故事中补充一些从未被提到过的情况。可是我只能放弃这个想法。因为在我们这个地区没有银蛛。精通铰链门制造工艺的蜢蛛倒是有一些，不过也特别稀少，我只在沿着矮树林的小径边见到过一次。人人都知道，机会稍纵即逝。身为观察家，应该比一般人更懂得抓住这一瞬间的机会1。可是，由于我当时正忙于其他研究，我只是朝那只千载难逢的漂亮蜢蛛瞥了一眼。于是机会飞走了，并且再也没有重新出现过。

◎要点提示

1适时的议论，点出观察的不容易，要善于抓住稍纵即逝的机会。

我们权且就用一些比较常见、便于跟踪研究的普通蜘蛛作为补偿吧。普通并不等于无足轻重。只要给予它足够的重视，我们同样能在它身上发现价值，而无知则会使我们对这些价值视而不见。如果我们耐心观察，再微不足道的小虫子也能为生命的和谐乐章增添音符。

我走遍周围的田野，虽然步伐已经疲惫，可目光却始终警惕。在那里，我所见到的最普通的蜘蛛，便是迷宫蛛。只要是在树篱下的草丛中、安静向阳的角落里，就会躲着几只迷宫蛛。而在旷野里，特别是在起伏不平、被人砍得精光的地方，迷宫蛛则最喜爱在荆棘丛里安家，如岩蔷薇、薰衣草、不凋花，以及被羊群啃得短短的迷迭香，等等2。我去的正是这种地方，因为这些荆棘丛相互隔得很远，而且非常和善，便于我进行搜寻工作；而树篱则比较冷酷，有时会使我的搜寻工作无法进行。

◎常识积累

2迷宫蛛最喜欢在荆棘丛中安家，也喜欢在阳光充足的角落里生活。

七月的清晨，当太阳还没有照到脖子上的时候，我会到现场去观察迷宫蛛，一周要去好几次。孩子们同我一起去。他们带着一个橙子，以备解渴之需，因为他们很快就会感到口渴的。孩子们眼光敏锐，手脚灵活，有了他们的帮助，探险就一定会硕果累累。

不久，我们就发现了高高悬挂的丝网，远远望去，蛛丝上挂着晶莹的晨露，闪闪发光。孩子们对这节日彩灯般美丽辉煌的丝网惊叹不已，以至于一时忘记了他们的橙子。我也同样激动万分。这景象真是太美妙了，蜘蛛那迷宫似的丝网上缀满了夜露，在清晨的第一缕阳光中闪烁着❶。这美丽的景致，伴随着乌鸫鸟的鸣叫，单单是为这个，起个大早也是值得的。

◎写作分析

❶两处运用比喻的修辞手法。“彩灯般”“迷宫似的”生动形象地描绘出蜘蛛网的美丽、精致，令人叹服。

太阳照了半个小时之后，美丽耀眼的珠光随着露珠的蒸发而消失了。观察蛛网的时刻到了。这张蛛网拉在一大蓬岩蔷薇上，有一块手帕那么大。任意的夹角和密布的丝线将其牢牢地固定在荆棘上。荆棘丛中没有一根突出的细枝不被用作蛛网的支点。蛛网在荆棘丛中纵横交错、绕来绕去，以至于后者被一层白色的细软薄纱盖住，完全看不见了。

只要那些不规则的支点允许，蛛网的周边就比较平坦，但越往中间，蛛网就逐渐凹陷，形成火山口似的圆洼，令人想起吹号打猎的猎手的小屋。蛛网的中间是一个圆锥形的深坑，像个颈部渐渐变窄的漏斗，垂直地插在茂密的绿色植物中间，大约有一虎口深❷。

◎写作分析

❷比喻句，形象地描绘出蛛网的形状：周围平坦，中心深凹，像个漏斗。

蜘蛛就在那阴暗危险的管口处看着我们，对我们的到来丝毫不感到惊讶。它是灰色的，胸部简单地饰有两条黑带，腹部也有两道横杠，横杠上夹杂着白色和棕色的斑点。腹部末端有两个小小的、会活动的附属器官，就像尾巴一样，这是蜘蛛身上一个奇特的细节❸。

◎常识积累

❸介绍了迷宫蛛的外表：全身灰色，腹部和胸部有两道条纹，腹部末端有像尾巴一样的附属器官。

这个火山口形状的蛛网采用的是不同的编织方法。它的边缘是由稀疏的丝线织成的纱网；往中间渐渐成了轻柔的细纱，然后又变成了绸缎；在远处坡度很陡的地方，它是略微呈菱形的格状网；最后，在蜘蛛通常停留的漏斗的颈部，则是一块结实的塔夫绸。

蜘蛛不停地编织着它的地毯，那可是它的观察台。每个夜晚，它都会前去巡视，察看自己设下的陷阱，并增添新的蛛丝，以扩大自己的地盘。编织工作是依靠一直挂在吐丝器上的蛛丝来完成的，随着蜘蛛身体的移动，蛛丝便被源源不断地拉出来。和蛛网的其他地方相比，漏斗的颈部是蜘蛛去得最多的地方，因此那里铺着最厚的地毯。再过去是火山口的斜坡，也是蜘蛛常到的地方。排列均匀的辐射状蛛丝勾勒出火山口的形状；蜘蛛摇晃地走着，依靠尾部附属器官的帮助，在辐射状的蛛丝上织出菱形的网格。蜘蛛夜里经常会来巡视，因此使这一区域得到了加固。最后是一些蜘蛛不常走动的地方，铺的则是很薄的地毯❶。

◎常识积累

❶迷宫蛛的蛛网中心地带编织得最厚密，不常走动的地方则很薄。

我们原以为在插入荆棘丛的管道尽头会有一间密室，一个隔开的小间，让蜘蛛空闲时可以栖身。可事实并非如此。长长的漏斗颈到了底部是敞开的，那儿有一扇始终开着的暗门。蜘蛛在被追捕时能通过这扇门逃走，穿过荆棘，来到旷野❷。

◎要点提示

❷漏斗形蛛网的底部，有个小洞，这个小洞有利于迷宫蛛在危险时迅速逃脱。

如果我们想活捉蜘蛛而不使它受伤，就有必要对这个住所的构造有所了解。一旦受到直接的攻击，蜘蛛便会往下跑，从底部的出口逃走。这时，到杂乱的荆棘丛中去搜寻往往徒劳无获，因为蜘蛛逃遁的动作非常敏捷；再说，漫无目的地搜寻很可能会伤到它。但是，如果不用暴力，就不能获得成功；我们只能靠智取。

我在管口发现了那只蜘蛛。当时机成熟时，我就一把抓住荆棘丛的底部，蛛网的漏斗就插在这荆棘丛中。这样做就够了，蜘蛛被抓住了。它发现后路被切断，便乖乖地钻进我为它准备好的锥形纸袋里。必要时，可以拿一根稻草秆去刺激它，把它逼进纸袋。就这样，我把一些迷宫蛛装进了钟形罩。它们全都毫发无伤，神采奕奕。

准确地说，那个火山口形状的蛛网不算是一个陷阱。因为从严格意义上来讲，确实可能会有一些过路者或者行人失足踩上这块丝质地毯；但实际上很少会有冒失鬼到这种地方来散步。因此，迷宫蛛所需要的罗网，必须能够抓住蹦跳或飞行的猎物。圆网蛛有它凶险的黏网，而荆棘丛中的迷宫蛛则有它的迷宫，它的凶险程度丝毫不亚于黏网1。

◎写作分析

1用圆网蛛蛛网的黏性凶险，与迷宫蛛的蛛网相比，突出迷宫蛛的蛛网虽然没有黏性却也是凶险异常的特点。

让我们看看蛛网上面吧。那简直是绳索交织的密林！就像是被风暴袭击后无法控制的船只上的绳索。这些绳索从每一根支撑它的小树枝出发，和每一根枝杈的顶部相连。它们有的长，有的短，有的垂直，有的倾斜，有的笔直，有的弯曲，有的紧绷，有的疏松；所有绳索都交错缠绕，混乱得理不清头绪，向上一直延伸到大约两个手臂的高度。这是一个乱绳套，一个谁也无法穿越的迷宫，除非它拥有超强的弹跳力。

迷宫蛛的网和圆网蛛所使用的黏网完全不同。迷宫蛛的丝没有黏性，它们只是通过大量地交错捕捉猎物。我们是否一定想要见识一下这罗网的功效？那就把一只小蝗虫扔到绳索上吧。蝗虫在摇晃的支撑物上失去了平衡，乱蹦乱跳，拼命挣扎，却把绊脚的绳索越搞越乱。迷宫蛛在洞口窥视着，听之任之。它并不冲上前去，捕捉那只被困在桅杆绳索中的绝望的家伙，而是等着猎物被绳索越缠越紧，最终掉到蛛网上来2。

◎要点提示

2迷宫蛛捕捉猎物的时候，不会轻举妄动，而是看着猎物自己在蛛网里越挣扎越深。

蝗虫掉下来了，于是迷宫蛛便爬出来，向它扑去。进攻并非毫无危险。与其说蝗虫被牢牢地捆住，不如说它只是有点情绪低落；它不过在腿上拖着几根挣断的丝线而已。大胆的迷宫蛛却不理会这些。它没有像圆网蛛那样，用层层蛛丝把猎物裹起来，使其瘫痪，而是拍打着猎物，确认它的质量不错，然后便不顾猎物踢蹬的腿脚，将獠牙插入猎物的身体。

下口的部位通常是大腿根部，不是因为这个地方比其他皮肤细嫩的部位更加脆弱，而是因为这里的肉味特别好。为了了解迷宫蛛吃些什么食物，我观察了好几个蛛网，发现除了其他双翅目昆虫和小蝴蝶以外，还有几乎没有动过的蝗虫尸体，所有这些猎物都没有后腿，至少是没有其中的一条后腿。而在蛛网边上挂肉的钩子上，则经常会吊着一些蝗虫的后腿，里面的美味早已被掏空。

◎要点提示

❶用自己的感受，来思考迷宫蛛这种喜好所带来的感受。

当我是个孩子的时候，对吃的东西不抱任何成见，那时，我和许多人一样，知道蝗虫的大腿好吃。它有点像鳌虾的大腿，只是很小❶。

我们把蝗虫扔给迷宫蛛之后，发现这设置绳索的蜘蛛就是对着猎物的大腿根部下口的。它死死咬住伤口；一旦迷宫蛛将獠牙插入蝗虫的身体，便不会松口。它要喝血、吮吸、汲取营养。第一个伤口被吸干了之后，它就换一个地方，特别是另一条大腿；这样到最后，猎物就成了一个空壳，但还保持着原形。

◎写作分析

❷作比较。圆网蛛进食时喜欢咀嚼食物玩，而迷宫蛛是吸干了食物的血。

我们曾经看到，圆网蛛进食的方法也是这样：它不吃猎物的肉，而是喝猎物的血。不过最后，在长达几个小时惬意的消化过程中，圆网蛛会重新拣起被吸干的猎物，放在嘴里嚼了又嚼，嚼成烂糊糊的一团。那是它餐后吃着玩的甜点。然而迷宫蛛却不懂得这种餐桌上的消遣；它把吸干了的猎物空壳扔出网外，而不加咀嚼❷。尽管它吃一顿饭会用很长时间，但整个用餐过程绝对安全。蝗虫刚被咬完第一口，就动弹不得了——迷宫蛛的毒液一下子就把它杀死了。

从艺术品的角度来说，迷宫蛛的网远远比不上圆网蛛那高超的几何形蛛网；尽管它相当精巧，但这并未使得它的建造者受到青睐。它只不过是一堆被随随便便搭建起来的、不成形的脚手架。不过，虽然这建筑杂乱无章，但它的建造者和其他人一样，还是有自己的审美原则的。对此，我们已经可以从那个织着漂亮网纱的火山口略知一二；而通常被视作蜘蛛母亲杰作的卵窝，则将向我们更加充分地展示这一点。

当产卵期来临时，迷宫蛛就会搬家。它会放弃自己那个还很结实的网，再也不回去。只要愿意，任何人都可以把它原来的居所占为己有。为后代建立一个住处的时候到了。可是建在哪里呢[1]？迷宫蛛对此早有打算，而我却一无所知。我花了好几个早晨搜索，但一无所获。我徒劳地在挂着蛛网的小矮林里搜寻，却始终没能找到我希望得到的东西。

然而，秘密终于还是被我发现了。我看到一张蛛网，虽然空空荡荡，但仍然完好无损，这说明它刚刚被抛弃。我们不用到支撑蛛网的那片荆棘丛里去寻找，而是应该在周围几步远的范围里搜索。如果哪里有一丛低矮的植物，并且很茂密，那么蜘蛛的窝就一定藏在那里。这窝带着出生的真实标志，因为里面总会住着一只雌蜘蛛[2]。

我采用这个方法，到远离迷宫般罗网的地方去搜索，很快就找到了许多卵窝，足以满足我的好奇心。不过，这些窝远远没有验证我对雌蜘蛛的才华所做的假设。它们只是由粗糙的枯叶夹着丝线，杂乱地混合而成的。在这个简朴的外壳里面，有一个装卵的细布袋。整个卵窝破烂不堪，因为将它们从荆棘丛里取出来时，不可避免地会将其撕破。不，我不能仅凭这些破布来判断艺术家的才能。

在建筑的过程中，昆虫有自己的建筑规则，这些规则同解剖学的特点一样恒久不变。每一个群体都根据同样的原则进行建筑，在这些原则中，质朴的美学法则得到了遵守；但在很多时候，一些环境的因素是建筑者所无法把握的：可使用的空间、场地的不规则、材料的质地，以及其他诸多意外的原因，都可能使建造者偏离原先的计划，打乱建筑的结构。于是，原本应该有规律的形状变成了现实中的无规律；

◎写作分析

[1]疑问句的运用，吸引读者的阅读兴趣，让人好奇迷宫蛛隐蔽的地方会在哪里。

◎常识积累

[2]迷宫蛛会选择离原来的蛛网不远处、有低矮茂密的植物丛，来藏匿自己的孩子。

◎要点提示

1在野外，受复杂地形的影响，动物的巢穴往往会有些不规则。

秩序变成了混乱1。

研究各类动物在工程不受干扰的情况下，会采用怎样的建筑类型，这是一个非常有趣的课题。彩带圆网蛛将它的卵袋建在半空中或细枝上，它的作品是一个精美的球状物。圆网蛛的行动也同样地自如，它那星状辐射抛物面形的卵袋也不乏优雅。同样身为纺织高手，迷宫蛛在为儿女编织帐篷的时候，难道会不知道美的箴言吗？关于它，我还仅仅只是看到了一个粗俗的袋子。难道这就是它所能做的一切吗？

◎要点提示

2迷宫蛛的卵窝不是很整齐，只是因为环境的不允许，不是因为迷宫蛛的不在意。

我想，在条件允许的情况下，它一定会做得更好。在浓密的矮树林里，在碍手碍脚的枯叶堆或细枝堆里，它很难织出中规中矩的作品来；如果能迫使它在不受拘束的地方建造，那么我坚信，它一定能自如地发挥自己的才能，表现出它对精美卵窝工艺的精通2。

八月中旬，当产卵期来临时，我把六只迷宫蛛分别放进铺着沙土的瓦罐里，罩上钟形金属罩。罩子中央插着一根百里香的枝条，用来充作建筑卵窝的支点；四周的金属纱网也可以做同样的用途。除此以外，就没有其他摆设了。没有枯叶，因为如果蜘蛛母亲想用枯叶当被子盖，就会使卵窝变形。我每天都会提供一些蝗虫作为食物。只要它们肉质嫩、个头小，就能受到蜘蛛们热烈的欢迎。

◎要点提示

3在作者的协助下，迷宫蛛在适合的环境下，果然织出漂亮的杰作，印证了作者的想法。

实验完全按照我的愿望进行着。刚到八月底，我就得到了六个卵窝，个个形状优美，雪白光亮。宽敞自由的工作场所，使得纺织娘可以不受拘束，完全听凭本能的灵感，织出工整优美的杰作——除了个别地方有几个悬挂卵窝所必需的棱角之外3。

卵窝呈椭圆形，用精致的白色细纹布织成。在这半透明的住所里，蜘蛛母亲将要居住很长时间，以监护整个一窝的卵。卵窝的大小和一只鸡蛋差不多。小房间的两头都开着口。前端的开口延伸成一条宽阔的长廊，后端的开口则变得细长，形成漏斗颈。我不知道这漏斗颈有什么用。至于前端那个更加宽阔的开口，则毫无疑问是供应食物的大门。我不时看见迷宫蛛在那里停留，窥视蝗虫。它会到外面来吃蝗虫，免得让尸体玷污了里面洁白的殿堂❶。

◎要点提示

❶迷宫蛛很爱干净，不能让猎物弄脏自己的卵窝。

迷宫蛛卵窝的结构，和它在捕猎期的住所的结构不无相似之处。卵窝的后门厅呈漏斗颈状，向下延伸到地面附近，危险关头可以作为逃生口；前门厅则张开成一个大口，四处悬挂着的丝带将其半掩着，让人想起过去用来捕猎的陷阱。原先住宅的所有特点，都能在卵窝中找到痕迹，甚至包括迷宫，当然只是非常小。在张开的大口前面，纵横交错着一些丝线，猎物经过时就可能被捆住。因此，每一种动物都有各自的建筑模式，不管条件如何变化，这些模式都大同小异。动物十分精通自己的本行，但对于其他东西，它们却不会，也永远学不会，因为它们不懂得创新❷。

◎要点提示

❷作者忍不住发出议论：每种动物都有自己的本能——适应自己生活环境的本能，却没有很强的创新能力。

不过，这丝织的宫殿其实不过是一个哨所。在云雾般轻柔的乳白色丝墙后面，隐约可见放卵的圣盒，圣盒上模模糊糊地呈星状分布着十字荣誉勋章的图案。这是个宽大的袋子，暗白色，极为漂亮。辐射状的立柱将它固定在帷幔的中央，使其与四面八方都不接触。这些立柱的中间较细，上下两端分别膨胀成圆锥形的柱头和同样形状的底基，总共有十几根。它们两两相对，勾勒出几条弧形的走廊；走廊绕着中央的卵袋，通向四面八方。蜘蛛母亲庄重地在内院的拱廊里来回闲逛，这儿停停，那儿停停，长久而仔细地聆听着卵袋里的动静；它听的是这绸缎外壳里发生的事情。打扰它无异于一项野蛮的行径。

为了进一步观察内部结构，我们要利用那些从野外弄来的破损了的蜘蛛窝。除了立柱以外，卵袋是一个倒置的圆锥，跟圆网蛛的卵袋差不多。编织卵袋的材料有一定的韧性，我必须用镊子用力拉才能将其撕破。袋子里面，只有一团极为细腻的白色丝絮，以及一百多颗卵。这些卵相对较大，因为它们的直径约有一毫米半，看上去就像淡黄琥珀色的珍珠；卵与卵之间相互并不粘连，当我揭去裹住它们的绒被时，它们就会自由地滚动起来[1]。我把所有的卵都装进玻璃试管，以便观察孵化的情况。

◎写作分析

[1]运用比喻的修辞手法，详细地描绘出蛛卵的形态和颜色。

现在，我们来做一个简要的回顾。产卵期来临了，蜘蛛母亲放弃了原先的住所——那个接住滚落下来的猎物的火山口，那座让飞蝇插翅难逃的迷宫；它离开了所有赖以生存的工具，将它们完好无损地留了下来。它肩负着繁衍后代的责任，到远处去另建新居。可是，它为什么要到远处去呢？

雌蜘蛛还能存活好几个月的时间，食物对它来说是必需的。如果它把卵产在现在这个住所的附近，继续使用它所拥有的那个完美的陷阱来捕猎，岂不更好？这样就可以在监护卵窝的同时，毫不费力地捕捉食物了。可是迷宫蛛却不这样认为，我猜测着它的道理。

由于丝网和丝网上方的迷宫呈白色，而且挂得很高，因此很远就能被看见。它们在阳光下、在昆虫经常出没的地方闪闪发光，招来苍蝇和蝴蝶，就像我们家里的灯光和捕鸟者的镜子一样。谁要是想靠近这个发亮的东西看个究竟，就得为自己的好奇心付出生命的代价[2]。没有什么比这个闪光的物体更能诱使过往的昆虫上当了，但同时，也没有什么比它更能给儿女们的安全带来威胁了。

◎要点提示

[2]挂得很高的、闪闪发光的迷宫，原来具有吸引猎物的作用。

看到这个暴露在绿色灌木之上的标志，居心叵测者们一定会蜂拥而至；它们必然会顺着蛛网，找到珍贵的卵袋；只要有一条外来的虫子享用了一百来颗带壳的卵，那么整个住所就会被它毁了。迷宫蛛的天敌有哪些，我不太清楚，因为我没有足够的材料来搜集那些寄生虫。我只能根据从别处获得的线索，做一些猜测。

彩带圆网蛛自信自己的织物非常结实，把卵窝挂在人人都能看得见的荆棘丛上，不采取任何的隐蔽措施。结果它倒了大霉。我在它的卵袋里发现了一只带有注射器的姬蜂，这种虫子的幼虫是以蜘蛛卵为食的。在蜘蛛窝中央的卵桶里，除了已被吸干的空卵壳之外，什么都没有剩下：蜘蛛的胚芽已被屠杀殆尽。此外，我知道其他还有一些姬蜂也有掠夺蜘蛛窝的爱好；它们的孩子常吃的食物，就是一篮子新鲜的蜘蛛卵1。

◎要点提示

1尽管这样结实的卵窝让圆网蛛放心，但是还是防不住天敌的杀戮。

迷宫蛛，就像我们看到的那只一样，害怕居心叵测者前来掠夺卵袋；它早已预料到这一点。为了确保万无一失，它在住所之外选择了一个隐蔽处，远离显眼的蛛网。当感觉到自己的卵巢快要成熟时，它便开始搬家，乘着夜色去附近勘探地形，寻找一个危险较小的栖身地。理想的场所是那些枝叶垂落到地面的矮灌木丛。在那儿，即使冬天也有密密的绿叶，而且地上铺满了从邻近橡树上掉下来的枯叶。在贫瘠的岩石上，茂盛的迷迭香丛可以得到那些长在高处的迷迭香所得不到的营养，它们对蜘蛛母亲尤为合适2。我通常就是在那里找到迷宫蛛的卵窝的，当然是在经过长时间的搜寻之后，因为它们藏得非常隐秘。

◎要点提示

2迷宫蛛为了自己的孩子惴惴不安，想要寻找一个隐蔽的地方，以求心安。

到目前为止，没有任何反常的现象。由于这个世界上到处都有追寻嫩肉的食客，所以任何母亲都会有所担心，并加以提防，尽量选择隐蔽的地方搭建卵房。很少有谁会忽视这种防范措施。每一位母亲都会按照自己的办法把卵藏匿起来。

对于迷宫蛛来说，对卵的保护措施更加复杂，因为它必须满足另一个条件。在大多数情况下，蜘蛛卵一旦被产在合适的地方，就会被遗弃在那里，听任命运的摆布。但荆棘丛

◎写作分析

❶运用对比手法。其他蜘蛛找到安全的地方产下卵后，就会放任不管，而迷宫蛛会一直守护到孩子出生，真是负责的母亲。

中的迷宫蛛却相反，它更具有母亲的献身精神，会像蟹蛛那样，守护着那些卵，直到它们孵化❶。

蟹蛛会用蛛丝和紧靠在一起的小叶片在悬空的卵袋上方搭一个简易的瞭望站，然后便一直驻扎在那里。由于排空卵巢和不吃东西的缘故，它非常消瘦，干瘪得就像一片皱巴巴的鱼鳞。它衣衫褴褛，几乎只剩下了一层皮，却不吃不喝，固执而勇敢地守护着卵囊，和胆敢靠近者决一死战。只有当孩子们出生之后，它才会放心瞑目。

◎要点提示

❷迷宫蛛需要大量的猎物来满足自己的食欲，所以居所很合理地安排在猎物多的地方。

迷宫蛛则与众不同。它产卵之后一点都不消瘦，相反却始终保持着富贵的体态和圆圆的肚子。此外，它的胃口也很好，总是精力充沛地吸食蝗虫的鲜血。因此，对它来说，在它所监护的卵袋旁边建造一处带有狩猎场的住所是很有必要的❷。对于这个住所我们已经有所了解，它和钟形金属罩下的蜘蛛窝一样，是严格根据艺术的原则建造起来的。

◎要点提示

❸迷宫蛛一直守护着自己的孩子，并会严密监视周围的环境。

我们来回忆一下那优美的卵窝：它两端延伸成门厅状，卵袋悬挂在中央，由十几根立柱支撑着，和四周都没有接触；前门厅张开成很大的口子，上面像捕猎的罗网那样张着由紧绷的蛛丝结出的网。透过半透明的围墙，我们能清楚地看到迷宫蛛忙碌的情景。它可以通过带有拱顶的回廊，到达星形卵袋的任何一个地方。它不知疲倦地巡视着，时不时地停下来，充满慈爱地拍拍那只绸缎卵袋，听听里面有什么动静。如果我用麦秸让某一个地方轻轻晃动起来，它会立刻赶过来瞧个究竟❸。这样高的警惕性是否会让姬蜂和其他一些爱吃蜘蛛卵的昆虫有威慑感呢？也许吧。不过，就算这个危险得到了避免，其他的灾祸同样会在母亲不在的时候降临。

尽管蜘蛛母亲兢兢业业地监护着卵袋，但这并没有使它忘记食物。我不时地在钟形罩里放上几只蝗虫，其中有一只刚好被卵窝前厅的绳索缠住。迷宫蛛飞快跑来，一口咬住这个冒失鬼，撕下它的大腿，掏空它的内脏，那是猎物最美味的部分。尸体剩下的部位也会被吸食，至于被吸食掉多少，则要看迷宫蛛当时的胃口如何。整个用餐过程都是在哨所外的门槛上进行的，而不是在哨所里面。

这些蝗虫可不是监护卵袋的蜘蛛母亲用来打发寂寞而随便吃吃的零食，它们都是正餐，而且必须经常更换。迷宫蛛的胃口之大让我吃惊，尤其是和蟹蛛相比；蟹蛛也是卵袋的虔诚守护者，但它却拒绝我送上的蜜蜂，不吃不喝，直到饿死❶。难道，眼前这位迷宫蛛母亲真有必要吃那么多吗？有，的确有必要，而且理由绝对充分。

开工之初，它消耗了大量的蛛丝，甚至消耗了它全部的储备，因为它给自己、给孩子们造的两套住所都是非常庞大的建筑，很费材料；此后，在将近一个月的时间里，它又一层一层地加厚卵窝和中央卵袋的墙壁，以至于原先透明的罗纱，到后来变成了不透明的缎子。然而围墙的厚度似乎永远不够，它总是在为此忙碌着。为了满足这样巨大的消耗，它必须不断进食，来填满因纺织而被抽空的丝巢。因此，进食是保持造丝厂永不枯竭的办法。

一个月过去了，九月中旬，小蜘蛛孵化了，但它们并没有离开那个袋子，它们要在那条柔软的棉被里度过冬天。母亲继续守护着，不停地吐丝编织，但它的活力却一天不如一天❷。它吸食蝗虫的间隔越来越长，有时甚至对我扔进罗网的食物也不屑一顾。这种绝食的情况越来越严重，表明它在衰弱下去，它纺织的工作日见缓慢，最后终于停止了。

又过了四五个星期，蜘蛛母亲迈着缓慢的步伐，不停地巡视着，幸福地聆听着新生儿在卵袋里的骚动。终于，十月结束的时候，它抓着蛛丝卵袋，面容枯槁地死了❸。它已尽了一个最慈爱的母亲所应尽的责任，它无愧于它的孩子，无

◎写作分析

❶运用对比手法。蟹蛛虔诚地守护自己的孩子，不吃不喝；迷宫蛛却大吃大喝，因为它必须不断进食，来填满因纺织而被抽空的丝巢。

◎要点提示

❷即使小蜘蛛孵化出来了，迷宫蛛还是没有放弃对孩子的守护。

◎要点提示

❸迷宫蛛对孩子的守护，直到生命的最后一刻。它真是尽责的母亲！

愧于这个世界，至于以后的事，它托付给造物主了。春天来临时，它们将从柔软的住所里爬出来，借着随风飘扬的蛛丝飞行，散布到附近，然后在茂密的百里香上织出它们的第一座迷宫。

不管钟形罩里的囚犯们造出的卵窝结构有多么规矩、蛛丝有多么纯正，但它并不能使我了解到全部的情况；我必须回过头来看看发生在野外复杂条件下的事情。十二月底，我在那些年轻助手的帮助下，重新开始了搜寻。在一个布满乱石和树木的斜坡下，有一条小径；我们沿着这条小径，一路察看着孱弱的迷迭香丛，掀起横在地上的分杈枝条。大家的虔诚终于得到了成功回报。我们用了两小时，找到了好几个蜘蛛窝。

啊！这些可怜的作品！它们已经被这个季节恶劣的天气糟蹋得面目全非了！你必须用坚定不移的目光，才能在眼前的这座小破房子上，看到钟形罩里的那幢建筑的影子。难看的卵袋与拖在地上的小树枝相连，躺在被雨水冲积而成的沙土堆中❶。几片橡树叶子被蛛丝胡乱地并拢在一起，将卵袋四面裹住。最大的那片叶子被用来充当屋顶，把整个天花板都固定住。要不是看到两端门厅突出的丝头，要不是在将叶子从卵袋上剥离时感觉到一点困难，我们会以为这团东西是风雨偶然堆积而成的作品。

◎写作分析

❶直接抒情，作者直接表露出自己的同情，在恶劣天气的打击下，难看的卵窝已经面目全非了。

让我们近距离观察一下这团不成形的东西吧。这是大房间，是蜘蛛母亲的卧室，我们在剥开外面的树叶时将它撕破了；这是哨所的圆形回廊；这是中央卵房和它的立柱：全都是用洁白的布料织成。在枯叶外壳层的保护下，住所里面的房间并没有被潮湿的泥土所玷污❷。

◎要点提示

❷通过近距离的观察，可以看出卵窝层次井然，结构坚固。

现在，让我们打开蛛丝织成的卵舱。这是什么？让我极为惊讶的是，卵袋里装着的是一个泥核，就像是雨水夹杂着泥浆通过过滤层渗透了进来。然而，卵袋的绸缎墙壁告诉我们，必须放弃这样的想法，因为墙壁里面是干干净净的。这完全是蜘蛛母亲所为，是它故意这样做的，而且布置得相当精心。沙砾被丝质水泥粘在一起，用手指按压还会感觉有一点硬。

我们继续将外壳剥去，在这层矿物质里面，露出最后一层丝套，裹在小蜘蛛们的周围。这最后一层保护膜一被撕破，受惊的小蜘蛛们立刻四散逃窜。在这寒冷的季节里，它们显得特别敏捷。

总之，当迷宫蛛在野外建造自己的“宫殿”时，会在两层绸缎之间，用很多沙砾和少量蛛丝建起一堵墙，围住它的卵。它觉得没有什么防护系统比坚硬的沙砾和柔韧的蛛丝所构成的组合更加牢固，来阻挡姬蜂的刺针和其他掠夺者的利器了❶。

◎要点提示

❶迷宫蛛设计的“宫殿”很坚固，它知道利用沙砾来防护自己的卵窝。

在整个蜘蛛家族中，这种做法似乎是很受欢迎的。住在我们家里的大个儿蜘蛛——家蛛，会把产下的卵装进一个小丸子里，然后在外面包上一层用蛛丝和墙上掉下的灰粉混合制成的硬壳。那些生活在野外的蜘蛛，也采用类似的方法。它们用蛛丝黏合的矿物质外壳，把产下的卵包裹起来。它们面临的危险可能是相同的，所采用的保护方法也是一样的。

那么，为什么被我饲养在钟形罩里的五只蜘蛛母亲，没有一只筑起土墙呢❷？沙土有的是，钟形罩盖着的瓦罐里装满了沙土。另外，在野外，我有时也会发现没有矿物层保护的卵窝。这些卵窝有个共同点，那就是都建造在浓密的荆棘丛中，离地面有一段距离；相反，另一些卵窝则有一层沙土层，是搁在地上的。

◎写作分析

❷作者在此处设下疑问，引起读者注意；同时也使读者更有兴趣读下去，从中获得答案。

造成这种差别的原因是建筑工作的进程有区别。泥瓦匠所使用的混凝土，是通过同时搅拌石子和灰粉而制成的。同样，迷宫蛛将黏稠的蛛丝和细小的沙砾混合起来。它的吐丝器不停地工作，而它的爪子则就近取来坚硬的材料，将其混入黏稠的蛛丝中搅拌。如果它每搅拌好一粒沙石以后就停止吐丝，再到远处去取来新的石子，那么这个流程就无法完成了。这些材料必须近在咫尺、唾手可得；否则，迷宫蛛便会放弃这道工序，但是这个并不影响它继续筑它的窝[1]。

◎要点提示

[1]迷宫蛛很聪明，会就地取材，而不会舍近求远。

在我的钟形罩中，沙砾离得太远了。迷宫蛛以网罩为依托建它的窝，为了取到沙砾，它必须离开网罩的顶端，往下走大约一虎口的距离。我们的建筑工人拒绝这样做，如果每取一颗沙砾都需要爬上爬下的话，那么吐丝的工作就会变得特别困难。同样，也由于我搞不清楚的某些原因，当迷宫蛛在离开地面一定高度的迷迭香丛中筑窝时，也不会爬上爬下的。但如果窝筑在地面上，那道砂墙就不会被省略掉了。

我们是否可以就此证明动物的本能是在不断地变化着呢？也许这些表明它们是在退化，在逐渐忘却祖先传下来的防御方法；或是在进化，在犹豫中向砌造工艺的顶峰迈进。到底是进化还是退化，我现在还没有得出结论。迷宫蛛仅仅告诉我们：动物本能所拥有的资源，可以被发挥出来，也可以永远只作为潜能而存在；究竟如何，要视当时的外部条件而定[2]。

◎要点提示

[2]作者在此思考了进化与退化的辩证关系，同时也指出外界环境影响着动物本能的发挥。

如果迷宫蛛脚边正好有沙土，这位出色的纺织工就会揉制混凝土；如果不给它沙土，或者把沙土放得远远的，它就仅仅是一个纺织的女工，但只要条件允许，它就会变成一个砌砖筑石的建筑工。我们所观察到的所有事实都表明，要指望迷宫蛛有其他的创新，彻底改变它的工艺，比如放弃两端门厅的卵窝和星形的卵袋，而去织一个像彩带圆网蛛那样的梨形口袋，这是根本不可能的。

点评赏析

这是一篇介绍迷宫蛛生活习性、特征的文章，也是一首讴歌母亲的赞歌。作者首先介绍了迷宫蛛的蛛网。这真是一种神奇的网，不仅形似漏斗，结构稳固，而且进可攻，退可守，编织巧妙的网可以让敌人在挣扎中越陷越深，也有一个让自己在危险时可以迅速逃跑的便捷通道。迷宫蛛不仅是织网的好手，还是一位负责的好母亲。它会细心地为孩子选择隐蔽的处所，还会为孩子建造坚固的房子，让孩子在里面安然成长；它还会一直陪在孩子的身边，直到生命的最后一刻。原来，最美好的爱就是陪伴！

知识链接

迷宫蛛结大型漏斗状网，可是迷宫蛛的结网能力并不是一下子练就的，而是一点点成熟的。幼蛛结不规则平网。随着年龄的增加，它结的网渐呈漏斗状；一般到五岁时，它结的漏斗状网比较典型。迷宫蛛受惊后，多从漏斗网的下端开口处逃走。离网逃走的蜘蛛，一般不回原网，多寻找合适的地方另行结网。迷宫蛛自残性较强，雌蛛残食雄蛛现象普遍，有时雄蛛也残食雌蛛。

回顾训练

1.蜘蛛织网是为了__________和__________。

2.迷宫蛛捕捉猎物的蛛网（　　）。

A.很平整，发散的图案

B.周边平坦，越往中间越凹陷

C.中间平坦，周围吊在树上

3.迷宫蛛和圆网蛛相比，迷宫蛛是怎么利用自己的蛛网捕捉猎物的？

....

....

....

....

蝉 精读

导读 蝉是大家都非常熟悉的一种昆虫。每到夏天，我们就会听到它在树上不厌其烦地吟唱，但我们很少去关注它的生活习性。本文向大家介绍了蝉的成长过程和它的生活习性，以及有关蝉的叫声的相关知识，读后你会对蝉有进一步的了解。

蝉和蚁

蝉住在长有洋橄榄树的地方，因此很多人不熟悉蝉的歌声。读过拉封丹寓言的人，或许都记得蝉曾受蚂蚁嘲笑的故事。但拉封丹并不是第一个讲这个故事的人。

故事是这样的：蝉在夏季终日唱歌，没有做一点事情，而蚂蚁则忙着储藏食物❶。到了冬天，没有储藏食物的蝉饥肠辘辘，只能向邻居蚂蚁求助，却遭到蚂蚁的质问："你夏天为什么不收集一点儿食物呢？"蝉回答道："夏天我在歌唱，太忙了。""因为唱歌吗？"蚂蚁不留情面地说道，"好啊，那么你现在可以跳舞了。"接着，它就转身不再理会蝉了。

拉封丹在这则寓言中所说的昆虫，不一定就是蝉，很有可能指螽斯，因为在英国，螽斯常常被翻译为蝉❷。

在我所居住的村庄，没有一位农夫会没常识地认为冬天会有蝉的存在。几乎每个耕地的人都熟悉这种昆虫的蛴螬。天气逐渐变冷时，他们把洋橄榄树根的泥土堆积起来，以便随时挖掘出蛴螬。这些蛴螬从土穴中爬出，紧紧握住树枝，背上裂开，脱去皮后变成一只蝉。农夫们至少有十次看到过这样的场景。

虽然蝉需要邻居们的诸多照应，但它并不是乞丐，因而

◎写作分析

❶用拉封丹的寓言引出写作的对象，自然生动。

◎要点提示

❷作者提出了自己的疑点：也许是由于翻译的错误，才把螽斯的特点安到了蝉的身上。

这则寓言是造谣。每年夏天，这些蝉总会在我的门外——两棵高大筱(xiǎo)悬木的绿荫中，从日出到日落的歌唱。聒噪的乐声使我头昏脑胀，没有办法进行思考1。

有时候蝉和蚂蚁也会打交道，只不过与上述寓言所说的情况大相径庭。蝉从不靠别人生活，更不用说去蚂蚁面前求食了。相反，蚂蚁在饥肠辘辘的时候会到蝉的门口去乞食。它弄出一副可怜的样子去恳求这位歌唱家，不对，不是可怜地恳求，是厚着脸皮去抢劫。

七月，昆虫们在到处寻找能解渴的饮料，那些枯萎的花让它们感到失望。而此时的蝉却依然在枝头不停地歌唱，丝毫没有感到半点口渴。它的嘴像锥子一样尖锐，是一个精巧的吸管，平时收藏在胸部，口渴的时候，便把嘴钻进柔滑的树皮，里面是取不完的汁液，可以让它喝个痛快2。

如果再等一下，我们大概就能找到它遭受到意外烦扰的原因了。附近有很多口渴的昆虫，它们发现蝉的嘴下是一口能流出浆汁的井，于是它们便跑去舔食。这些昆虫有黄蜂、苍蝇、蛆蜕、玫瑰虫等，而蚂蚁是其中数量最多的。蚂蚁身材很小，它们总是偷偷地从蝉的身子底下爬过，到达井边。此时，蝉都是很大方地抬起身子，放它通行。身强体壮的昆虫抢到一口就赶紧跑开，躲到旁边的枝头，当它再转回头来时，胆子比从前变大了，它忽然就成了强盗，想把蝉从井边赶走。

这些昆虫中最坏的就是蚂蚁了。有一次，我看见几只蚂蚁紧紧地咬住蝉的腿尖，还有的爬上它的后背，拖住它的翅膀。甚至有一次我亲眼见到一个暴徒抓住蝉的吸管，想尽力把它从井中拔掉3。

面对越来越多的麻烦，歌唱家也无可奈何，只得离开。于是蚂蚁达到了目的，占据了这口井。但是这口井很快也干

◎写作分析

1作者对于蝉单调的叫声的厌恶，道出了读者的心声，同时为下文埋下了伏笔。

◎要点提示

2蝉平时藏于胸部的突出的嘴，非常尖利，能刺穿树皮，吸取源源不断的汁液。

◎要点提示

3昆虫的世界里也有强盗与恶霸！

涸了，喝完了里面的浆汁后，蚂蚁为了再图一次痛快，还会再找机会去抢劫别的井。

你看，事实的真相正好与寓言相反，当乞丐的是蚂蚁，而辛勤劳作的却是蝉[1]！

◎要点提示

[1]法布尔用事实为我们的歌唱家平反——蝉不仅不是乞讨者，反而是个勤劳的生产者。

蝉的地穴

我所在的环境对于研究蝉的习惯十分有利，因为我们生活在一起。七月初的时候，我屋子门前的那棵树就被它占据了。在屋里，我是主人；在门外，蝉就成了最高统治者。不过，它的统治总会让人觉得不舒服[2]。

◎写作分析

[2]“统治者”的比喻形象贴切。再次提到对蝉叫声的感觉，用了“总会让人觉得不舒服”，为文章后面的叙述做了铺垫。

蝉在夏至被人发现。那时许多道路两旁的地面上，会有一些圆孔，这些圆孔与地面持平，大小如同人的手指。蝉的蛴螬就藏在这些圆孔中。它们从地下爬出，然后在地面上变成蝉。这些蛴螬有一种有力的工具，可以帮它穿越泥土和沙石，到达干燥而阳光充沛的地方。

我用手斧开掘出了它们的储藏室，并进行了观察。这个约一寸口径的圆孔四周没有一点尘埃，外面也没有泥土堆积。像其他的大多数掘地昆虫，例如金蜣，总有一堆土在它的窝巢外面。蝉则不一样，这是因为它们的工作方法不同。金蜣先从洞口开始工作，从上到下挖，因此它把掘出来的废料堆积在地面；而蝉的蛴螬是从地底下钻上来的，由下往上挖，最后一步才是钻出地表，在此之前是没有洞口的，所以它的门外不会堆积泥土。

蝉的隧道一般有十五至十六寸深，畅通无阻，下面的部分比较宽，底端是封闭的。那么，蝉在修筑隧道时产生的泥土去哪里了？墙壁为什么没有垮塌[3]？

◎写作分析

[3]连续的发问，既引起读者的好奇，又赞扬了蝉的高超技艺。

人们认为蝉爬上爬下是依靠着有爪的腿，殊不知若是这样，会将泥土弄塌，塞住自己的房子。其实蝉的举措与矿工或铁路工程师相似。矿工会选择支柱支撑隧道，铁路工程师会用墙砖使地道加固。蝉同样十分聪明，它选择的加固隧道的办法是往墙上抹水泥。蝉的体内有一种黏液，可以用来做灰泥，又因为地穴常常建在植物根须上，很容易就能从这些根须上取得汁液，这些灰泥和汁液被搅拌成水泥，抹到墙上。

对于蝉来说，能够自如地在地穴内爬上爬下十分重要，它需要知道外面的天气情况。做成一道坚固的、适合上下爬行的墙壁需要它工作好几周，甚至一个月。它在隧道的顶端留下了一指厚的一层土，这层土的作用是抵御外面气候的变化，直到它出去为止。如果外面天气好的话，它就会爬上来，透过上面的那层土，感受着外面的气候变化❶。当它预知外面有狂风暴雨的时候，便会溜到隧道底下。但是如果觉得外面的天气很暖和，它便会把天花板打破，爬到地面上来。

蝉臃肿的身体里面有一种液汁，这种液汁可以帮助它避免穴里面的尘土。掘土时将液汁倒在泥土上，使其合成泥浆。这样，墙壁会更柔软。蝉的蛴螬还会用它肥胖的身体把烂泥压进干土缝隙❷。因此当我们在洞口发现它的时候，还会发现它身上有许多湿点。

第一次来到地面的蝉的蛴螬为了找寻合适的地点脱掉身上的皮，常常在小矮树、百里香、野草叶、灌木枝间徘徊，一旦找到地方，它就爬上去，用前爪紧紧地握住，丝毫不动。

从背部开始，它先裂开外层的皮，透过裂开的皮我们可以看到里面的蝉呈淡绿色。接着，它的头、吸管和前腿依次出来，最后是后腿与折着的翅膀。这个时候，身体已经完全蜕出了，只剩下身体的最后尖端还没有完成。

◎要点提示

❶蝉的洞穴不仅要坚固舒适，还要方便它感知天气。这是多么聪明、精巧的设计啊！

◎要点提示

❷动物非常会利用自身的特长，可以少费力气而取得更好的效果。

这个时候，它会上演一场奇特的体操表演。它先是把身体腾空，只留一点固定在旧皮上，然后翻转身体，使头向下，向外伸直布满花纹的双翼，并竭力张开。接着，它用前爪钩住自己的空皮，竭力将身体翻上来，使身体尖段顺利脱离壳中。这一过程大约耗时半小时❶。

◎写作分析

❶描写了蝉蜕皮的全过程，很完美地解释出什么是“金蝉脱壳”。

这只刚从壳中解脱出来的蝉短时间内还很虚弱。它那柔软的身体还没有足够的力气和漂亮的颜色，因此沐浴阳光和空气是最重要的。

刚脱壳的蝉依然很脆弱，绿色的它在风中摇摆，用前爪钩住已脱下的壳。当它身上出现棕色的时候，证明它变成了我们平时所见到的蝉。假如它是在上午九点钟到达树枝的，那么大约在十二点半，它就会弃下它的壳飞走。而那个壳会在树枝上保留一两个月❷。

◎要点提示

❷作者详实地记录了新生的蝉由柔弱变得强壮。

蝉的音乐

蝉十分喜爱唱歌，有一种像钹一样的乐器在它翼后的空腔里，但这并不能让它满足。为了增加声音的强度，蝉还在胸部安置了一种响板。它为了这一喜好付出了很大的代价。因为这种响板体积巨大，只能把维持自己生命的器官挤压到身体的一个小角落❸。没办法，谁让它那么喜爱音乐呢，只能缩小体内器官来安置乐器了。

◎要点提示

❸详细解说蝉产生音乐的生理结构，解除了很多人对此的困惑。

不幸的是，它喜欢的音乐别人却一点也不感兴趣。就连我也不清楚它为什么唱歌。人们通常都是以为它是在招呼同伴，显然，这种想法是错误的。

蝉和我做邻居已经有15年了，每年夏天中有两个月它们总出现在我的视线中，歌声更是环绕我的耳畔。我一般会在筱悬木的柔枝上看见它们，它们排成一列，和伴侣并排坐在一起。不时会把吸管插到树皮里，一动不动地完成一顿狂饮。它们在夕阳西下的时候离开，沿着树枝，脚步沉稳，飞向温暖的地方。它们的歌声从来不会停止，饮水和行动时也不例外。

这么看来，它们的歌声并不是为了叫喊同伴。试想一下，假如你的同伴就在你面前，你大概不会费掉整月的工夫叫喊他们吧！

我觉得，即便是蝉自己也听不到自己唱的是什么，可能它想用这种方式强迫别人听而已。

蝉的视觉非常清晰，它有五只眼睛，会准确判断左右及上方发生了什么事。如果它看到有谁向它跑来，便会立刻停止歌唱，安静离开。但是它不会被你在它背后讲话、吹哨子、拍手、撞石子的喧哗声惊扰，要是一只雀儿的话，早已惊慌而逃了，而蝉会继续唱歌，十分镇静，好像没事儿人一样❶。

◎要点提示

❶奇特的事实——这个不知疲倦的歌手竟然是个聋子，而它的视力又出奇的好。

有一次，我借来两支土铳，这土铳是乡下人办喜事用的，里面装满了火药——即便是最隆重的喜事，也只有这么多。我把它们放在门外的筱悬木树下，小心地把窗户打开，防止玻璃被震碎。树枝上的蝉看不到我们在下面干什么。

我们六个在下面等着的人，热心地关注着头顶上的乐队，看看它们会受到什么影响。“砰！”枪响了，震耳欲聋。可树上的蝉却没有受到丝毫影响，仍在继续唱歌。它不但神情没有表现出一丝的惊恐和慌乱，就连音质和音量都没有一点儿变化。第二枪和第一枪情况一样。

这次实验让我可以确定的是，蝉是听不到的，就像一个聋子，无法感觉自己发出的声音❷。

◎要点提示

❷连震耳欲聋的枪声都感应不到，蝉真的是什么都听不见。作者经过多次试验，有了确定的结论。

蝉的卵

普通的蝉喜欢在干细枝上产卵，它选择最小的枝，粗细介于枯草与铅笔之间。

这些差不多已经枯死的小枝干，常常向上翘起，垂下的很少。

蝉会用胸部尖利的部位，在找到的合适的细树枝上面刺上一排小孔。这些孔中的纤维被撕裂、微微挑起，看上去像是用针斜刺的。如果不被外界打扰，它通常能在一根枯枝上刺出三十到四十个孔❶。

◎要点提示

❶特别的产卵方式，法布尔观察得如此细致！

这看上去是一个蝉的大家庭。之所以要产这么多卵，是为了防御特殊危险，要预备这些卵中将会被毁坏掉一部分。那么，这种危险是什么呢？我经过多次的观察才知道。这种危险指的是一种极小的蚋，它们个头很小，蝉在它们面前简直是庞然大物。

和蝉一样，蚋也有穿刺工具，位于身体下面靠近中部的地方，如果伸出来，会和身体组成直角。蚋会第一时间毁掉刚产出的蝉卵。对于蝉来说，这真是家族中的灾难！蝉只须动一动脚，就可将它们轧扁，然而蚋在蝉这个大怪物面前却毫无顾忌，异常镇静，令人十分惊讶❷。

◎要点提示

❷大自然伟大而精密，生物与生物之间环环相扣，互相制约，互为消长，才使生态平衡不至于被打破。

我曾经看到过一只倒霉的蝉被三只依次排列的蚋等待着掠夺。

蝉在一个小孔中产完卵之后，就会移到稍高处，去建其他的孔。蝉在别处建穴的时候，蚋会立马跟过去，尽管处于蝉的爪子的活动范围内，蚋却一点都不害怕，格外镇静，就像在自己家里一样。它们会在蝉卵上刺一个孔，在孔内产下自己的卵。等到蝉产完卵，飞走的时候，别人的卵已经加进了蝉的孔穴内，蝉的卵会被这些冒牌货毁掉。每个小穴内都有一个破坏者，这种卵成熟得很快，它们会以蝉卵为食，代替掉蝉的家族。

可是，可怜的蝉母亲却对这种情况一无所知。它的眼睛很大并且十分锐利，完全能看见这些恶人。它知道有昆虫跟在身后，本可以轻而易举地将其消灭，可它宁愿牺牲掉自己的卵，也没有将它们消灭。它改变不了自己的本能，也就不能让家族免遭破坏❶。

我在放大镜里见过蝉卵的孵化过程。开始的时候，就像很小的鱼，眼睛又大又黑，一种鳍状物长在它的身体下面。这种鳍状物是由它的两个前腿连在一起组成的，有些运动力，既可以帮助蛴螬冲出壳外，还可以帮它完成困难的事情——走出有纤维的树枝。

鱼形蛴螬一到穴外，就会立马把皮褪去。这些脱下的皮会形成一种线，蛴螬靠着这些线附着在树枝上。它们在树枝上沐浴阳光，活动手脚，有时还会懒洋洋地在绳端摇摆，这种情况会一直持续到它落地之前。

它的触须现在可以自由的左右晃动；腿还可以来回伸缩；前爪能够一开一合，运用自如。身体悬挂着，哪怕有一点风，它都会左右摇摆，在空中翻跟头。这是我见到的最精彩的场面了❷。

没过多久，它就会从树上落到地上。这个小动物的个头跟跳蚤一般，为了防止在硬地面上摔伤，它不断地在绳索上摇荡，它的身体也渐渐变硬。现在是时候投入到残酷的实际生活中去了❸。

这个时候，它面临着许多危险：被风吹到坚硬的岩石上，吹到有污水的车辙中，或是贫瘠的黄沙上，或是硬的无法钻下去的黏土上。

现在这个弱小的动物急需藏身，所以它必须马上钻到地底下，在那里寻觅一个藏身之地。

天气越来越冷，它不得不四处寻找适合自己的软土，剩下的时间已经不多了，它们中有许多在还没有找到合适的地

◎要点提示

❶动物的本能决定蝉对近在咫尺的敌人视而不见。大自然是如此奇妙，赋予动物的本能无论什么时候都不会有更改。

◎写作分析

❷作者使用的语言平实、明确、简洁，没有着意的形容与描写，更无丝毫的渲染与夸张，却能达到栩栩如生的效果。

◎要点提示

❸“残酷的实际生活”，形象而特别的说法。

方之前就死去了。

最终，它寻找到了适当的地点，并立刻投入到工作中，用前足的钩耙挖掘地面。从放大镜中，我见它挥动斧头，将泥土掘出抛在地面。几分钟后，一个土穴就挖成了，这个小生物钻进土穴，把自己藏了起来，谁也找不到它。

有些秘密至今还没有人破解，比如说未长成的蝉在地下如何生活。不过在它未长成来到地面以前，要在地下生活很长时间，大概是四年。然后，它在阳光中的歌唱持续不到五个星期。

这就是蝉的生活，在地下忍受四年的黑暗，然后在地面上痛快地享受一个月[1]。我们不应该指责它歌声中充满了烦躁和浮夸。因为它忍受了四年的地下掘土的生活，现在它有机会可以穿漂亮的衣服，有机会与飞鸟匹敌，有机会沐浴温暖的日光。它想歌颂它的快乐、歌颂它的生活，那种钹的声音再合适不过，这段地表生活如此难得，而又如此短暂。

◎写作分析

[1]运用拟人的修辞手法写出了蝉的辛勤，同时，作者用诗一般的语言对蝉的生活做了小结。虽然蝉的叫声让人烦恼，但是它的隐忍也惹人怜爱。

点评赏析

《蝉》这篇文章写得相当生动有趣。首先是由于作者对蝉做过长期而精细的观察、研究，掌握了生动而翔实的第一手材料。文章对蝉隧道的说明，对蝉的幼虫脱壳的介绍，经过多次观察发现了蚋对蝉卵的毁坏，用放大镜观察到的蝉卵的孵化情形等段落，读起来饶有兴味。其次从语言表达方面说，作者采用按照考察实况来解答读者疑问的说明方法，是本文使人感到生动有趣的另一个重要原因。另外，在介绍蝉的幼虫如何建造隧道时，把幼虫比作矿工或铁路工程师；在蚋毁坏蝉卵时，把蝉称作“可怜的蝉母亲”；有时作者还用描写人的思想感情的词语来说明蝉的一些情态，如“徘徊”“懒洋洋”“歌唱”等，虽然这些比喻和拟人手法的描写在文中并不多，但也给作品的生动性增添了一定的分量。

知识链接

会鸣的蝉是雄蝉。它的发音器在腹基部，像蒙上了一层鼓膜的大鼓，鼓膜受到振动而发出声音。由于鸣肌每秒能伸缩约一万次，盖板和鼓膜之间是空的，能起共鸣的作用，所以其鸣声特别响亮。另外，雄蝉还能轮流利用各种不同的声调激昂高歌。雌蝉的乐器构造发育不完全，不能发声，所以它是“哑巴蝉”。

回顾训练

1.__________不靠别人生活，反倒是__________才会为饥饿所趋去哀恳蝉这位歌唱家。

2.未成年的蝉在地下会待__________（时间），在阳光中唱歌只有__________（时间）。

3.蝉是怎样喝水的？简述一下过程。

扫码听读

蜣 螂

我们平常所说的屎壳郎，它的学名就叫蜣螂。本文就是从它的食物是什么、它如何收集食物入手，进而向大家介绍了它如何把卵产到一个球形的梨中，以及它的卵如何成长为一个小甲虫，最后破壳而出的有关知识。从蜣螂的生活习性中，作者看到了它百折不挠的品质。

圆球

蜣螂第一次被人们谈到，是在六七千年以前。古代埃及的农民，在春天灌溉农田的时候，常常看见一种肥肥的黑色的昆虫从他们身边经过，忙碌地向后推着一个圆球似的东西。当然，他们很惊讶地注意到了这个奇形怪状的旋转物体，就像今日布罗温司的农民那样。

从前埃及人想象这个圆球是地球的模型，蜣螂的动作与天上星球的运转相合。他们以为这种甲虫具有这样多的天文学知识，因而是很神圣的，所以他们叫它“神圣的甲虫”。同时他们又认为，甲虫抛在地上滚的球体，里面装的是卵子，小甲虫是从那里出来的。但是事实上，这仅是它的食物储藏室而已，里面并没有卵子。

这圆球并不是什么可口的食品。因为甲虫的工作，是从土面上收集污物，这个球就是它把路上与野外的垃圾，很仔细地搓卷起来形成的。

做成这个球的方法是这样的：在甲虫扁平的头的前边，长着六只牙齿，它们排列成半圆形，像一种弯形的钉耙，用来掘割东西。甲虫用它们抛开自己所不要的东西，收集起选拣好的食物。它的弓形的前腿也是很有用的工具，因为它们非常的坚固，而且在外端也长有五颗锯齿。所以，如果需要很大的力量去搬动一些障碍物，甲虫就利用它的臂。它左右转动它有齿的臂，用一种有力的扫除法，扫出一块小小的面积。于是，它在那堆集起了耙集来的材料。然后，它再放到四只后爪之间去推。这些腿是长而细的，特别是最后的一对，形状略弯曲，前端还有尖的爪子。甲虫再用这后腿将材料压在身体下，搓动、旋转，使其成为一个圆球形。一会儿，一粒小丸就增到胡桃那么大，不久又大到像苹果一样。我曾见到有些贪吃的家伙，把圆球做到拳头那么大。

圆球状的食物做成后，必须搬到适当的地方去。于是甲虫就开始旅行了。它用后腿抓紧这个球，再用前腿行走，头向下俯着，臀部举起，向后退着走。它在后面堆着物件，轮流向左右推动。谁都以为它要拣一条平坦或不很倾斜的路走。但事实并非如此！它总是走险峻的斜坡，攀登那些简直不可能上去的地方。这固执的家伙，偏要走这条路。这个球，非常的重，一步一步艰苦地推上，万分留心，到了相当的高度，而且它常常还是退着走的。只要有一点不慎重的动作，劳力就全白费了：球滚落下去，连甲虫也被拖下来了。再爬上去，结果再掉下来。它这样一回又一回地向上爬，一点儿小故障，就会前功尽弃。一根草根能把它绊倒，一块滑石就会使它失足。球和甲虫都跌下来，混在一起，有时经过一二十次的继续努力，才得到最后的成功。有时直到它的努力成为绝望，才会跑回去另找平坦的路。

有的时候，蜣螂好像是一个善于合作的动物，而这种事情是常常发生的。当一个甲虫的球已经做成，它离开它的同类，把收获品向后推动。一个将要开始工作的邻居，看到这种情况，会忽然抛下工作，跑到这个滚动的球边，帮球主人一臂之力。它的帮助当然是值得欢迎的。但它并不是真正的伙伴，而是一个强盗。要知道自己做成圆球是需要苦工和忍耐力的！而偷一个已经做成的，或者到邻居家去吃顿饭，那就容易多了。有的贼甲虫，用很狡猾的手段，有的简直施用武力呢！

有时候，一个盗贼从上面飞下来，猛地将球主人击倒。然后它自己蹲在球上，前腿靠近胸口，静待抢夺的事情发生，预备互相争斗。如果球主人起来抢球，这个强盗就给它一拳，从后面打下去。于是球主人又爬起来，推摇这个球，球滚动了。强盗也许因此滚落。那么，接着就是一场角力比赛。两只甲虫互相扯扭着，腿与腿相绞，关节与关节相缠，它们角质的甲壳互相冲撞，摩擦，发出金属互相摩擦的声音。胜利的甲虫爬到球顶上，贼甲虫失败几回被驱逐后，只有跑开去重新做自己的小弹丸。有几回，我看见第三只甲虫出现，像强盗一样抢劫这个球。

但也有时候，盗贼竟会牺牲一些时间，利用狡猾的手段来行骗。它假装帮助球主人搬动食物，经过生满百里香的沙地，经过有深车轮印和险峻的地方，但实际上它用的力却很少，它大多做的只是坐在球顶上观光。到了适宜于收藏的地点，主人就开始用自己边缘锐利的头、有齿的腿向下开掘，把沙土抛向后方，而这盗贼却抱住那球假装死了。土穴越掘越深，工作的甲虫看不见了。即使有时它到地面上来，看到球旁睡着的甲虫一动不动，就觉得很安心。但是主人离开的时间久了，那盗贼就乘这个机会，很快地将球推走，就像小偷怕被人捉住一样快。假使主人追上了它——这种偷盗行为被发现了——它就赶快变换位置，看起来好像它是无辜的，因为球向斜坡滚下去了，它仅是想止住球啊！于是两个“伙伴”又将球搬回，好像什么事情都没有发生一样。

假使那盗贼安然逃走了，主人只有自认倒霉。它揩揩颊部，吸点空气，飞走，另起炉灶。我颇羡慕而且嫉妒它这种百折不挠的品质。

最后，它的食品平安地储藏好了。储藏室是在软土或沙土上掘成的土穴。做得如拳头般大小，有短道通往地面，宽度恰好可以容纳圆球。食物推进去，它就坐在里面，把进出口用一些废物塞起来，圆球刚好塞满一屋子，肴馔从地面上一直堆到天花板。在食物与墙壁之间留下一个很窄的小道，设筵人就坐在这里，至多两个，通常只是自己一个。神圣甲虫昼夜宴饮，差不多一个礼拜或两个礼拜，没有一刻停止过。

梨

我已经说过，古代埃及人以为神圣甲虫的卵，是在我刚才叙述的圆球当中的。这个我已经证明不是如此。甲虫放卵的真实情形，有一天碰巧被我发现了。

我认识一个牧羊的小孩子，他在空闲的时候，常来帮助我。有一次，在六月的一个礼拜日，他到我这里来，手里拿着一个奇怪的东西。这个东西看起来好像一个小梨，但已经失掉新鲜的颜色，因腐朽而变成褐色；但摸上去很坚固；样子很好看，虽然原料似乎并没有经过精细地筛选。他告诉我，这里面一定有一个卵，因为有一个同样的梨，掘地时被偶然弄碎，里面藏有一粒像麦粒一样大小的白色的卵。

第二天早晨，天才刚刚亮的时候，我就同这位牧童出去考察这个事实。

一只神圣甲虫的地穴不久就被找到了。或者你也知道，它的土穴上面，总会有一堆新鲜的泥土。我的同伴用我的小刀铲向地下拼命地掘，我则伏在地上，因为这样容易看见有什么东西被掘出来。一个洞穴被掘开了。在潮湿的泥土里，我发现了一个精制的梨。我真是不会忘记，因为这是我第一次看见一只母甲虫的奇异的工作呢！当挖掘古代埃及遗物的时候，如果我发现这神圣甲虫是用翡翠雕刻的，我的兴奋也不见得更大呢。

我们继续搜寻，于是发现了第二个土穴。这次母甲虫在梨的旁边，而且紧紧抱着这个梨。当然这是它完工后未离开以前的举动。用不着怀疑，这个梨就是蜣螂的卵子了。在这一个夏季，我至少发现了一百个这样的卵子。

像球一样的梨，是用人们丢弃在原野上的废物做成的，但是原料要比较精细些，为的是给幼虫预备好食物。当它从卵里跑出来的时候，还不能自己寻找食物，所以母亲将它包在最适宜的食物里，它可以立刻大吃起来，不至于挨饿。

卵是被放在梨的比较狭窄的一端的。每个有生命的种子，无论是植物还是动物，都是需要空气的，就是鸟蛋的壳上也分布着无数个小孔。假如蜣螂的卵是在梨的最后部分，它就闷死了，因为这里的材料粘得很紧，还包有硬壳。所以母甲虫预备下一间精制透气的小空间，薄薄的墙壁，给它的小蛴螬居住，在它生命最初的时候，甚至在梨的中央也有少许空气，当这些已经不够供给柔弱的小蛴螬消耗时，它要到中央去吃食，这时它已经很强壮了。

当然，梨子大的一头，包上硬壳子，也是有很好的理由的。蜣螂的地穴是极热的，有时候温度竟达到沸点。这种食物，经过三四个礼拜之后，就会干燥，不能吃了。如果第一餐不是柔软的食物，而是石子一般硬得可怕的东西，这可怜的幼虫就会因为没有东西吃而被饿死了。在八月的时候，我就找到了许多这样的牺牲者，他们在一个封闭的炉内被烘烤着。要减少这种危险，母甲虫就拼命用自己强健而肥胖的前臂，压那梨子的外层，把它压成保护的硬皮，如同栗子的硬壳，用以抵抗外面的热度。在酷热的暑天，管家婆会把面包放在闭紧的锅里，保持它的新鲜。而昆虫也有自己的方法来实现同样的目的：用压力打成锅子的样子来保藏家族的后代。

我曾经观察过甲虫在巢里工作，所以知道它是怎样做梨子的。

它收集建筑用的材料，把自己关闭在地下，专心从事当前的任务。这材料大概是由两种方法得来的。照常例，在天然环境下，甲虫用常法搓成一个球推向适应的地点。当推行的时候，球表面已稍微有些坚硬，并且粘上了一些泥土和细沙。有的时候，甲虫会在收集材料的地表附近找到用来储藏的场所。在这种情况下，它的工作不过是捆扎材料，运进洞而已。后面的工作，却尤其显得稀奇。有一天，我见它把一块不成形的材料隐藏到地穴中去了。第二天，我到达它的工作场地时，发现这位艺术家正在工作，那块不成形的材料已成功地变成了一个梨。这个梨外形已经完全具备，而且是很精致地做好了。

梨紧贴着地面的部分，已经敷上了细沙，其余的部分，也已磨得像玻璃一样光滑。这表明它还没有把梨子细细地滚过，不过是塑成形状罢了。

它塑造这个梨时，用大足轻轻敲击，如同先前在日光下塑造圆球一样。

在我自己的工作室里，用大口玻璃瓶装满泥土，为母甲虫做成人工的地穴，并留下一个小孔以便观察它的动作。因此，它工作的各项程序我都可以看得见。

甲虫开始是做一个完整的球，然后环绕着梨做成一道圆环，加上压力，直至圆环成为一条深沟，做成一个瓶颈似的样子。这样，球的一端就做出了一个凸起。在凸起的中央，再加压力，做成一个火山口，即凹穴，边缘是很厚的，凹穴渐深，边缘也渐薄，最后形成一个袋。它把袋的内部磨光，把卵产在当中，包袋的口上，即梨的尾端，再用一束纤维塞住。

用这样粗糙的塞子封口是有理由的。别的部分甲虫都用腿重重地拍过，只有这里不拍。因为卵的层端朝着封口，假如塞子重压深入，幼虫就会感到痛苦。所以甲虫把口塞住，却不把塞子撞下去。

甲虫的生长

甲虫在梨里面产卵约一个星期或十天之后，卵就孵化成幼虫了。它毫不迟疑地开始吃四周的墙壁。它聪明异常，因为它总是朝厚的方向去吃，不致把梨弄出小孔，使自己从空隙里掉出来。不久它就变得很肥胖了，不过样子实在很难看：背上隆起，皮肤透明，假如你拿着它朝着亮光看，能看见它的内部器官。如果是古代埃及人有机会看见这肥白的幼虫，在这种发育的状态之下，他们是不会猜想到将来甲虫会具有的那些庄严和美观了。

当第一次蜕皮时，这个小昆虫还未长成完全的甲虫，虽然其全部甲虫的形状已经能辨别出来了。很少有昆虫能比这个小动物更美丽。翼盘在中央，像折叠的宽阔领带，前臂位于头部之下。半透明的黄色如蜜的色彩，看来真如琥珀雕成的一般。它差不多有四个星期保持这个状态，到后来就会再脱掉一层皮。

这时候它的颜色是红白色。在变成檀木一样的黑色之前，它是要换好几回衣服的。颜色渐黑，硬度渐强，直到披上角质的甲胄，才是完全长成的甲虫。

这段时间，它是在地底下梨形的巢穴里居住着的。它很渴望冲开硬壳的甲巢，跑到日光里来。但它能否成功，是要依靠环境而定的。

它准备出来的时期，通常是在八月份。八月的天气，照例是一年之中最干燥而且最炎热的。所以，如果没有雨水来软一软泥土，要想冲开硬壳，打破墙壁，仅凭这只昆虫的力量，是办不到的。因为最柔软的材料，烤在夏天的火炉里，也会变成一种不能通过的坚壁。

当然，我也曾做过这种试验，将干硬壳放在一个盒子里，保持其干燥。或早或迟，我会听见盒子里有一种尖锐的摩擦声，这是囚徒用它们头上和前足的耙在那里刮墙壁。过了两三天，它们似乎并没有什么进展。于是我给它们中的一两只加入一些助力。我用小刀戳开一个墙眼，但这两个小动物也并没有比其余的更有进步。

不到两星期，所有的壳内都沉寂了。这些用尽力量的囚徒，已经死了。

于是我又拿了一些同从前一样硬的壳，用湿布裹起来，放在瓶里，用木塞塞好，等湿气浸透，才将里面的潮布拿开，重新放到瓶子里。这次试验完全成功，壳被潮湿浸软后，遂被囚徒冲破。它勇敢地用腿支撑身体，把背部当作一个杠杆，认准一点顶和撞，最后，墙壁破裂成碎片。在每次试验中，甲虫都能从中解放出来。

在天然环境下，这些壳在地下的时候，情形也是一样的。当土壤被八月的太阳烤干，硬得像砖头一样，这些昆虫要逃出牢狱，就不可能了。但偶尔下过一阵雨，硬壳恢复从前的松软，它们再用腿挣扎，用背推撞，这样就能得到自由。

刚出来的时候，它并不关心食物。这时它最需要的，是享受日光。它跑到太阳光下，一动不动地取暖。

一会儿，它就要吃了。没有人教它，它也会做，像它的前辈一样，去做一个食物的球，也去掘一个储藏所储藏食物。一点不用学习，它就完全会从事它的工作。

点评赏析

蜣螂就是平常人们俗语中说的屎壳郎。在人们的印象中，它靠收集垃圾为食，所以人们都觉得屎壳郎很恶心。但是，这篇文章却从另一个角度来描写蜣螂。文章从蜣螂收集食品、制作“梨”的过程，以及幼虫的生长来叙述蜣螂的有关习性。从蜣螂制作食品的过程中，作者看到的是它百折不挠的品质，对它羡慕而且佩服。这可以说是完全颠覆了人们一贯以来对蜣螂的态度，使人们认识到了它的另一方面。

关于蜣螂强盗抢夺食物的场面，作者描写得十分精彩。如“一个盗贼从上面飞下来，猛地将球主人击倒。然后它自己蹲在球上，前腿靠近胸口，静待抢夺的事情发生，预备互相争斗”，这段描写将蜣螂强盗那种蓄势待发的姿态尽显读者眼前；“两个甲虫互相扯扭着，腿与腿相绞，关节与关节相缠，它们角质的甲壳互相冲撞、摩擦，发出金属互相摩擦的声音”，这是将两只蜣螂你拼我夺的争斗场面通过动作描写淋漓尽致地表现出来，让人好像看到了两只蜣螂打架的场面。这种栩栩如生的效果是作者通过长期观察得来的。

松毛虫

扫码听读

导读　你喜欢松毛虫吗？许多同学看到这个问题一定会摇头的。但你看完了本文以后，你一定会对松毛虫有一个全新的认识，因为它们也有可爱的一面。当那一队队傻头傻脑的毛虫队从你眼前经过，你一定会眼前一亮。它们还身怀绝技，能预报天气的变化呢！

在我那个园子里，种着几棵松树。每年毛毛虫都会到这松树上来做巢，几乎把松叶都吃光了。为了保护我们的松树，每年冬天，我不得不用长叉把它们的巢毁掉，搞得我疲惫不堪。

你这贪吃的小毛虫，不是我不客气，是你太放肆了。如果我不赶走你，你就要喧宾夺主了。我将再也听不到满载着针叶的松树在风中低声谈话了。不过我突然对你产生了兴趣，所以，我要和你订一个合同：我要你把你一生的传奇故事告诉我，一年、两年，或者更多年，直到我知道你全部的故事为止；而我呢，在这期间不来打扰你，任凭你来占据我的松树。

订合同的结果是，不久我们就在离门不远的地方，拥有了三十几只松毛虫的巢。天天看着这一堆毛毛虫在眼前爬来爬去，我不禁对松毛虫的故事更有了一种急切了解的欲望。这种松毛虫也叫作“列队虫”，因为它们总是一只跟着一只，排着队出去。

下面我开始讲它的故事：

首先要讲到它的卵。在八月份的前半个月，如果我们去观察松树的枝端，一定可以看到在暗绿的松叶中，到处点缀着一个个白色的小圆柱。每一个小圆柱，就是一个母亲所生的一簇卵。这种小圆柱好像小小的手电筒，大的约有一寸长，五分之一或六分之一寸宽，裹在一对对松针的根部。这小圆柱的外貌，有点像丝织品，白里略透一点红，上面叠着一层层鳞片，就跟屋顶上的瓦片似的。

这鳞片软得像天鹅绒，很细致地一层一层盖在圆柱上，做成一个屋顶，保护着圆柱里的卵。没有一滴露水能透过这层屋顶渗进去。这种柔软的绒毛是哪里来的呢？是松毛虫妈妈一点一点地铺上去的。它为了孩子牺牲了自己身上的一部分毛。它用自己的毛给它的卵做了一件温暖的外套。

如果你用钳子把鳞片似的绒毛刮掉，那么你就可以看到盖在下面的卵了，好像一颗颗白色珐(fà)琅(láng)质的小珠。每一个圆柱里大约有三百颗卵，都属于同一个母亲。这可真是一个大家庭啊！它们排列得很好看，好像一颗玉蜀黍的穗。无论是谁，年老的或年幼的，有学问的还是没文化的，看到松毛虫妈妈这美丽精巧的“穗”，都会禁不住喊道：“真好看啊！”多么光荣而伟大母亲啊！

最让我们感兴趣的东西，不是那美丽的珐琅质的小珠本身，而是那种有规则的几何图形的排列方法。一条小小的松毛虫知道这精妙的几何知识，这难道不是一件令人惊讶的事吗？但是我们愈和大自然接触，便愈会相信大自然里的一切都是按照一定的规则安排的。比如，为什么一种花瓣的曲线有一定的规则？为什么甲虫的翅鞘上有着那么精美的花纹？从庞然大物到微乎其微的小生命，一切都安排得这样完美，这是不是偶然的呢？似乎不大可能吧？是谁在主宰这个世界呢？我想冥冥之中一定有一位“美”的主宰者在有条不紊地安排着这个缤纷的世界。我只能这样解释了。

松毛虫的卵在九月里孵化。在那时候，如果你把那小圆柱的鳞片稍稍掀起一些，就可以看到里面有许多黑色的小头。它们在咬着，推着它们的盖子，慢慢地爬到小圆柱上面。它们的身体是淡黄色的，黑色的脑袋有身体的两倍那么大。它们爬出来后，第一件事情就是吃支撑着自己的巢的那些针叶。把针叶啃完后，它们就落到附近的针叶上。常常可能会有三四条小虫恰巧落在一起，那么，它们会自然地排成一个小队。这便是未来大军的松毛虫雏形。如果你去逗它们玩，它们会摇摆起头部和前半身，高兴地和你打招呼。

第二步工作就是在巢的附近做一个帐篷。这帐篷其实是一个用薄绸做成的小球，由几片叶子支撑着。在一天最热的时候，它们便躲在帐篷里休息，到下午凉快的时候才出来觅食。

你看，松毛虫从卵里孵化出来还不到一个小时，却已经会做许多工作了：吃针叶、排队和搭帐篷，仿佛没出娘胎就已经学会了似的。

二十四小时后，帐篷已经像一个榛仁那么大；两星期后，就有一个苹果那么大了。不过这毕竟是一个暂时的夏令营。冬天快到的时候，它们就要造一个更大更结实的帐篷。它们边造边吃着帐篷范围以内的针叶。也就是说，它们的帐篷同时解决了它们的吃住问题。这的确是一个一举两得的好办法。这样它们就可以不必特意到帐篷外去觅食。因为它们还很小，如果贸然跑到帐篷外，是很容易碰到危险的。

当它们把支持帐篷的树叶都吃完了以后，帐篷就要塌了。于是，像那些择水草而居的阿拉伯人一样，全家会搬到一个新的地方去安居乐业。在松树的高处，它们又筑起了一个新的帐篷。它们就这样辗转迁徙着，有时候竟能到达松树的顶端。

也就是这时候，松毛虫改变了它们的服装。它们的背上面有了六个红色的小圆斑，小圆斑周围环绕着红色和绯红色的刚毛。红斑的中间又分布着金色的小斑，而身体两边和腹部的毛都是白色的。

到了十一月，它们开始在松树的高处、木枝的顶端筑起冬季帐篷来。它们用丝织的网把附近的松叶都网起来。树叶和丝合成的建筑材料能增加建筑物的坚固性。全部完工的时候，这帐篷的大小相当于半加仑的容积，它的形状像一个蛋。巢的中央是一根乳白色的极粗的丝带，中间还夹杂着绿色的松叶。顶上有许多圆孔，是巢的门，毛毛虫们就从这里爬进爬出。在矗立在帐篷外的松叶的顶端有一个用丝线结成的网，下面是一个阳台。松毛虫常聚集在这儿晒太阳。它们晒太阳的时候，像叠罗汉似的堆成一堆。阳台上面张着的丝线可以减弱太阳光的强度，使它们不至于被太阳晒得过热。

松毛虫的巢里并不是一个整洁的地方，里面满是毛虫们蜕下来的皮以及其他各种垃圾，真的可以称作是“败絮其中”。

松毛虫整夜歇在巢里，早晨十点左右出来，到阳台上集合，堆在一起，在太阳底下打盹。它们就这样消磨掉整个白天。它们会时不时地摇摆着头以表示它们的快乐和舒适。到傍晚六七点钟光景，这班瞌睡虫都醒了，各自从门口回到自己的家里。

它们一面走一面嘴上吐着丝。所以无论走到哪里，它们的巢总是愈变愈大，愈来愈坚固。它们在吐着丝的时候还会把一些松叶掺杂进去加固巢。每天晚上，它们总要用两个小时左右的时间做这项工作。它们早已忘记夏天了，只知道冬天快要来了，所以每一条松毛虫都抱着愉快而紧张的心情工作着。它们似乎在说：

"松树在寒风里摇摆着它那带霜的枝丫的时候，我们将彼此拥抱着睡在这温暖的巢里！多么幸福啊！让我们满怀希望，为将来的幸福努力工作吧！"

不错，亲爱的毛毛虫们，我们人类也和你们一样，为了求得未来的平静和舒适而孜(zī)孜不倦地劳动。让我们怀着希望努力工作吧！你们为你们的冬眠而工作，它能使你们从幼虫变为蛾；我们为我们最后的安息而工作，它能消灭生命，同时创造出新的生命。让我们一起努力工作吧!

做完了一天的工作，就到了它们用餐的时间了。它们都从巢里钻出来，爬到巢下面的针叶上去用餐。它们都穿着红色的外衣，一堆堆地停在绿色的针叶上，树枝都被它们压得微微向下弯了。多么美妙的一幅图画啊！这些食客们都静静地安详地咬着松叶，它们那宽大的黑色的额头在我的灯笼下发着光。它们都要吃到深夜才肯罢休。回到巢里后，它们还要继续工作一会儿。当最后一批松毛虫进巢的时候，大约已是深夜一两点钟了。

松毛虫所吃的松叶通常只有三种。如果拿其他的常绿树的叶子给它们吃，即使那些叶子的香味足以引起食欲，但松毛虫是宁可饿死也不愿尝一下的。这似乎没什么好说的，因为松毛虫的胃和人的胃有着相同的特点。

松毛虫们在松树上走来走去的时候，随路吐着丝，织着丝带，回去的时候就依照丝带所指引的路线。有时候它们找不到自己的丝带而找了别的松毛虫的丝带，那样它就会走入一个陌生的巢里。但是没有关系，巢里的主人和这不速之客之间丝毫不会引起争执。大家似乎都习以为常，平静得跟什么事都没有发生一样。到了睡觉的时候，大家也就像兄弟一般睡在一起了，谁都没有一点生疏的感觉。不论是主人还是客人，大家都依旧在限定的时间里工作，使它们的巢更大、更厚。由于这类意外的事情常有发生，所以有几个巢总能接纳“外来人员”为自己的巢添砖加瓦，它们的巢就显得比其他的巢大了不少。“人人为我，我为人人”是它们的信条，每一条毛毛虫都尽力地吐着丝，使巢增大增厚，不管那是自己的巢还是别人的巢。事实上，正是因为这样，它们才扩大了总体上的劳动成果。如果每条松毛虫都只筑自己的巢，宁死也不愿替别家卖命，结果会怎样？我敢说，一定会一事无成，谁也造不了又大又厚的巢。因此它们是几百条几百条地一起工作的，每一条小小的松毛虫，都尽了它自己应尽的一分力量，这样团结一致才造就了一个个属于大家的堡垒，一个又大又厚又暖和的大棉袋。每条松毛虫为自己工作的过程也是为其他松毛虫工作的过程，而其他松毛虫也相当于都在为它工作。多么幸福的松毛虫啊，它们不知道什么私有财产和一切争斗的根源。

毛虫队

有一个老故事，说是有一只羊，被人从船上扔到了海里，于是其余的羊也跟着跳下海去。“因为羊有一种天性，那就是它们永远要跟着头一只羊，不管走到哪里。就因为这，亚里士多德①曾批评羊是世界上最愚蠢、最可笑的动物。”那个讲故事的人这样说。

松毛虫也具有这种天性，而且比羊还要强烈。第一条松毛虫到什么地方去，其余的都会依次跟着去，排成一条整齐的队伍，中间不留一点空隙。它们总是排成单行，后一条的须触到前一条的尾。为首的那条，无论它怎样打转和歪歪斜斜地走，后面的都会照它的样子做，无一例外。第一条松毛虫一面走一面吐出一根丝，第二条松毛虫踏着第一条松毛虫吐出的丝前进，同时自己也吐出一条丝加在第一条丝上，后面的松毛虫都依次效仿，所以当队伍走完后，它们的身后就有一条很宽的丝带在太阳下放着耀眼的光彩。这是一种很奢侈的筑路方法。我们人类筑路的时候，用碎石铺在路上，然后用极重

注释

①亚里士多德（前384—前322）：古希腊思想家、科学家、哲学家，形式逻辑的奠基人，奴隶主中等阶层的代表。哲学上动摇于唯物主义和唯心主义之间，基本倾向是唯心主义的。著有《工具篇》《逻辑学》《形而上学》和《诗学》等。

的蒸汽滚筒将它们压平，又粗又硬但非常简便。而松毛虫，却用柔软的缎子来筑路，又软又滑但花费也大。

这样的奢侈有什么意义吗？它们为什么不能像别的虫子那样免掉这种豪华的设备，简朴地过一生呢？我替它们总结出两条理由：松毛虫出去觅食的时间是在晚上，而它们必须经过曲曲折折的道路。它们要从一根树枝爬到另一根树枝上，要从针叶尖上爬到细枝上，再从细枝爬到粗枝上。如果它们没有留下丝线作路标，那么它们很难找回自己的家。这是最基本的一条理由。

有时候，在白天它们也要排着队做长距离的远征，可能经过三十码左右的长距离。它们这次可不是去找食物，而是去旅行，去看看世界，或者去找一个地方，作为它们将来蛰伏的场所。因为在变成蛾子之前，它们还要经过一个蛰伏期。在做这样长途旅行的时候，丝线这样的路标是不可缺少的。

在树上找食物的时候，它们或许是分散在各处，或许是集体活动，反正只要有丝线作路标，它们就可以整齐一致地回到巢里。要集合的时候，大家就依照着丝线的路径，从四面八方匆匆聚集到大队伍中来。所以这丝带不仅仅是一条路，而且是使一个大团体中各个分子行动一致的一条绳索。这便是第二个理由。

无论是长的队还是短的队，每一队总有一个领头的松毛虫。它为什么能做领袖则完全出自偶然，没有谁指定，也没有公众选举，今天你做，明天它做，没有一定的规则。毛虫队里发生的每一次变故常常会导致次序的重新排列。比如说，如果队伍突然在行进过程中散乱了，那么重新排好队后，可能是另一条松毛虫成了领袖。尽管每一位“领袖”都是暂时的、随机的，但一旦做了领袖，它就摆出领袖的样子，承担起一个领袖应尽的责任。当其余的松毛虫都紧紧地跟着队伍前进的时候，这位领袖趁队伍调整的间隙摇摆着自己的上身，好像在做什么运动，又好像在调整自己——毕竟，从平民到领袖，可是一个不小的飞跃。它得明确自己的责任，不能和刚才一样，只需跟在别人后面就行了。当它自己前进的同时，它就不停地探头探脑地寻找路径。它真是在察看地势吗？它是不是要选一个最好的地方？还是它突然找不到引路的丝线，所以犯了疑？看着它那又黑又亮，活像一滴柏油似的小脑袋，我实在很难推测它真的在想什么。我只能根据它的一举一动，做一些简单的联想。我想它的这些动作是帮助它辨出哪些地方粗糙，哪些地方光滑，哪些地方有尘埃，哪些地方走不过去，当然，最主要的是辨出那条丝带朝着哪个方向延伸。松毛虫的队伍长短不一，相差悬殊。我所看到的最长的队伍有十二码或十三码，其中包含二百多条松毛虫，排成极为精致的波纹形的曲线，浩浩荡荡的；最短的队伍一共只有两条松毛虫，它们仍然遵从原则，一条紧跟在另一条的后面。

有一次我决定要和我养在松树上的松毛虫开一次玩笑：我要用它们的丝替它们铺一条路，让它们依照我所设想的路线走。既然它们只会不假思索地跟着别人走，那么如果我把这路线设计成一个既没有始点也没有终点的圆，它们会不会在这条路上不停地打转转呢？一个偶然的发现帮助我实现了这个计划。在我的院子里有几个栽棕树的大花盆，盆的圆周大约有一码半长。松毛虫们平时很喜欢爬到盆口的边沿，而那边沿恰好是一个现成的圆。

有一天，我看到很大一群毛虫爬到花盆上，渐渐地来到它们最为得意的盆沿上。慢慢地，这一队毛虫陆陆续续到达了盆沿，在盆沿上前进着。我等待并期盼着队伍形成一个封闭的环，也就是说，等第一条毛虫绕过一圈而回到它出发的地方。一刻钟之后，这个目的达到了。现在有整整一圈的松毛虫在绕着盆沿走了。第二步工作是，必须把还要上来的松毛虫赶开，否则它们会提醒原来盆沿上的那虫走错了路线，从而扰乱实验。要使它们不走上盆沿，必须把从地上到花盆间的丝拿走。于是我就把还要继续上去的毛虫拨开，然后用刷子把丝线轻轻刷去，这相当于截断了它们的通道。这样，下面的虫子再也上不去，上面的再也找不到回去的路。这一切准备就绪后，我们就可以看到一幕有趣的景象在眼前展开了：

一群松毛虫在花盆沿上一圈一圈地转着，现在它们中间已经没有领袖了。因为这是一个封闭的圆周，不分起点和终点，谁都可以算领袖，谁又都不是领袖，可它们自己并不知道这一点。

丝织的轨道越来越粗了，因为每条松毛虫都不断地把自己的丝加上去。

除了这条圆周路之外，再也没有别的什么岔路了。看样子它们会这样无止境地一圈一圈绕着走，直到累死为止。

旧派的学者都喜欢引用这样一个故事："有一头驴子，被安放在两捆干草中间，结果它竟然被饿死了。因为它决定不出应该先吃哪一捆。"其实现实中的驴子不比别的动物愚蠢，它舍不得放弃任何一捆的时候，会把两捆一起吃掉。我的松毛虫会不会表现得聪明一点呢？它们会离开这封闭的路线吗？我想它们一定会的。我安慰自己说：

"这队伍可能会继续走一段时间，一个钟头或两个钟头吧。然后，到某个时刻，毛毛虫自己就会发现这个错误，离开那个可怕的骗人的圈子，找到一条下来的路。"

而事实上，我那乐观的设想错了，我太高估了我的毛毛虫们了。如果说这些松毛虫会不顾饥饿，不顾自己一直回不到巢，只要没有东西阻挠它们，它们就会一直在那儿打圈子，那么它们就蠢得令人难以置信了。然而，事实上，它们的确有这么蠢。

松毛虫们继续着它们的行进，接连走了好几个钟头。到了黄昏时分，队伍就走走停停，因为它们走累了。当天气逐渐转冷时，它们也逐渐放慢了行进的速度。到了晚上十点钟左右，它们继续走，但脚步明显慢了下来，好像只是懒洋洋地摇摆着身体。进餐的时候到了，别的松毛虫都成群结队地走出来吃松叶。可是花盆上的虫子们还在坚持不懈地走。它们一定以为马上可以到目的地和同伴们一起进晚餐了。走了十个钟头，它们一定又累又饿，食欲极好。一棵松树离它们不过几寸远，它们只要从花盆上下来，就可以到达松树，美美地吃上一顿松叶了。但这些可怜的家伙已经成了自己吐的丝的奴隶了，实在离不开它。它们一定像看到了海市蜃(shèn)楼一样，总以为马上可以到达目的地，而事实上还远着呢！十点半的时候，我终于没有耐心了，离开它们去睡我的觉。我想在晚上的时候它们可能清醒些。可是第二天早晨，等我再去看它们的时候，它们还是像昨天那样排着队，但队伍是停着的。晚上太冷了，它们都蜷起身子取暖，停止了前进。等空气渐渐暖和起来后，它们恢复了知觉，又开始在那儿兜圈子了。

第三天，一切还都像第二天一样。这天夜里非常冷，可怜的毛虫又受了一夜的苦。我发现它们在花盆沿分成两堆，谁也不想再排队。它们彼此紧紧地挨在一起，为的是可以暖和些。现在它们分成了两队。按理说每队该有一个自己的领袖了，可以不必跟着别人走，各自开辟一条生路了。我真为它们感到高兴。看到它们那又黑又大的脑袋迷茫地向左右试探的样子，我想不久以后它们就可以摆脱这个可怕的圈子了。可是不久我发现自己又错了。当这两支分开的队伍相逢的时候，又合成一个封闭的圆圈，于是它们又开始了整天兜圈子，丝毫没有意识到错过了一个绝佳的逃生机会。

随后的一个晚上还是很冷。这些松毛虫又都挤成了一堆。有许多毛虫被挤到丝织轨道的两边，第二天一觉醒来，发现自己在轨道外面，就跟着轨道外的一个领袖走，而这个领袖正在往花盆里面爬。这队离开轨道的冒险家一共有七位，而其余的毛虫并没有注意它们，仍然在兜圈子。

到达花盆里的松毛虫发现那里并没有食物，于是只好垂头丧气地依照丝线指示的原路回到了队伍里。冒险失败了。如果当初选择冒险的道路是朝着花盆外面而不是里面的活，情形就截然不同了。

一天又过去了，这以后又过了一天。第六天是很暖和的。我发现有几个勇敢的领袖，它们热得实在受不住了，于是用后脚站在花盆最外的边沿上，做着要向空中跳出去的姿势。最后，其中的一条决定冒一次险。它从花盆沿上溜下来，可是还没到一半，它的勇气便消失了，又回到花盆上，和同胞们共甘苦。这时盆沿上的毛虫队已不再是一个完整的圆圈，而是在某处断开了。也正是因为有了一个唯一的领袖，才有了一条新的出路。两天以后，也就是这个实验的第八天，由于新道路的开辟，它们已开始从盆沿上往下爬，到日落的时候，最后一只松毛虫也回到了盆脚下的巢里。

我计算了一下，它们一共走了四十八个小时，绕着圆圈走过的路程在四分之一公里以上。只有在晚上寒冷的时候，队伍才没有了秩序，使它们离开轨道，几乎安全到达家里。可怜无知的松毛虫啊！有人总喜欢说动物是有理解力的，可是在它们身上，我实在看不出这个优点。不过，它们最终还是回到了家，而没有活活饿死在花盆沿上，说明它们还是有点头脑的。

松毛虫能预测气候

在正月里，松毛虫会脱第二次皮。它不再像以前那么美丽了。不过有失也有得，它添了一种很有用的器官。现在它背部中央的毛变成暗淡的红色了。由于中央还夹杂着白色的长毛，所以看上去颜色更淡了。这件褪了色的衣服有一个特点，那就是在背上有八条裂缝，像口子一般，可以随松毛虫的意图自由开闭。当这种裂缝开着的时候，我们可以看到每个口子里有一个小小的"瘤"。这玩意儿非常的灵敏，稍稍有一些动静它就消失了。这些特别的口子和"瘤"有什么用处呢？当然不是用来呼吸的，因为没有一种动物——即便是一条松毛虫，也不会从背上呼吸的。让我们来想想松毛虫的习性，或许我们可以发现这些器官的作用。

冬天和晚上的时候，是松毛虫们最活跃的时候。但是如果北风刮得太猛烈的话，天气冷得太厉害，而且会下雨下雪或是雾厚得结成了冰屑，在这样的天气里，松毛虫总会谨慎地待在家里，躲在那雨水不能穿透的帐篷下面。

松毛虫们最怕坏天气。一滴雨就能使它们发抖，一片雪花就能惹起它们的怒火。如果能预先料到这种坏天气，那么对松毛虫的日常生活是非常有意义的。在黑夜里，这样一支庞大的队伍到相当远的地方去觅食，如果遇到坏天气，那实在是一件危险的事。如果突然遭到风雨的袭击，那么松毛虫就要遭殃了，而这样的不幸在坏的季节里是常常会发生的。可松毛虫们自有办法。让我来告诉你它们是怎样预测天气的吧。

有一天，我的几个朋友和我一起到院子里看毛虫队的夜游。我们等到九点钟，就进入到院子里。可是……可是……这是怎么了？巢外一条毛虫都没有！就在昨天晚上和前天晚上还有许多毛虫出来呢，今天怎么会一条都没有了？它们都上哪儿去了？是集体出游吗？还是遭到了灭顶之灾？我们等到十点、十一点，一直到半夜。失望之余，我只得送我的朋友们走了。

第二天，我发现那天晚上竟然下了雨，直到早晨还继续下着，而且山上还有积雪。我脑子里突然闪过一个念头：是不是毛虫对天气的变化比我们都灵敏呢？它们昨晚没有出来，是不是因为早已预料到天气要变坏，所以不愿意出来冒险？一定是这样的！我为自己的想法暗暗喝彩，不过我想我还得仔细观察它们。

我发现每当报纸上预告气压来临的时候，比如说暴风雨将要来临的时候，我的松毛虫总躲在巢里。虽然它们的巢暴露在坏天气中，可风啊、雨啊、雪啊、寒冷啊，都不能影响它们。有时候它们能预报雨天以后的风暴。它们这种推测天气的天赋，不久就得到我们全家的承认和信任。每当我们要进城去买东西的时候，前一天晚上总要先去征求一下松毛虫们的意见。我们第二天是去还是不去，完全取决于这个晚上松毛虫的举动，它成了我们家的“小小气象预报员”。

所以，想到它的小孔，我推测松毛虫的第二套服装似乎给了它一个预测天气的本领。这种本领很可能是与那些能自由开闭的口子息息相关。它们时时张开，取一些空气作为样品，放到里面检验一番，如果从这空气里测出将有暴风雨来临，便立刻发出警告。

松蛾

三月到来的时候，松毛虫们纷纷离开巢所在的那棵松树，做最后一次旅行。三月二十日那天，我花了整整一个早晨，观察了一队三码长、包括一百多条毛虫在内的毛虫队。它们衣服的颜色已经很淡了。队伍很艰难地徐徐地前进着，爬过高低不平的地面后，就分成了两队，成为两支互不相关的队伍，各奔东西。

它们目前有极为重要的事情要做。队伍行进了两小时光景，到达一个墙角下，那里的泥土又松又软，极容易钻洞。为首的那条松毛虫一面探测，一面稍稍地挖一下泥土，似乎在测定泥土的性质。其余的松毛虫对领袖百分之一百的服从，因此只是盲目地跟从着它，全盘接受领袖的一切决定，也不管自己喜欢不喜欢。最后，领头的松毛虫终于找到了一处它自己挺喜欢的地方，于是停下脚步。接着其余的松毛虫都走出队伍，成为乱哄哄的一群虫子，仿佛接到了“自由活动”的命令，再也不要规规矩矩地排队了。所有的虫子的背部都杂乱地摇摆着，所有的脚都不停地耙着，所有的嘴巴都挖着泥土。渐渐地，它们终于挖出了安葬自己的洞。到某个时候，打过地道的泥土裂开了，就把它们埋在里面。于是一切都又恢复平静了。现在，毛虫们是葬在离地面三寸的地方，准备着织它们的茧子。

两星期后，我往地面下挖土，又找到了它们。它们被包在小小的白色丝袋里，丝袋外面还沾染着泥土。有时候，由于泥土土质的关系，它们甚至能把自己埋到九寸以下的深处。

可是那柔软的、翅膀脆弱而触须柔软的蛾子是怎么从下面上来到达地面的呢？它一直要到七八月才出来。那时候，由于风吹雨打，日晒雨淋，泥土早已变得很硬了。没有一只蛾子能够冲出那坚硬的泥土，除非它有特殊的工具，并且它的身体形状必须很简单。我弄了一些茧子放到实验室的试管里，以便看得更仔细些。我发现松蛾在钻出茧子的时候，有一个蓄势待发的姿势，就像短跑运动员起跑前的下蹲姿势一样。它们把它美丽的衣服卷成一捆，自己缩成一个圆底的圆柱形；它的翅膀紧贴在脚前，像一条围巾一般；它的触须还没有张开，于是把它们弯向后方，紧贴在身体的两旁。它身上的毛发向后躺平，只有腿是可以自由活动的，为的是可以帮助身体钻出泥土。

虽然有了这些准备，但对于挖洞来说，还远远不够，它们还有更厉害的法宝呢！如果你用指尖在它头上摸一下，你就会发现有几道很深的皱纹。我把它放在放大镜下，发现那是很硬的鳞片。在额头中部顶上的鳞片是所有鳞片中最硬的，这多像一个回旋钻的钻头呀。在我的试管里，我看到蛾子用头轻轻地这边撞撞，那边碰碰，想把沙块钻穿。到第二天，它们就能钻出一条十寸长的隧道通到地面上来了。

最后，蛾子终于到达了泥土外面。只见它缓缓地展开它的翅膀，伸展它的触须，蓬松一下它的毛发。现在它已完全打扮好了，完全是一只漂亮成熟又自由自在的蛾子了。尽管它不是所有蛾子中最美丽的一种，但它的确已经够漂亮了。你看，它的前翅是灰色的，上面嵌着几条棕色的曲线，后翅是白色的，腹部盖着淡红色的绒毛。颈部围着小小的鳞片，又因为这些鳞片挤得很紧密，所以看上去就像是一整片，非常像一套华丽的盔甲。

关于这鳞片，还有些极为有趣的事情。如果我们用针尖去刺激这些鳞片，无论我们的动作多么轻微，立刻会有无数的鳞片飞扬起来。这种鳞片就是松蛾用来做盛卵的小筒用的，我们在这一章的开头已经讲过了。

点评赏析

这是一篇讲述松毛虫的生活习性和特征的科普说明文，作者用人性化的语言，用讲故事的方式生动形象地为我们介绍了松毛虫的生活史。语言生动形象，准确真实，而又富有哲理性，蕴藏了作者对昆虫的喜爱之情和对小生命的热爱。

作者用人性化的语言与昆虫对话，生动有趣，别具一格，如“你这贪吃的小毛虫，不是我不客气，是你太放肆了。如果我不赶走你，你就要喧宾夺主了。我将再也听不到满载着针叶的松树在风中低声谈话了。不过我突然对你产生了兴趣，所以，我要和你订一个合同：我要你把你一生的传奇故事告诉我，一年、两年，或者更多年，直到我知道你全部的故事为止。而我呢，在这期间不来打扰你，任凭你来占据我的松树”。这里，作者用谈话式的方式与松毛虫交谈签订合同，语言风趣幽默，使人倍感亲切，体现了作者的人文情怀以及对昆虫的爱。

豌豆象

导读　看到这个标题，你是不是会想它与大象有什么关系吗？其实它们根本不属于同一种族。豌豆象是一种啃食粮食的虫子。它们对田园劳作一窍不通，却按时从收获物中提取自己的那一份儿。它们是从哪里来的呢？它们又是如何不劳而获的呢？

人们对豌豆的评价一向很高。从古至今，人类都会通过科学的劳作和管理，想方设法使豌豆果实又大又甜蜜。这种作物可以满足园丁的需要。今天的人距离瓦罗①和科吕麦拉们的时代，尤其是距离第一个用岩穴熊的半颌骨（因为颌骨上的牙齿如同犁铧）耕种土地的人的时代十分遥远。

我们所处的地区并没有类似豌豆鼻祖的野生植物，所以它究竟在哪里？或许就连植物学家们都不清楚。除此之外，人们同样不清楚可食用植物的相关信息。比如没有人知道制作面包的优质小麦来自何处。因此除了精耕细作外，我们不必执着于追本溯源，到别的国家探求真相。东方的农耕文明历史悠久，采集植物的标本家却从来没有发现过没被犁铧翻过的土地上生长着的圣麦穗。

同理而言，我们对黑麦、大麦、燕麦、萝卜、小红萝卜头、甜菜、胡萝卜、笋瓜以及其他多种作物也不熟悉。没有人知道它们的原产地，只能凭借百年来人们道听途说得来的消息推测。大自然养育它们的时候，它们处于一种粗胚状态，富有野生的生命力，营养价值却很低，人们得通过辛勤劳动和运用才智去使它们的果实饱含养分。正因为人们的辛勤劳动和才智，才使耕种更加有利可图。

注释

①瓦罗（前116—前27）：古罗马学者，讽刺作家。著有涉及各学科的著作六百二十卷，其中包括《论农业》。

作为储存食物，谷物和豆类植物大部分是人工生产的。我们从自然宝库中搬运了很多原始状态不佳的粗胚，经过技术改良后，它们向我们提供了大量的食物。

我们的生活离不开小麦、豌豆等农作物，同样的，这些农作物的成长也离不开人们的精心培育。农作物没有抵抗外在恶劣条件的能力，而我们的照料可以帮助它们健康成长，如果我们对它们不管不问，会加速它们灭亡——尽管它们的种子无以计数。

随着农业的发展，更多的食物被生产出来。食物堆积的地方就会有大量食客，它们争先恐后地享受着美食。越来越多的粮食被饥肠辘辘的食客吞食。人生产得越多，上贡得也越多。大规模的耕作，大量的作物，大量的积存，肥了我们的竞争者——虫子。

这是一种内在法则。大自然以同等的热忱，将奶喂给一切幼崽，喂给制造者，也喂给掠夺别人财富的人。我们辛苦地耕种，播种，收割，所以我们已经筋疲力尽了，大自然正在为我们把麦子催熟，同时也在为那些小象虫们催熟。这些小东西并不在田里干活，而是住在我们的谷仓里，用它们锋利的口器，一颗一颗地啃着麦堆，直到把它们啃成了糠。

大自然为我们这些因翻地、锄草、浇灌而累得腰酸背疼、日晒雨淋的人催促豆荚快快饱满，也为小象虫让豆荚赶快成熟。豌豆象对农活一无所知，但是，每当春天来临的时候，它总是准时地把它的收获拿出来。

豌豆象是如何卖力干活儿的？为了吸引来豌豆象，我在自己的荒石园撒下了一些它喜欢的作物种子。没想到豌豆象五月便准时赶到了。也许是它感受到在这个偏僻的不宜播种的荒石园中有豌豆开了花，于是急匆匆地赶来，等着完成自己的使命。

它是从哪里来的？我无法说清。它或许来自某个不易被人发现的地方，并在那里度过难熬的冬日。在炎热的夏天，法国梧桐会自己剥落一层薄薄的、木质的、带刺的树皮，成为流浪的昆虫的庇护所。在这样的冬天，我常常看到我们的豌豆象躲在避难所里。每当狂风呼啸，冬天来临的时候，豌豆象就会躲藏在梧桐树的干枯的树干下面，或采取其他办法，直到温暖的阳光照耀在它身上，它才会醒来。这是生理时钟发出的信号。它们就像花匠一样，对豌豆的开花时间了如指掌。因此，它们从四面八方，以极快的速度，飞快地向它们喜欢的植物飞来。

它的脑袋很小，嘴巴很大，身上穿着一件灰色的衣服，上面有棕色的斑点，背上有一对扁平的翅膀，尾根上有两颗很大的黑痣，它的身体又矮又胖，这些都是我的客人。五月的一半过去了，豌豆象的先头部队到了。

它们在花朵上建造居室，这些花朵的花瓣就像蝴蝶洁白的翅膀。我看到有的豌豆象躺在花的旗瓣（蝶形花冠上方最大的一片花瓣）上，有的躺在龙骨瓣（蝶形花中下面两片花瓣部分联合形成龙骨状）里，还有很多在花序（排列在由主枝或复杂排列的枝条组成的茎上的一组或一簇花）中享受着美食。还没有到产卵的时候。早上很暖和，虽然阳光明媚，但并不刺眼。这是在艳阳高照中结婚、快乐享受的美好时光。这一刻，它们感受到生命的美好。有些配对后很快就分开了，然后又重新聚集在一起。正午时分，太阳高照，男人和女人都躲在花的阴影里。它们对这样的阴影之地很熟悉。第二天，它们又要去找乐子了，第三天，它们还会继续做下去，直到一颗颗硕大的豌豆把龙骨花瓣的小箱子撑开。

有些豌豆象产妇，它们急切地把自己的卵交给一个刚出生的小豆荚，这些小豆荚又小又扁，刚掉下花蒂。这些仓促诞下的卵子可能是因为它们的卵巢不能再等下去了。我认为这是一种非常危险的情况，因为豌豆象幼虫将栖息在一颗种子里，而现在，这颗种子还很小，很脆弱，既无韧性又无粉质堆。如果豌豆象的幼虫没有足够的耐性在那里等到果子成熟，它们是不会找到食物的。

可是，在没有食物和水的情况下，幼虫还能存活很久吗？这很可疑。据我观察，有些幼虫一出生就争先恐后地寻找食物，如果得不到食物，就会死去。所以，我想这颗卵如果在还没有成熟的豆荚里孵化出来是不可能存活的。但是，豌豆象妈妈的生育能力很强，所以对种群的繁衍兴旺没有太大的影响。等会儿我们将会知道，豌豆象妈妈是怎样把种子撒在四处的，而这些种子中的大多数最终都会死去。

到了五月下旬，豌豆荚在种子的催促下结出了果实，已经或即将成熟，豌豆象妈妈的使命也就完成了。我急切地盼望着能看到豌豆象是如何以我们昆虫分类学所给予它的象虫科昆虫的身份工作的。另一种象虫是长着嘴和喙子的；它们配备着一种用来建造巢穴的尖头木桩。而豌豆象的嘴很短，吮吸甘甜的汁液时很好用，但用来挖洞就完全没用了。

所以，豌豆象在安置它们的家庭时，采取了与其他动物不同的方式。它们不会像橡树象、熊背菊花象和黑刺李象一样，需要非常精细的准备。豌豆象妈妈没有钻头，只能在没有防护的情况下下蛋。这个方法很简单，也很方便，但也有很大的风险，除非这颗卵有一种特殊的体质，可以抵御高温和寒冷，也可以抵御干燥和潮湿。

早上十点钟，阳光明媚，豌豆象妈妈迈着小碎步，上上下下地打量着它选好的豌豆荚。它不时地伸出一条细细的输卵管，在上面摸索着，仿佛要把上面的一层皮剥开，然后就把卵产下来，便不管不顾了。

就这样，豌豆象妈妈的输卵管在豌豆荚的绿色表皮左右地戳了戳，然后就结束了。卵就这样毫无遮盖地躺在那里，暴露在阳光下。这个豌豆象根本就没有想过要给幼虫找一个适合它的位置，使它不得不自己走进食橱时，可以更快地找到食物。有些卵是从豆子里长出来的，有的卵产在被豌豆种子鼓胀起来的豆荚上，有的则下在像贫瘠小山谷似的豆荚隔膜内。在豆荚壳上的卵紧挨着食物，而在豆荚壳隔膜中的卵与食物之间有一定的距离。接下来的时间里，幼虫需要自己辨认方位和觅食。不管怎么说，这种杂乱无章的排卵方式，让人联想到了一种粗放型的繁殖方式。

更有甚者，在同一豆荚上所产下的卵和豆荚中的籽粒并不相称。首先，我们必须认识到，每一只虫子都需要一颗豌豆，这一颗豌豆对于一只虫子来说是足够的，但是对于多只虫子，哪怕只是两只虫子来说，这一颗豌豆就显得很勉强了。一只幼虫对应一颗豌豆，不能多不能少，这是长久以来的规则。

这就需要豌豆象妈妈在产卵的时候，知道豆荚里的豆子有多少，才能控制自己产卵的数量。可是，豌豆象妈妈并不在意这些。在一定数量的情况下，豌豆象妈妈通常会生很多小婴儿。

我的数据与此相符。每一颗豆荚里都有更多的卵，往往比可吃的豆子多得多。粮食再怎么干瘪，也会有卵。我把豆粒和卵的数量分开数了一下，每颗豆子上总是有五到八颗卵，有时候竟有十颗，而且看不出豌豆象妈妈不会在一个豆荚上产下更多的卵来。供不应求！为什么要在一颗豆荚的上面和下面放那么多的卵呢？一定会被赶出去的！

豌豆象的卵是琥珀色的，颜色很亮，圆滚滚的，两边都是圆形的。只有一毫米不到。每一颗卵都被一层凝固的蛋白纤丝网固定在荚果上。不管风雨如何，它始终屹立不倒。

豌豆象妈妈通常会生下来成对的卵，一颗在上面一颗在下面，但是通常情况下，最上面的卵会孵化出来，最下面的卵会死去。要怎样才能破壳而出却不会死亡？或许是需要太阳的照射，而下面的卵被上面的卵遮挡住，没有足够的热量来孵化。也不知道是不是因为不适当的挡板的遮蔽，还是因为别的什么原因，最先出生的那对双胞胎几乎不能正常生长，它们在孵化出来之前就已经死亡了。

当然，也有意外。有时会出现一对卵发育得都很好的现象，但是这是很少见的。因此，如果总是成双成对产卵的话，那么它们的家族就会减半。有一种暂时的方法，对人类不利，但对象虫科昆虫有利，能减轻灭绝的程度：大多数的卵都是单独在一个地方产下的。

刚孵出的幼虫，有一条浅灰色或浅白色的、弯曲的小带，从卵壳上凸出，刺破了豆荚皮。那是一只幼虫，它的皮肤下面有一条管道，它在里面扭动着，寻找着可以进入的地方。找到可以钻进去的地方后，体长只有一毫米，通体雪白，戴着黑色帽子的幼虫，开始钻进豆荚宽敞的肚腹中。

它爬到了豆子旁边，落在了离它最近的一颗豆子上。我一边用放大镜看着它，一边看着它的豌豆世界。它在豌豆的表面上凿了一个垂直的水洞。我曾经看到过，有些幼虫一半的身体沉进了井里，另一半身体浮出了井外。过了一会儿，这些幼虫就消失了，回到了它们自己的家中。

这道门不大，但是一看就知道是什么，因为在豆子的浅绿和金黄的映衬下，它是棕色的。没有固定的入口。总之，可以在豌豆表面的任何地方打孔，就是不能在豌豆的下面打孔，因为下面的部分就是悬韧带最发达的部分。

这个部分有豌豆的胚胎，但它没有被幼虫破坏，反而长出了一个嫩芽，尽管豆子上有一个被豌豆象成虫钻了的大洞。为什么这部分是完整的？是什么让它不被幼虫所伤害呢?

豌豆象当然不会在乎花匠的死活。豌豆是为它而生的，也只为它而生。它没有咬死那些种子，并不是为了减轻灾害。当然，还有其他的原因。

要知道，豌豆是一颗一颗地紧靠在一起的，而那些正在寻找下口位置的幼虫很难在豆子上活动。还要注意的是，豌豆的下半部分会因为肚脐上的肿块而变厚，所以要钻穿它是非常困难的，而其他地方则不存在这样的问题。或许，在肚脐的某个特定位置可能会有某些特定的体液，而这些体液正是幼虫所不喜欢的。

这就是豌豆为什么即使会被豌豆象吃掉也会长出嫩芽的原因。豌豆虽然受损，但没有死去，因为豌豆象攻击的是上半部分，那是可以轻易钻进去却不会造成太大的伤害的地方。此外，因为整个豌豆已经足够一个豌豆象吃了，所以被伤害的部位仅仅是那个豌豆象喜欢的部位，而不是决定豌豆生死的部位。

在其他条件中，当种子过小或者过大时，我们会得到完全不同的结果。如果种子很小，幼虫没有多少东西可以吃，不够填饱肚子的，所有的胚芽就都被吃光了。如果种子的个头很大，食物就会很丰富，能供很多幼虫进餐。如果豌豆象所喜爱的豆子不足，它们就会把视线放在别处，以野生豌豆和马蚕豆为食。从这两种植物中，我们也可以得到相似的证据：野豌豆的颗粒很小，几乎被啃食殆尽，几乎没有任何萌芽和生长的希望；马蚕豆很大，虽然豌豆象的很多房子盖在上面，但还是能长出嫩芽来。

我们已经知道，豆荚上的卵比豆荚里面的卵要多得多，我们还知道，每一个被占据的豆粒都属于一个幼虫，那么，多出来的那些幼虫会怎么样呢？当第一批成熟期的幼虫一个接一个地钻进豆荚里，剩下的幼虫会不会死在外面呢？它们会不会被抢先一步的幼虫残忍地杀死？都没有。事情就是这样。

这时，在那颗老豌豆上，有一个豌豆象成虫钻出来时留下的圆形大洞，上面有几个红褐色的小点，有多有少，但每一个小点的中心都有一个小洞。我清点了一下，每一颗豆子上都有五六个或更多的小孔。那这是什么东西？我不可能搞错：有多少个洞，就有多少个幼虫。有几只幼虫钻进了一颗豆子里，但最后活下来，并且长成成虫的只有一只又大又胖的。其他的呢？我们很快就会看到的。

五月底到六月，正是豌豆象繁殖的季节，那时豆子还很嫩，绿油油的。几乎每一颗被幼虫侵染过的豆子上都能看见一个个的小点，这些小点我们在豌豆象抛弃过的干豆上见过。难道这就是成群成群的虫子聚在一起的征兆？没错。我们要把上面提到过的这些豆子，分出它们的子叶，并在需要的时候，把它们再细分一下。我们露出了几只蜷缩在豆子里的幼虫。

这群幼虫聚集在一起，看起来和谐而快乐。邻居之间的关系很好，没有争吵。进餐开始，食物丰盛，就餐者被子叶尚未被触动的部分所形成的隔膜分开着，坐在它们自己的小房间里，没有互相打架，也没有因为偶然的接触或故意的挑衅而产生冲突。对于所有占有它的人，拥有同样的所有权，同样的欲望，同样的权力。那么，分享相同的豆子会有什么结局？

我把有豌豆象居住的豌豆切开，然后把它们放进了一个玻璃瓶里。我每天都会把另外的切开。就是这样，我才知道了那几个豌豆象的生长情况。一开始，一切都很正常。每个幼虫都会单独待在自己很小的巢穴中，咀嚼着周围的食物。它省吃俭用，也很少说话。它还很小，只要吃一点东西，就会饱了。但是，一颗豌豆不能支持那么多的幼虫长大。饥饿的情况随时可能出现，到时候，所有的猎物都会死掉。

情况的确改变得很快。长在豆子中间的那个幼虫，长得比别的幼虫更快。只要它的体型比其他竞争者大上一圈，其他竞争者就会停下来，不敢再去寻找更多的食物。它们一动不动，任由命运摆布；它们就这样无声无息地死去了。它们消失，溶解，消亡。那些可怜的受害者多么渺小啊！从那时起，这颗豌豆就完全属于存活着的幼虫了，其余的幼虫一个接一个地死在它的周围。这是什么情况？我并不清楚，只是做了一个推测。

豌豆中间，阳光对它的光合作用最多，在那里，会不会有一种婴儿食品，一种对它脆弱的胃来说，更柔软的食品呢？在豌豆的中心，幼虫可能是因为吃了一种又软又香的甜食，所以它的胃部才会有力量来消化那些难吃的东西。婴儿在吃流质食物，吃面包以前，一直在喝牛奶。豌豆中间的那一块会不会就像是豌豆象妈妈的乳汁？

豌豆的拥有者们野心和权力都是一样的，它们都想得到最好吃的。旅途困难重重，临时住所不时出现，以便歇息。除了渴望更好的食物之外，它们还会选择一些已经煮熟的食物，它们更多的是用自己的牙齿为自己开路。

终于，挖到了正确的地方，即豆粒中心的乳制品厂。然后，它就在那里定居了，这就是最后的结局：其余的幼虫都得死。其他的幼虫怎么知道中央已经被占领了？它们大概是听到自己的同伴正在用自己的嘴巴，撞击着木屋的墙壁；也或许是感应到了远处有什么东西在啃咬。在那之后，它们就再也没有前进过。那些姗姗来迟的幼虫，并没有和幸运儿争夺，也没有驱赶它们，反而主动选择了死去。我喜欢那些姗姗来迟的幼虫们表现出来的淳朴的忍耐。

还有一种情况，就是空间的情况，对此也有影响。在我们的那些豆象中，豌豆象是最大的一只。在它们成年时，它们需要一个更大的住所，而其他的那些豆象成年时并无这种要求。一颗豌豆可以给一个豌豆象提供一个很大的住所，但它不能让两个同时居住，因为它们之间的距离太小了。在这种情况下，我们需要无情地裁减人员。因此，在一颗被入侵的豌豆中，所有的竞争对手都被消灭，只剩下一只幼虫。

蚕豆是一种和豌豆一样受豌豆象欢迎的食物，但是它能让好几个豌豆象住在一个旅店里。在豌豆中的独居者在蚕豆这里变成了共居者。这片土地很大，可以容纳五六只以上的幼虫，还不会影响到其他虫子的地盘。

而且，每只幼虫都有最初几日的松软蛋糕在自己的嘴边，也就是说远离表面、硬化缓慢、味道保存得很好的那一层。里边有一层是面包芯，剩下的都是面包壳。

在豌豆中，这松软的一层位于中心部分，是一种非常微小的东西，也是豌豆象的幼虫一定要爬上去的，如果爬不上去，它就会死去；而在蚕豆这个大家伙的中间，则是两片薄薄的豆瓣。如果在这硕大的豆粒上随处吃上一口的话，每只幼虫只需在自己面前往下钻，很快就能钻到想吃到的食物。

那么，接下来会发生什么？我清点了一颗蚕豆上的卵，又清点了豆荚里的蚕豆粒，这样一对比，我就知道，如果有五六只幼虫的话，这个蚕豆荚有足够的空间可以装下一家人。这样，就没有多余的卵一孵化就死掉了。人人有饭吃，家财万贯。由于有充足的食物，所以才有了这样一种粗放型的繁殖方式。

如果豌豆象一家人总是把蚕豆当作它们的栖身之地，那我就可以理解它们为什么会在同一颗豆荚上产下这么多卵了，因为有丰富的、容易吃到的食物，吸引着它们产下这么多的卵。至于豌豆，我一头雾水。是什么原因驱使豌豆象妈妈把它的幼崽生在食物匮乏的地方，然后被活活饿死？为何在一张仅有一个座位的桌子周围聚集了这么多就餐者？

人生之路从来都不是这样走的。有一种预见性通过控制卵巢来调节它的产卵数量的。金龟子、泥蜂、葬尸虫和其他给孩子们买食品罐头的母亲，对自己的生育进行了严格的限制，因为它们的面包店里的软面包，篮子里的野味，坟墓里的腐肉，都是它们辛辛苦苦赚来的，而且数量很少。

与此形成鲜明对比的是，绿头蝇会把它们的卵成堆成堆的放在一起。它相信这些尸体就是无穷无尽的宝藏，所以才会有那么多的蛆虫，它不在乎下了多少。此外，虫子们通过不正当手段获得更多的食物，往往会出现更多的伤亡，所以昆虫妈妈就产更多的卵来弥补伤亡，以维持数量平衡。芫菁科昆虫就是其中之一，它们经常在极度危险的时候去抢夺别人的东西，所以它们的繁殖力很强。

豌豆象既不了解被迫减少家庭人口的劳作者之艰辛，也不清楚被迫大量增加家庭成员的寄生者的苦难。它可以自由地、毫不费力地搜寻，只在明亮的太阳下，在它最喜欢的花花草草之间徘徊，为它的每一个孩子留下它想要的东西。它可以这样做，它就像一个疯女人一样，把多余的孩子放在一颗豌豆荚上，让它们中的许多在没有足够营养的哺乳室里饿死。我不太明白这是多么愚蠢的行为：这违背了母性本能的与生俱来的远见卓识。

所以我想，在这个世界上，豌豆不是像它最初获得的那样，而更应该是一颗蚕豆，因为一颗蚕豆可以养活五六个食客。由于这些种子很大，昆虫的卵子和可以食用的食物之间没有什么明显的不相称之处。

此外，不用说，在我们菜园里种的所有豆子中，蚕豆是最早的。它的体型很大，味道也很好，应该是从远古时代就被人们发现了。对那些饥肠辘辘的民族而言，这是一种非常有营养的食品。于是，人们迫不及待地把这种植物种在自家的花园里。这就是农耕的开端。

从中亚来的定居者，坐着有胡子的牛拉着的车，从一个地方到另一个地方，给我们这片荒芜之地，先运来蚕豆，再运来豌豆，最后运来预防饥饿所需的粮食。还带来了牛羊。他们向我们介绍了最初用来制造工具的金属——青铜器。于是，人类文明的曙光在我们这里显现出来。

当这些远古的先驱者为我们带来蚕豆时，他们会不会也带来了现在和我们抢豆子的那些虫子？这样的猜疑并非没有道理。豌豆象好像是豆科植物的土著居民。至少，我还知道，它曾经向很多豆类植物征税。特别是在森林中的山黧豆上，它大量繁殖，因为山黧豆拥有一串串的花序和长条形的美丽的豆荚，特别是红豆杉。山黧豆的种子很小，比我们的豌豆还小。不过，它们的种子皮很软，可以被幼虫吞食，因此，每一颗种子都足够它们的主人长得很胖。

另外还有一点，山黧豆的豆粒数量很多。我算了一下，每一个豆荚里都有二十多颗豆粒，就是豌豆在最丰产的时候，也不可能有这么多豆粒。所以，没有多少残渣的高品质山黧豆，通常可以养活一家食客。

当森林里的山黧豆供应不足时，豌豆象就会转向另一种口味相似的植物，但是另一种植物的豆荚不能完全喂饱它的幼虫，所以，它可以在野生豌豆上，也可以在人造豌豆上产卵。在营养不良的豆荚上也有许多卵，这是由于原始社会的植物品种多，种子大，能提供大量的食物。如果豌豆象真的是外来物种，那么它最初的食物就是蚕豆；如果豌豆象是土著居民，则假设其最初的食物是山黧豆。

在很久很久以前，豌豆来到我们这里。最初，它是从史前时代的那个小花园里收割的。它被认为比蚕豆更好，因为豌豆对人类的贡献已经远远超过了蚕豆。象虫也有同样的想法。虽然象虫还没有完全抛弃蚕豆和山黧豆，但它已经开始以广泛种植的豌豆为基地了。今天，我们不得不和豌豆象分享豌豆：豌豆象拿走了它想要的那一份，然后把另一份留给我们。

我们产品的丰富和优质所带来的孩子就是昆虫，它们不断繁衍兴旺，然而，它们也在衰落。对于象虫来说如同对我们来说一样，食物方面的进步并不总是十全十美的。节衣缩食，种族受益；食不厌精，种族受苦。豌豆象在蚕豆和山黧豆这样的粗劣食品上建造了一个婴儿死亡率很低的定居点。在那里，每个人都有东西吃。而在豌豆这一精致的食物上，大多数食客都饿死了。豌豆不多，但是食客很多。

我们没必要在这一问题上浪费太多的时间。让我们来看看一只豌豆象的幼虫，它所有的兄弟姐妹都死去了，所以它成为唯一的主人。在这样大规模的死亡中，它安然无恙，完全是运气使然。在豌豆中间那片丰润而偏僻的土地上，它开始了它唯一的职业，那就是吃。它先是吞噬周围的食物，然后再向外扩张。它的腹部开始膨胀，它的巢穴开始变大，但接着就被大肚子填满。它体态轻盈、丰腴，散发着一种健康的气息。当我挑逗它的时候，它就会在房子里懒洋洋地转来转去，还会轻轻点头。那是它恨我多管闲事的一种方式。我们得静悄悄的，不要打搅它。

它长得又快又好，所以夏天一到，它就开始忙碌着外出了。成年豌豆象并没有配备好能从豌豆中钻出去的工具，因为豌豆已经完全变成了硬块。幼虫知道自己将来的无能为力，提前预知到了这一点，所以以一种奇妙的方式脱离了困境。它用它那粗壮的下颚挖出了一个圆形的安全出口，出口的墙壁非常光滑。即使是最好的刻刀也无法达到这种效果。

不仅要有一个逃生的窗户，还要求蛹在做这件事时有一个安静的环境。入侵者会从敞开的窗户潜入，对没有任何防备的蛹进行伤害。因此，这个天窗一定要关闭。如何关闭？这就是秘诀。

当幼虫从一个出口钻出来的时候，它们会把那些白花花的东西吃得一干二净。当它爬到豆粒表面时，它便忽然停下来。这层皮肤是一层薄薄的保护膜，用来保护幼虫的巢穴，防止有外来者潜入。

这是成虫迁居时唯一会面临的问题。为了让这个保护膜更容易脱落，幼虫在里层细心地围绕着盖子刻画出一道沟槽。到了成年阶段，只要把自己的肩膀往上一推，再把自己的前额往上一顶，就能把那个圆形的盖子给顶起来，它会像木锅盖子一样掉下来。出洞口从豌豆的半透明的皮肤中展露出来，宛如一个宽大的环状斑点，因为房间里太黑，光线并不是很好。由于被一层磨砂般的玻璃遮住了，人们很难看清下面发生了什么。

这个舱口设计得很好，它不仅可以用来防御入侵者，还是成年豌豆象在合适的时候，用肩膀一推即开的一扇门。我们会不会因此而尊敬这个豌豆象呢？这只灵活的虫子能想出这样的好主意，思考出这样的办法，进而把计划付诸实施吗？一个小小的象虫能有这样的能力，已经很了不起了。在下结论之前，让我们来做个试验。

我先把被豌豆象幼虫寄生在上面的豆子的外皮去掉，然后把豆子放进一个玻璃瓶中，以免豆子很快就风干了。幼虫在里面长得很好，就像在没有被剥掉皮的豆子里长得很好一样，然后就可以准备离开屋子了。

如果那些幼小的矿工们受到了它们自己的启发，如果那些经常被它们仔细察看过的顶板被认为变得非常薄弱，以致它们停止了挖掘，那么，在目前的各种情况下，将会发生什么呢？幼虫觉得自己离地面很近时，就会停止钻井；这样就不会破坏掉没有外衣的豌豆上的最后一层皮，这样就形成了一个必不可少的保护膜。

相似的情况并没有出现。井坑已经完全挖好了，出口在外面打开，如同表皮仍在保护着豌豆似的一样宽大，一样精雕细琢。安全的原因一点儿也没有改变幼虫的习惯劳作。敌人可以进入这个可以随意进出的小木屋；幼虫对此并不担心。

如果它不能在豌豆上打个洞，它就不会多想了。没有面粉的薄膜不符合幼虫的胃口，所以它就停下了。我们不也是把豌豆泥里没有任何营养的豌豆皮给去掉了？毕竟，豌豆皮的用处并不大。看来，这只豌豆象的幼虫也像我们一样，不喜欢豌豆粒的外皮，因为豌豆粒的外皮就像一张羊皮纸，不能被幼虫轻易咬破。它走到表皮的时候就停住了，因为它知道这东西很难吃。在这种不愉快的情绪中出现了一个小小的奇迹。虫子毫无逻辑可言。它被动的遵从某种更高层次的逻辑。它只是遵从，却没有察觉到自己的技巧，就像是一种可结晶的物质，以一种有序的方式，将自己的原子聚集在一起。

到了八月份，或者更早，或者更迟，豌豆上会有一些黑色的斑点，而且每颗豌豆上总是有一个。毫无疑问，这里是出口。到了九月份，这些黑点就会扩散开来。就像是用钻头钻出来的盖子，整齐地分开，落在地面上，房门就打开了。豌豆象露出了它最后的模样，穿着一身华丽的衣服，从里面爬了出来。

春光明媚。花在雨中开放。来自豌豆的移民带着秋高气爽的心情来了。接着，冬天到来了，它们开始四处寻找可以躲避的地方。其他的一些也有同样多的迁徙者，它们不会匆忙地离开它们出生的豆粒。整个冬天，它们都待在豆子里，一动不动，生怕被人碰一下。只有在炎热的天气来临时，木屋的门才会关上合页，也就是说在抵抗力较弱的沟槽上发挥作用。然后，那些姗姗来迟的小东西就会和那些先来的小东西汇合在一起，在豌豆开花的时候一起干活。

从各个方面来看，昆虫的天性是一种无穷无尽的、千变万化的表现，这是观察者在观察昆虫世界时所感到的最大的快乐，因为再也没有什么能比这更好地显示出生活中各种事物之间的奇异的和谐关系了。我知道，并不是每个人都喜欢这样学习昆虫学的。他们嘲笑这个傻瓜，因为他全神贯注地研究虫子的每一个动作。对功利主义者而言，一小捧没有被豌豆象吃掉的豆子比一大堆没有直接利益的观察报告要好得多。你这个没有信念的家伙，谁说今天没用的东西，明天就不是有用的了？知道了这些昆虫的生活习惯，就可以更好地保护自己的财产了。假如我们瞧不起这种不注重功利的观念，那就后悔莫及了。正是这些思想的不断累积，不管这些思想是可以马上付诸行动的，还是不能马上付诸行动的，人类都会变得越来越好——今天比从前好，将来比现在好。如果我们需要豌豆象来跟我们争夺豌豆和蚕豆，那么我们也需要知识，因为它是一个巨大的、坚固的和面罐子，在罐子里搅拌着，发酵着。思想观念同蚕豆一样的重要。

这一观念还明确地告诉我们："贩卖谷物的商人用不着在豌豆象的身上浪费时间和精力。这些豆子被运到粮仓的时候，损失已经不可挽回了，但是损失并没有扩大。完好的豌豆根本不必担心与受损的豌豆做邻居，不管它们在一块待了多长时间。到那时，豌豆象就会从被破坏的豌豆里钻出来；假如有逃跑的机会，他们早就从谷仓里飞出去了。反之，它们就会死掉，并不会损害完好无损的豌豆。在我们所吃的干豌豆中，还从未见过豌豆象的卵，也从未见过新一代的豌豆象；此外，我们还没有看到过成年豌豆象对豌豆造成的损害。"

我们的豌豆象并不是在谷仓里安家的。它们需要新鲜的空气、阳光和自由的原野。它们不会吃很多，也完全不会吃那些比较坚硬的蔬菜。它们的小嘴巴只需在花丛中吸上一小口蜂蜜就够了。而且，这些幼虫也要吃那些柔软的面包——正在豆荚里长成的绿色豌豆。也正因为如此，粮仓中没有碰到开始时进入其中的豌豆象卵发育成长之后又在繁殖下一代的现象。

灾难的根源在田地里。在对付这些昆虫的战斗中，如果我们不总是束手无策的话，我们必须尤其注意观察它们的为非作歹。豌豆象数量多得出奇，体型小，而且非常狡猾，所以很难被消灭的，它们甚至无视我们的愤怒。花匠叫喊着，咒骂着，可是那个象虫却一动不动。它们还在做着它们的收税工作。幸好，我们来了几个帮手，它们比我们更有耐心，也更有效率。

八月的第一周，成年的豌豆象开始迁徙，我看见一只小小的蜜蜂在守护我们的豌豆象。我在我那些作培育用的短颈大口花盆里看到了许多象虫。雌蜜蜂的头部和胸部是棕色的，腹部是黑色的，上面有一条长长的螺旋。雄蜜蜂体型较小，穿着黑色的衣服。无论雌性还是雄性，都有红色的爪和丝一样的触角。

为了从豌豆里爬出来，豌豆象的捕食者在豌豆象为最终解脱而在豌豆表皮上雕刻出的天窗圆封盖上开启一扇小天窗。被吞噬者为其吞噬者开辟了一条生路。有了这个细节，其他的就很容易猜到了。

豌豆象幼虫蜕变的初期结束，洞口被凿开的时候，蜜蜂们就会匆忙地飞来。它对那些还在茎杆上结出的小豆子进行了细致的观察，把触须伸过来伸过去，找出了豆皮上最脆弱的部分。然后，它就把它的探针竖起来，伸到豆荚里，在豆荚外面的薄壳上打洞。不管象虫的幼虫或者蛹藏得有多深，小蜂的长刺总是能摸到。小蜂把卵放到一个象虫的幼虫或者蛹里，就算完成了这一任务。象虫还在沉睡中，或者说它还在茧中，没有任何反抗的能力，因此，这个胖家伙会被吸成一具干尸。

我们不能随意地让这个狂热的破坏者繁衍下去，真是太可惜了！哎！这是一个让人极度失望的怪圈。我们不能这样做，因为如果要有很多豌豆探测器，也就是蜜蜂来帮助我们，首先，我们必须有一群豌豆象。

点评赏析

本文开篇从小麦、豌豆以及其他的作物对我们来说是不可或缺的，因而我们为其翻地、锄草、浇灌而累得腰酸背疼、日晒雨淋催促豆荚快快饱满时，其实也是在为小象虫准备一份食物说起，从而引出本文要讲的豌豆象。之后，作者介绍了豌豆象从何而来，豌豆象妈妈如何产下小卵，小卵们又是如何一天天长大，如何掠夺我们的粮食。自然界的生物链一环套一环，豌豆象也有自己的敌人——蜜蜂。对于蜜蜂的袭击，人类无法过多地干预，因为这会破坏大自然的生态平衡。读完整篇文章就像是看了一部豌豆象的纪录片，融文学与艺术于一体。

萤火虫

扫码听读

导读 萤火虫可谓无人不知，无人不晓。没有什么昆虫能像它那么家喻户晓。炎热的夏夜里，它带着挂在它屁股上的那盏小灯，为我们增添了无数的乐趣。除了知道它会发光外，你有没有研究过它是怎么发光的？它为什么会发光呢？

在我们这一带，很少有昆虫能像萤火虫一样尽人皆知。这小虫子非常有趣，为了表达生的喜悦，居然在屁股上挂了一盏小灯笼。在炎热的夏季晚上，谁没看到过它的身影呢？古代希腊人把它称之为“朗皮里斯”，意为“屁股上挂灯笼者”；法语中则称它为“发光的蠕虫”。严格来说，“虫”这个称呼也不算准确。萤火虫根本不是人们印象中蠕动的虫子，它有六只短小的足，它知道如何去发挥这些短足的长处。它十分灵活，能够碎步小跑。雄性萤火虫发育成熟后会长出鞘翅，就像真正的甲虫一样；雌性萤火虫没有得到上天的恩宠，不能享受飞行的快乐，终生保持着幼虫的形态。即使如此，称它为“蠕虫”也是不恰当的。法国有句通俗语，叫“像蠕虫一样一丝不挂”，用以形容身上未穿任何保护性的衣物。萤火虫的幼虫是穿着衣服的，也就是说它有一层还算坚韧的外皮。它的衣服色彩斑斓，通体棕红色，胸部、腹部还有粉红色的装饰。在每节身体背面，左右两侧各有一个鲜艳的红色斑点，蠕虫可没有这样的衣服。

我们先来看看萤火虫以什么为生吧。单从外表来看，萤火虫这种昆虫似乎是既善良又可爱。但事实上，它却是一种食肉动物，并且凶猛无比。它猎取山珍野味的方法非常巧妙，就像一个狡猾的猎人。看来，它那副清纯善良的外表不过是用来迷惑众人的一个假象。被它俘虏最多的要数蜗牛了，这一点很多人都知道。鲜为人知的是它的那些稀奇古怪的捕食方法，至少这些方法我在其他的地方还没有看到过。

在吃掉猎物前，萤火虫要先给猎物注射一针麻醉剂，好让病人感觉不到痛苦。通常情况下，蜗牛是萤火虫所猎取的主要食物。这些蜗牛都很小，个头儿还没有樱桃大。在酷热的夏天，这种蜗牛常常成群聚集在粗壮的草茎上，或者其他植物干燥的枝条上，深深沉思着，一动不动。我多次在这种情况下观察到萤火虫对猎物发动攻击，用它的外科技巧使蜗牛无法动弹，然后饱餐一顿。

萤火虫可以捕获食物的地方有很多，除了上面说的路边的枯草、麦根以外，一些沟渠中的杂草丛，它们也经常光顾。因为这些地方又阴凉又潮湿，有大量的蜗牛出没。萤火虫怎么会放过这样丰盛的美餐呢？它们通常都是将俘虏就地杀死、就地吃掉，整场战斗干净利落。我可以在自家的屋子里制造出这种环境，把萤火虫吸引到这里来。也就是说，我能制造出一片战场，让萤火虫在上面战斗。同时，我也可以借此机会仔细观察一下萤火虫。

我特意准备了一个大玻璃瓶，在其中放上一些草、几只捉来的萤火虫和蜗牛。瓶中蜗牛的体型适中，正等待变形，这些条件十分符合萤火虫捕食的要求。因为萤火虫捕食蜗牛通常是瞬间发生的事情，所以我必须耐心地坐在瓶子旁边，仔细观察瓶子中所发生的情况。

我终于发现是怎么回事了。蜗牛通常完全缩进壳里，只有外套膜边缘的一点儿肉露在外面。贪婪的捕猎者打开了它的工具。工具很简单，要用放大镜才能看清楚。萤火虫的身上有一把钩子，是由两片颚弯曲起来合拢到一起形成的。这把钩子尖利、细小，像一根毛发一样。在显微镜下面可以发现，这把钩子上面有一条沟槽。这就是它的武器。萤火虫用这工具轻轻拍打着蜗牛壳口边沿的肉，动作极其温柔，看起来就像无害的亲吻，而不是叮咬。它弹得很有分寸，有条不紊，不紧不慢，每弹一次就停顿一下，仿佛要看看效果如何。它弹的次数不多，只要五六次就能制服猎物，使其动弹不得。之后，萤火虫就要开始吃自己的食物了，它很可能也是要用弯钩去啄，因为我几次都未观察清楚，所以对这一点我说不太准。总而言之，萤火虫在做这一切的时候非常迅速、敏捷。毫无疑问，它用带弯钩的大颚把毒液注射到蜗牛体内，使之昏死过去。我检查了一下猎物。在被萤火虫刺了四五次之后，我迅速地把那只蜗牛拿开。我用一根细针去刺进这只蜗牛的前部，亦即缩在壳内的蜗牛所暴露在外的身体，蜗牛竟然一点儿收缩的反应也没有，仿佛已经不再活在这个世界上。

还有一次，一只蜗牛遭受到萤火虫的攻击，被我非常偶然地看到。当时这只蜗牛正在慢慢地向前爬行着。就在这时，它忽然受到了萤火虫的攻击。萤火虫把毒液刺到了蜗牛的体内之后，只见这只蜗牛乱动了几下便没有了精神。脚步停滞不前，触角也软软地耷拉下来。如同一只折断了的手杖。它一直保持着这种状态。

可是它真的死了吗？答案是不。我完全有办法让它起死回生。在这只可怜的蜗牛受到攻击之后的两三天内，我坚持给它清洁伤口，尽管这对于取得实验的成功并非绝对必要。

几天之后，这只被无情蹂躏、几乎一命呜呼的可怜虫又恢复了知觉，可以自由地爬动。它的知觉也已经完全恢复了，我这时再用细针去刺它，它很敏感地把躯体缩进壳内藏起来。它的触角也重新伸了出来，显得精神倍增。同前几天陷入深醉状态什么都不知道相比，现在可以说是重新开始了第二次生命。

蜗牛是那样地温柔、平和，从来不伤害其他生物的动物，可是萤火虫却残忍地向它注射毒液，并等它失去知觉后把它吃掉。这是为什么呢？这其中的原因我想被我发现了。

在阿尔及利亚有一种名叫德里尔虫的昆虫，它不像萤火虫那样能够发光，可是无论构造还是习性都非常像萤火虫。而且，它们的食物也主要是地上的软体动物。它最喜欢的是一种圆口螺，这种螺有着非常优雅的螺旋形线条，身体底部还有一片石质螺盖能够将它的身体牢牢封闭在外壳内部，从而得到保护。螺盖如同一扇能够活动的门，只要它的身体往壳里一缩，这扇门就可以自动关上；只要隐居者想出来，活动门便会打开。德里尔虫很明白这样严实的外壳并不容易被突破。于是，它向我们展示了自己的吸附器（萤火虫也有相同的器官展示给我们），靠它在螺壳表面吸附，然后等待时机，甚至有时会等上几天几夜。圆口螺毕竟需要进补一些空气和食物，而这时正是德里尔虫进攻的最好时机。虽然活动门或许只是微微有一点打开，但这对德里尔虫来说已经足够了。它立刻上前，开始进攻。活动门将不会再关上，德里尔虫成功占领了堡垒。我们所在的地区是没有这种虫子的，但我觉得萤火虫的攻击手法应该和德里尔虫相近。它可以趁着猎物不能动弹而潜入其坚硬的外壳，慢慢品尝。

继续来说萤火虫。对于萤火虫来说，蜗牛无论是在地上爬行还是把自己缩进壳子里，总能很容易地攻击到它。原因是蜗牛背上的壳并没有完全封盖起来，蜗牛身体的前部毫无遮拦，几乎是完全暴露在外面的。因此蜗牛无法自卫，很容易被伤害。因此，它经常爬到那种比较高而且不稳定的地方。比如草杆的顶上，或者是光滑的石面上。这些地方对它来说是天然的保护所。但是一定要紧紧地贴住附属物，不能留下一点儿空隙。如若不然，稍微的不加留神便让萤火虫有机可乘。

萤火虫对对手施以麻醉术时其实是非常谨慎的。它的每次攻击都是非常轻微的，这样做是为了防止打草惊蛇，免得它挣扎、乱动，从高处掉到地上。萤火虫不是那种死缠烂打的昆虫，它对于猎物的热情本来就不算很高，再出现这种意外，它当然没有继续追寻蜗牛的打算了。它最喜欢的搜寻目标的方式是幸运之神将猎物送到它面前。所以，萤火虫在捕食蜗牛的时候必须要敏捷。一定要轻微地接触蜗牛，不要惊动它，免得从高处落下。那样的话，就前功尽弃了。因此，突然对猎物施以深度麻醉，一针见血，是它捕捉猎物的绝招。

那么，萤火虫是怎样吃掉蜗牛的呢？它是不是真的在吃猎物？它是把蜗牛先分割成小碎块，然后再慢慢咀嚼吗？依我的观察似乎并非如此。因为到现在为止，我还没有发现萤火虫身旁有什么蜗牛的遗骸出现，也看不到什么食物痕迹。萤火虫更像是在吸食它的猎物，将猎物转化成流质，然后吸进自己的体内。或许这种昆虫和双翅类昆虫的肉食性幼虫一样，先把食物弄成流质，然后再痛快地享用。我把我所见到的萤火虫“吃食”的过程介绍如下：

萤火虫先把蜗牛进行麻醉。它几乎总是单独操作。即使遇到一只大蜗牛，也不找助手。在这之后不久，便会吸引来一大群客人。猎物主人对于这些客人的到来并没有产生反感，而客人们也不客气地大吃大喝起来。两三天之后，等主人与食客都离去了，整个蜗牛会被我翻转过来，蜗牛壳中的液体同时会流出来，所有来客，包括主人在大吃一顿之后将剩下的猎物的残羹冷炙抛弃，一顿大餐聚会就这么结束了。

蜗牛怎么会变成了液体？这是因为萤火虫大军不断地在蜗牛身上咬出各种细小的伤口，正是因为这种撕咬让软体动物的身体渐渐化成了液体。所有的参与者都没有你我之分，它们共同品尝着丰盛的大餐，它们不断液化蜗牛的身体，最终彻底瓜分了这个猎物。由此能够推测出：在萤火虫的工具中，除了向蜗牛身体注射麻醉剂的两颗獠牙——或许还同时注射了能够将猎物肌肉进行分解的体液——之外，并不存在其他有力的工具。这两颗獠牙必须用放大镜才能够进行细致的观察，我发现了獠牙可能有其他用途。它们的中间是两条微细的空管，这不仅是注射麻醉剂的工具，同时也可能是吮吸蜗牛体液的工具。萤火虫的这种工具与蚁蛉的那对工具颇为相似。蚁蛉就依靠这种工具吸食猎物的肉，待它用餐完毕，会从沙地的漏斗状陷阱中抛出大量的丰盛食物。而萤火虫的过人之处在于它能够完全将猎物的身体液化，从而将猎物身体的所有部分都吸光，几乎一点都不剩。

有时候，蜗牛所处的位置使它很难保持稳定的平衡，但是萤火虫的技术非常高超，很快就将蜗牛处理完了。通过喂养萤火虫的大口玻璃瓶，我清楚地看到了全过程。我用一片玻璃盖住瓶口，有的时候蜗牛会爬到瓶子顶部的这张玻璃片上。它利用随身携带的黏性液体把自己黏在瓶子上，而想要稳固地黏在玻璃瓶盖上则需要分泌更多的液体，所以它只是在那作短暂的停留。这样一来，只要稍微一碰，蜗牛便会从玻璃表面脱落下来，掉到瓶底处。

萤火虫是可以爬到玻璃瓶壁上的，它的腿脚虽然不长，但它依靠某种攀缘器官沿着瓶子内壁爬到蜗牛暂时停留的地方。在萤火虫靠近猎物之后，首先会进行一番仔细的观察，耐心地寻找自己可以动手的缝隙，一旦它找到了缝隙，便会轻轻地刺咬，让猎物没有什么知觉，之后就开始了液化蜗牛的工作，使蜗牛肉变为蜗牛肉汤，然后美美地吮吸起来。

一阵风卷残云之后，蜗牛便被萤火虫吃得只剩一个空壳了。不过，它的空壳却依然能够吸附在玻璃上不会掉下来，甚至位置一点都不会发生改变。这能说明，隐士先生从被攻击到毁尸灭迹的整个过程中都没有任何反抗，它们在被麻醉的一刻就已经完全失去了任何行动能力，甚至连自己是怎么死的都没有察觉。萤火虫的捕杀技术是何等高明！它们能够凭借自己令人吃惊的麻醉速度迅速地将对手击败，而且完全是杀对手于无形，甚至就连蜗牛完全被吸食干净之后，它那脆弱的外壳都没有发生过任何移动。这让人感到十分不可思议。

萤火虫又短又笨的爪子无法使它在玻璃上或草茎上攀爬，它之所以能够牢牢地抓在光滑的玻璃壁上，是因为它还有一种非常特殊的器官。这种器官就是它尾部的一个白点。如果我们拿放大镜进行仔细的观察，就会发现那是非常短小的一些肉刺，有十二根之多。这些肉刺时而聚拢成团，时而如盛开的玫瑰花形状，正是由于这种随时的变化，才使得萤火虫尾部的这个小白点变成了一个吸附、运动器官。当它准备使自己的身体贴在玻璃壁上的某个地方时，它的神奇器官便会如撑开的花一样紧贴在玻璃壁上，这就成了一个吸盘。同时，这个器官会一张一合，一上一下，使萤火虫的行走不会受到干扰。总之，这是萤火虫能够在很多地方依然保持灵活行动的大秘密，它尾部的这个神奇器官如同生有十二根手指的手一样，能够灵活地向四面八方活动，而这种活动便让萤火虫能够在悬崖峭壁上行走如飞。这些器官还有一种功能，那就是当作清洁用的刷子。每当萤火虫饱餐过后，它便会用这种小刷子把自己从头到尾，从身体的这一端到另外一端，一点一点彻底清扫和洗刷一遍。整个过程非常仔细，不会遗漏掉任何一个部位。这种刷子十分柔软，所以萤火虫用起来非常得心应手，相当便利。起初我们都会有一个疑问，那就是这种小昆虫为何会如此热衷于清洁自己的身体，还如此专心致志？等到我们后来对它有所了解之后便知道了答案。它们猎取一只蜗牛并把它做成肉粥吃掉会花费好几天的时间，费很多精力，这个过程中身体自然也被弄得脏兮兮的。于是，饱餐之后认认真真地清洗一番自己的身体，让自己焕然一新。

假使萤火虫除了用像接吻似的轻扭以行麻醉外，没有其他的才能，那么它将不会如此知名了。它还会在自己身上点起一盏灯，照耀着自己行进的道路，这是它成名的最重要的原因之一。让我们来特别仔细地观察一番雌性萤火虫吧。它在达到婚育年龄、在夏季酷热的日子发出亮光的过程中，一直保持着幼虫状态。雌性萤火虫发光的器具，生在身体最后的三节。前两节中的每节下面发出光来，呈宽带形。第三节的发光部分小得多，只有两小点，光亮从背面透出来，从虫的上下面都可看见。从这些带和点上，发出微微带有蓝色的很明亮的白光来。萤火虫刚孵化的时候，只有尾部的那个发光斑点。随着身体不断变化使其长出翅膀，能够飞翔，从而宣告其成长过程的终结。这盏亮灿灿的灯点亮时，还标志着其交尾期即将来临。这之后，雌性萤火虫就没有翅膀了，不能再飞翔，一直保持着这种幼虫的可怜形态，但是，它的那盏明灯却始终点亮着。

与雌性萤火虫相比，雄性萤火虫的灯就暗淡多了。雄性萤火虫只是在身体最末端的一节处有两个小的发光点。而这两个小点，在萤火虫家族中是人人具备的。当萤火虫还处于幼虫阶段的时候，这两个发光的小点就已经开始伴随它了。在萤火虫的一生中，这两个发光的小点随着身体的成长而不断地变大。无论是从萤火虫身体的上面，还是下面，都能看到这两个小点发出的光。雌性萤火虫特有的那两条宽宽的带状的光则不同，只能在身体下面才能看得见。这也是辨别雌雄的主要方法之一。

为了搞清楚萤火虫发光器官的构造，我对其进行了解剖，并成功地把一根发光宽带的大部分给剥离开来。我把发光的带子放到显微镜下仔细观察，在上面发现了一种白颜色的涂料。这些涂料是一些很细很细的粒形物质，萤火虫的光也和它们有关。在这些物质的附近，我还发现了一种奇特的器官。这种器官外形就像短的枝干，枝干上面还生长着许多细枝。这种器官在发光物质的上面和里面都有分布。

有一点我很清楚，那就是萤火虫的光亮是产生于它的呼吸器官。世界上有一些物质，被人们称为“可燃物”，当这种物质接触到空气之后就会立即发出亮光，有的甚至还会发生燃烧产生火焰。这种与空气混合放出光亮和产生火焰的现象被称为“氧化作用”。萤火虫能够发光就是一种氧化作用，萤火虫的那盏灯也是氧化作用的结果。上面提到的白色涂料状的东西，便是氧化作用后剩余的物质。氧化作用的前提是要有空气，提供这些空气的则是萤火虫身上一根细细的小管，这根管连接着它的呼吸器官。关于那种发光的物质，我们知之甚少，至今还没有人能搞清楚它的性质。

萤火虫完全有能力调节它身上的亮光，它可以随便把自己身上的这盏灯调得更亮一些或者更暗一些，有时还干脆熄灭。很多人会好奇，这种聪明的小动物是怎样做到调节自身光亮的呢？经过我的观察了解，如果萤火虫想把灯光调亮，只需要增加身上的细管里面流入的空气量；要是哪天萤火虫兴致不高，便会停止气管里面空气的输送，这样灯光就变得微弱，甚至熄灭。总之，这个机理同油灯的机理一样，其亮度是由空气进入灯芯的量来调节的。

萤火虫的气管很容易受到外界刺激的影响。哪怕是只受到一点点的刺激，它身体末端那两个发光的小点也会立刻熄灭，非常敏感。需要加以区别的是光带和尾灯这两种情况：其一，发光的光带是已到婚育年龄的雌性萤火虫的独特的饰物；其二，萤火虫无论雌雄，无论长幼，都在其最后一个体节上点着一盏小灯，即尾灯。在后一种情况下，由于突然的刺激而引起萤火虫的情绪变化，使它变得惊恐不安，这盏尾灯或完全地或近乎完全地熄灭。这种情况我经常遇到，每次当我想要捕捉它们的时候，这些顽皮、可爱的小动物便会和我玩捉迷藏的游戏。刚刚还在草丛中飞旋着发光，但是只要听到我的脚步发出的声响，或者不经意地碰到一些枝条发出的声响，哪怕这些声响再微弱，它们都会立刻熄掉那两个小点发出的光亮，变得无影无踪，让我无处寻找。但是，发育完全的雌性萤火虫身上的宽光带不会受到惊吓的影响，照样亮着。

举例来说，我捉了几只雌性萤火虫，我们先把一只萤火虫放进一个笼子里，这个笼子里的空气与外界完全流通，我们在这个笼子边上放上一枪，结果里面的萤火虫丝毫不受影响，光亮也依然如故。如此暴烈的声音，它竟然置之不理，似乎没有听到一样。我又换了一种方法来试探它，我把它所在的树枝用手拿了起来，而且还往它身上洒冷水，结果这两种方法无一有效。它们顶多是把灯光稍微调暗了一些，但是没有一盏熄灭过。随后我点着了一个烟斗，并把一阵烟吹进笼子里去。没想到这一招会管用，当烟被吹进笼子里之后，里面的灯光有的变得暗淡，甚至还有的熄灭掉了。不过，即刻之间便又重新点着了。等烟雾散去之后，这些灯又恢复到像刚才那样明亮。如果你把萤火虫拿在手中，轻轻地捏它一下，如果你捏得不是太重，它们的光亮也基本不会减少。至少到目前为止，我还没有想出能让它们将光亮全部熄灭的办法。

我们知道，萤火虫能够控制并且调节它自己的发光器官，随意地使它更明亮或更微弱，或熄灭。这一点无论从哪个方面来看，都是毫无疑问的。但是，有时它也会失去这种自我调节的能力，这需要在一个特定的环境下。如果我们把一片皮从它发光的地方割下，放进玻璃瓶或管子里面观察。我们可以清楚地发现，这块皮依然能发出光亮。尽管没有在萤火虫身上时那么明亮，但还是很明显。这是因为发光的物质之所以发光，原因并不是有生命在支持，而是它与空气直接接触。直接与空气接触之后，没有气管中流通的氧气也无关紧要，它照样会发光。即使是把它放入水中，只要这些水中含有空气，这层外皮也照样会发出光亮，丝毫不差于在空气中发光的亮度。如果是把外皮放入那种已经煮沸过的水中，外皮发出的光亮就会渐渐熄灭，因为这种水中的空气已经被煮没了。这些实验都有效地证明了萤火虫的光亮就是氧化作用的结果，再也没有比这更有说服力的了。

萤火虫发出的光很柔和，这种光亮可以说是灿烂的，也可以说是微弱的。如果你在黑暗中捉住了一只萤火虫，并试着把它的光亮向一行油印的字照去，你会发现辨别上面的字母很容易，甚至一些不是很长的词也能辨认。不过，这份光亮所涉及的范围非常狭小，这个范围以外的东西你就看不清楚了。因此，夜晚是不能以萤火虫为灯看书的。

如果将一群萤火虫放到一起，使它们的密度几乎能碰到彼此，那么我们应该能够借助它们其中一只的光而看清它旁边的另外一只萤火虫，以此类推，每一只萤火虫应该都能在彼此的光下被看清楚。可这不是事实。当这些虫子都聚在一起的时候，就算距离很近，也很难辨认清楚其中一只萤火虫的形状。它们所形成的只是一片模糊的光亮。

如果你为萤火虫照一张相便能够了解这一点。我用钟形金属网罩罩住二十来只充分发光的雌性萤火虫，把它们置于露天地里。罩子里，有一丛百里香插在中央，形成一片小林子。每当夜幕来临的时候，我所饲养的大约二十来只雌萤火虫便会发出极为漂亮的光，原本我想通过相机将这一美丽的时刻记录成永恒，可是这个愿望没有实现。被拍摄出来的照片只是显示了很多形状飘忽的白点，只是在虫儿多的地方，白点密集一些，虫儿少的地方，白点稀疏一些而已。至于想辨认萤火虫本身，那是没有希望的。拍摄的光线不够，因此美轮美奂的美景也就只能变成黑底上的一些模糊白点。

一只雌萤火虫发出亮丽光芒的最主要原因还是想将异性吸引过来，不过，这些光却都是位于朝着地面的腹部内侧的，那么，那些一直飞在空中的雄萤火虫能够被召唤到吗？要知道，有时候它们之间的距离可是非常远的。雄萤火虫应该很难看到雌萤火虫所发出的光，因为它们的位置不佳，而且，成年雌虫不透光的尾部部分遮住了它所发出的光。如果这种光能够从背部发出，效果或许会更好些。但是，我的这种担心有些多余，因为每只雌性萤火虫都有自己巧妙的纠正办法，它们总有招引异性的招数。每到晚上，这些渴望爱情的优雅女士便会一改往日的作风，变得激动起来，它们会爬到最显眼的地方，然后一改自己的淑女形象，不断地灵活扭动自己的尾部，这种激烈的动作使得它们的不透明的尾部朝各个方向转动，而这样做的结果就是在雄萤火虫经过附近时，不管位置有多么不利，它都能够发现那些一直在召唤它到来的诱惑之光。

雄萤火虫同样有自己的光学器官，这种器官能够帮助它将很远地方的微弱信号捕捉到。它会将前胸胀大，如同盾形，这似乎是一个雷达，能够更大范围地收集和辨认发光点。而在其颅顶下面，长着两只大眼睛，鼓凸起来，呈球冠形，彼此接近，中间只有一条狭窄的槽沟，以便收放触须。它的这两只复眼几乎占据了它的整个面孔，缩在大灯罩所形成的空洞里，真像库克普罗斯[①]的眼睛。

当萤火虫进行交尾之时，它们身体所发出的光就会变得很昏暗了，甚至像要熄灭一样，除了尾部最后一节的发光器还有一点亮光外，其他的发光带很少发光。可是，就是这盏昏暗的小长明灯足以让幸福圆满。交配完后便是产卵了。萤火虫母亲好像是不经意就产下了这些圆圆的白色虫卵——或者更准确地说，这是萤火虫母亲撒在微凉的地面上，或是一片草叶上的。看上

注释

①库克普罗斯：古希腊传说中的独眼巨人，掌管雷霆。

去，美丽的萤火虫并没有太多的家庭温情。

萤火虫的卵，在它们母亲的腹内时便能够发光。我曾不小心将一只大腹便便的待产雌虫的腹部捏扁了，一道发光的痕迹最终留在了我的手上，起初我以为这是粘到了萤火虫身体上的发光带。可是，当我拿起放大镜进行观察的时候，我才知道，这并非萤火虫身上的发光物质，而是一些从卵巢中被用力挤出来的萤火虫卵。萤火虫在即将产卵的时刻，它的卵巢便晶莹透亮地发出神奇的磷光。我们能够从它的腹部的外皮下，看到那些透出来的柔和白光。

虫卵一旦产出，不用多少时间就会孵化。所有的幼虫，不管雌雄，它们的身体最末尾一节总会有两个发光点。如果临近严寒，那么它们将钻入泥土之下三四寸的地方。我在一个十分寒冷的日子里，将几只隐藏在地下的幼虫挖了出来，即使在这个时候，它们的尾部仍旧发出了微弱的光。它们会在接近四月份的时候重返地面，继续自己的成长，直到最后成熟。

总之，从萤火虫降生的那一刻一直到它最终老去，它始终都没有离开过光线。发光的卵、发光的幼虫、发光的成年雌虫、发光的成年雄虫。它的一生都是充满光彩的一生，而且几乎没有停下发光的时候。如果你要问我这些光对萤火虫有什么意义，我只能很抱歉地对你说：对此我也毫无了解。或许藏在动物身上的秘密，是我们人类的书籍永远无法包括的，不管是现在，还是以后很久的将来，都是一样的。或许，昆虫们将永远吸引着我们跟着它们走下去。

点评赏析

本文主要介绍萤火虫的饮食习惯和发光原理。在文章开头，作者先介绍了萤火虫名字的由来，接着介绍萤火虫的捕食特点、捕食方式，将萤火虫的捕食比喻成一场外科手术，并以蜗牛为例，说明萤火虫在猎杀猎物时与众不同的特点。在介绍萤火虫体内发光的原理时，作者用了多种方法来研究萤火虫是如何发光的，但最终都没有得到答案，不过我们知道了这种发光是伴随其一生的。从这一方面，我们可以看出法布尔对科学研究的执着精神。本文中，作者多处使用了比喻、对比等修辞手法，如“它猎取山珍野味的方法非常巧妙，就像一个狡猾的猎人。看来，它那副清纯善良的外表不过是用来迷惑众人的一个假象”。这种风趣幽默的句子在本书中随处可见。

圣甲虫

导读 每个生命都是奇特的，无论它是以什么样的形式生存在世界上。圣甲虫就是一种有趣的虫子！它们成天与粪便打交道，被称为大地的清洁工。只要有动物粪便的地方，就会有它们勤劳的身影。那么它们每天是如何清理粪便的呢？它们每天能清除多少粪便呢？

自然界中最巧妙的建筑师——鸟类，以及具有多样化本领的昆虫让我们知道，动物最崇高的一种本能就是筑窝垒巢、维护家庭。昆虫告诉我们："母爱是本能的崇高灵感。"它致力于维护族群的长期繁衍，这种情感远胜于个体对自我生命的重视和保护，因为这关系到每个生命、每个家庭。因此母爱唤醒了最迟钝的智力，使生命体能够高瞻远瞩。母爱远高于神圣的源泉，它孕育着难以想象的心智，并会在某刻突然迸发，让我们顿悟到一种避免失误的理性。由于母爱的坚定，本能也变得更加卓越。

膜翅目昆虫是生物界中有着最浓郁的母爱的种群，最应该引起我们的关注。它们倾其所有，都在为自己子孙后代的发展而努力。为了能够在家族中传播自己的能力和知识，它们在各个领域都有着超强的能力。有的擅长编织棉织品和许多絮状物品；有的擅长做细叶片篓筐；有的是建造水泥房、砖石屋顶的泥瓦匠；有擅长用黏土制作高级尖底瓮、坛罐和大肚瓶的陶瓷专家；有擅长在潮湿、闷热的地下修筑工事的挖掘高手。它们掌握的技能数以千计，其中有许多与人类所使用的技能相似，但仍有一些它们用于房屋建筑的技能是目前人类还无法获知的。然后，它们便在母爱的催使和鼓励下，以家庭为单位，开始为将来准备浩大的食物：有成堆成堆的蜂蜜、花粉糕，精心加工的野味罐头，等等。它们为了自己家族的未来在努力经营着。

在昆虫界，还有许多昆虫的母爱相当匮乏，对子孙后代都是敷衍了事。很多昆虫，只负责把卵放到适宜的地点后就将其抛诸脑后，任由它们自生自灭。幼虫孵化后，只能自己觅食和寻找住所，因此它们要冒很大的风险或因此而丧命。对于孩子的抚养都这么不尽责，更别提教授它们才干了。莱喀库斯[1]认为国内的各种艺术能消磨人们的意志，致使国民丧失奋斗意志，从而一蹶不振，于是，开始进行各种谴责，并举全国之力将它们摈弃。就这样，在采用斯巴达式的饲养方式下，昆虫自然也就丧失了某些本能。如果母亲不再养育婴儿，让其从这种温柔甜蜜中脱离，那么，所有最优秀的智能特性就会逐渐消亡。所以说，无论是动物还是人类，家庭永远是最完美的源泉。

如果说膜翅类昆虫对后代无微不至的关怀是值得称赞的，那么拥有对后代漠视和任其自生自灭的态度的昆虫则是令人难以置信的。至于其他，也就是所有的昆虫，据我所知，在所有的动物学书籍中，只记载了第二种情况：这种昆虫，比如采蜜的昆虫和埋野味婪的昆虫，它们为自己的家庭提供食物和准备住所。

说来也怪，从拥有细腻母爱而言，这种昆虫与以花蜜为食的蜜蜂不相上下，但却专门吃垃圾，它们是专门负责清理被家畜污染过的草原的食粪虫。要想再找到一只没有忘记做母亲的责任和富有母性的母虫，就得从香气四溢的花圃里走出来，走到骡马拉下的一座粪便堆里去。自然界有许多相似的两极。人的丑陋与美丽，人的肮脏与洁净，在大自然面前，又算得了什么？自然可以用泥土培育花朵，只要有一点点肥料，就可以为我们培育出高品质的小麦。

虽然各种食粪虫每天都与粪便打交道，但它们却是极具美誉。它们通常身材娇小，衣着华丽、整洁，体形肥胖，肌肉发达，前额和胸前挂满了奇形怪状的装饰。所以，它们在收藏家的眼里，都是熠熠生辉的，特别是法国的那些品种，颜色乌黑锃亮，还有一些呈黑紫色的热带品种，甚是光彩夺目。

它们是牲口们的常客，但是它们身上有一股淡淡的苯甲酸味，可以使牲口们的居住环境变得清新。它们这种悠闲的生活方式让昆虫分类词典的编辑们大吃一惊，原本对这种动物并不太在意的学者们，对它们也有所改观，在介绍时都用了好听的称呼，比如梅丽贝、迪蒂尔、阿嫚达、科利冬、阿莱克西丝、莫普絮斯等等。这些都是很常见，也很受欢迎的名字。维吉尔的田园诗中的词汇已经被用来赞美那些食粪虫了。

注释

①莱喀库斯：古代斯巴达共和国的著名立法者。

一堆牛粪周围，场面是如此的热火朝天！那些从世界各地涌向加利福尼亚淘金的冒险家们，也没有它们那样狂热。在阳光还没有变得很刺眼的时候，成百上千的食粪虫从四面八方涌来，有大有小，有长有短，五花八门，乱七八糟，争先恐后，都想要分一杯羹。有些在露天工作，耙着牛粪堆的表层；有些在厚厚的粪便堆中挖掘隧道，试图挖掘更好的资源；有些在底层开发，可以及时将战利品埋入地下；而那些体型较小，实力较弱的，则是站在一边，捡起身强力壮的同伴身上掉落的东西。有些新手应该是饿坏了，干脆就在原地吃了起来，但更多的，却是想要大赚一笔，储存到安全的地方，以防万一。你要知道，在百里香遍地的田野里，从来没有看到过一块新鲜的牛粪，现在却忽然看到了一大片的宝贝，这样的意外之财简直就是上天的恩赐，只有上帝眷顾的宠儿才会有如此好的运气。所以，它们小心翼翼地储藏着今天收获的奇珍异宝。粪便的诱人气息在空气中弥漫着，一千米之内都可以闻得到。食粪虫们闻着香味，蜂拥而至，争抢着，瓜分着这些可口的食物。有些后来者正飞着或跑着往这里赶来。

这只生怕迟到一路小跑而来的是什么虫？它那长腿移动起来生硬又笨重，好像肚子下面有一台机械装置在驱使着它；一对棕红色的小触角像蒲扇一样张开着，流露出它焦虑不安的贪婪。它到了，它终于赶到了，甚至还把几个共同赴宴的伙伴给撞翻在地。这是一只通体漆黑的圣甲虫，在食粪虫中，体型最大，也是最声明赫赫的一种。古埃及人对它极其崇拜，认为它是永生的标志。现在，它入席了，与前来赴宴的宾客们并排而坐。它们用巨大的前爪，轻轻地拍打着自己的粪球，对粪便做最后的处理，或最后再给它裹上一层，然后就转身回家，安安静静地享用自己的劳动成果。让我们一起来看看这个大名鼎鼎的粪球是如何一步步制作出来的。

圣甲虫的头顶边缘是宽大、扁平的帽子形状，上有呈半圆形排列的六颗细齿。这是它平时用于挖掘、切割的工具，又像是它们的耙子，把那些没有养分的植物纤维翘起并剔除掉，将最好的部分挑拣干净，聚拢在一起。食材就这样挑选好了，因为对于这些考究的鉴赏家们，它们最清楚什么是好的，什么是坏的。如果是给自己选食物，圣甲虫们会马马虎虎地随便挑一个，如果是为了孩子，它们就会严格地精挑细选了。

为了满足自己的口腹之欲，圣甲虫不会挑肥拣瘦，只是大致地挑选一下。它用带锯齿的头顶盖在上面戳来戳去，随意筛选一番，再把剩下的部分归拢起来。它的两条前腿在这种工作中发挥着举足轻重的作用。它的前肢扁平弯曲，上面布满了清晰、粗大的纹路，在其外侧还排列着五颗坚硬的牙齿。如果需要用力来清除障碍物，在粪便最结实的地方开辟出一条路来，圣甲虫就会使用长着牙齿的前腿，左右开弓，然后用它的齿耙猛地横扫一耙，一个半圆形的场地就被清理出来了。清理完空地后，前肢又要开始另一项任务了，那就是把顶耙耙到的粪便收集起来，放在它腹部下面四只后肢的中间。它的这四个后肢生来就是做旋转工作的。这些后肢，特别是最后那对，特别修长，微弯呈弓形，足端有一只尖锐的爪子。看一眼就能知道，这四只后肢两两之间呈圆规形，两对弧形弯腿环抱成了一个圆球，可以对粪球进行测量、加工。它们的作用的确是处理粪球的。

一耙一耙的，粪便就被转运和聚拢在它的腹部下面的四肢之间，它的后腿轻轻一压，粪堆便被捏成了一个球形，粪球就初步形成了。随后，这个雏形粪球被它的两条后腿组成的圆规，不断地摇晃、挤压，变得越来越小，越来越坚固，最后，在它的腹部下面经过打转，粪球就被打磨得越来越完美。如果粪球表层过于坚硬，可能会脱落，或者某个部位的纤维过多，不能转动，就需要前腿对有缺陷的地方进行修整。它们用前腿那宽大的大巴掌轻拍粪球，让新加的粪便或不容易粘上的纤维等材料和原来的粪球紧密地融合在一起。

烈日之下，加工工作正如火如荼地进行着，我们被圣甲虫出神入化的灵敏程度震撼了，真令人刮目相看。工作进展得特别迅速，起初只是一个小粪球，现在已经是核桃大小了，不久之后，就跟一个苹果那么大了。我曾经见过一只胃口很大的圣甲虫把粪球做成像拳头一样大。这绝对是一个漫长的过程。

粮食的储备工作已经完成，圣甲虫接下来要做的，就是从这场混战中撤离，然后将粮食运送到安全的地方。这时，圣甲虫开始表现出它们最让人惊叹不已的习性。圣甲虫急不可耐地开始了自己的旅程：它用两条长长的后腿环抱着粪球，把足尖的利爪扎进粪球里，以它为旋转轴。它用中间的两条腿作支撑，长着锯齿的两只前腿作杠杆，轮换着在地面上按压粪球，它就这样弯着腰、低着头、翘起臀，负重着身体，倒退着行进。后肢是这台机器最重要的组成部分，而且需要一直不停地运作。它们来来回回，足尖的爪子来回调整位置来改变粪球滚动的对称轴，使粪球保持平衡，并在两条腿轮流替换的推动下不断前行。这样，粪球表面的每一个点都会交替与地面接触，经过不断地挤压，从而形成一个完美的球体，球体的硬度也会随着压力的增加而变得均匀。

加油啊！好了，它在滚动，它肯定会被运回家的，尽管会遇到很多坎坷。说着，就遇到了一个还不算多紧要的难题：圣甲虫要爬过一个斜坡，沉重的粪球会沿着坡道一路向下滚去。然而，圣甲虫却固执地选择了这条未经修缮的路。这是个很冒险的计划，一个不小心，或者踩到沙子，它就会失去平衡，之前的努力都功亏一篑。果然，它脚下一滑，那颗粪球直接掉到沟壑里了。圣甲虫被粪球巨大的冲力推翻了，摔了个四脚朝天。它手舞足蹈地折腾了好一会儿，终于翻身起来，又立刻去追赶粪球。它的机器运转得更起劲了。——小心点，笨蛋！顺着水沟的底部行走，这样可以节省体力，也安全；沟底路很不错，十分平整。你可以毫不费力地滚动着粪球。——可是，圣甲虫完全不理会，执拗地要走刚才让它摔得很惨的陡坡。可能它觉得重回高处更好吧。对于这一点，我也无言以对，从居高临下的角度来看，圣甲虫的观点要比我明智得多。——起码，你应该选择这条路，它相对缓和一些，能轻易地爬到高处。——它就是这么固执。如果有更陡峭的、难以攀缘的陡坡，那个倔强的家伙就一定会选择它。圣甲虫开始了它西绪福斯①式的工作。它始终倒退着，一丝不苟地，一步一个脚印地，吃力地把硕大的粪球向坡上滚动着。我开始深思，它是否给这硕大无比的粪球施展了某种静止法术，才能让它在斜坡上稳稳地固定住。唉！一个没注意，它又前功尽弃了：粪球连带着它又滚下去了。接着，它又试着往上攀爬，很快，又掉了下来。它再次

注释

①西绪福斯：在本书《舒氏西绪福斯蜣螂与蜣螂父亲之本能》一章中已有描述。西绪福斯是希腊神话中的一个暴君，死后受到惩罚，在地狱中把巨石往山上推，快到山顶时，巨石又滑下来，他只好永无休止地推着。

重新开始，这一次它处理得很好，顺利地通过了困难路段。原来它行进路上的绊脚石，是一个乔木植物的根，让它跌下去很多次。这一次，它小心翼翼地绕过这个可恶的树根。再有一小段路程就登顶了，还是要谨慎再谨慎。山势陡峭，道路崎岖，稍有差池又会功亏一篑。你看，它的腿踩在一块光滑的卵石上，粪球和圣甲虫就又翻滚着跌了下去。但圣甲虫毫不气馁，依旧锲而不舍，坚定地重新开始了。它十次、二十次地尝试着令它徒劳无益的攀登，但最终，要么是凭借坚韧的毅力，克服了重重困难，要么是在深思熟虑之后，意识到自己之前的一切都是徒劳，于是，它选择了一条平缓的道路，并最终实现了自己的愿望，圆满地完成了任务。

圣甲虫搬运它们视为珍宝的粪球，并非总是孤军奋战，它们通常会找一个同伴协助，或更确切地说，是它的同伴主动找的它。它们通常这样做：一个圣甲虫把自己的粪球准备好后，就从熙熙攘攘的混战中撤出，倒退着把战利品推走。这时，它旁边有一个最晚赶来、刚要开始自己工作的小家伙，忽然扔下自己手里的工作，向正滚动着的粪球跑来，帮助这个拥有了属于自己粪球的伙计，这个伙计对突然得到的帮助也十分开心。它们两个便开始同心协力，竭尽所能地把粪球运往妥善的地方。它们在工地上，真的存在着一种默契，即双方都默认了这一“蛋糕”的平均分配？是不是一方揉制粪球时，另一方在粪堆中挖掘更好的粪源，好把提炼出的优质粪源添加到共有的财富上？我从来没有见过这样的合作。我见到的是每只圣甲虫在开采工地上都在自己的工作中埋头苦干，所以，施以援手的后来者是获取不到任何权益的。

难道，这是一对即将婚配的、雌雄体之间的合作？我曾一度这么思考过。两个圣甲虫，一个在前，一个在后，怀揣同样的梦想，心潮澎湃地一起推着那沉重的粪球。这场景让我想起一首古老的手风琴伴奏曲调：咱们俩，要成家，啊呀呀，怎么办？你在前，我在后，咱们一起推酒桶。经过解剖，我便将对它们夫妻恩爱的想象从脑海中抹去。圣甲虫的性别无法通过外表进行辨别，于是，我把一起合作运送粪球的两只圣甲虫进行了解剖，结果发现它们是同性。

既不是为了同一个家庭奋斗，又不能分享同一个战利品，怎么会有它们这种看似亲密的合作呢？原因很简单，它是来趁火打劫的。这位好心的伙伴打着帮忙的幌子，实际上却是别有用心，只要有机会，它就会将粪球抢过来。在工地上将粪便制成球，是一件既辛苦又需要耐力的事情。若是把他人做好的粪球据为己有，或者至少是强行进入席位，那才是最划算的。若主人没有防备，它便趁机抢走粪球并溜之大吉；若主人有足够的警惕心，它就会以自己的劳动来换取主人的一份食物。无论如何，这么做都是一本万利，所以，抢夺真是一种能坐享其成的好办法。就像我前面说的那样，有些圣甲虫就这么干了。它们假模假式地主动去帮一位根本不需要帮助的伙伴，它们表面上维持善意，但内心却藏着卑劣的贪婪。还有一些圣甲虫，更胆大妄为，对自己的能力也特别自信，它们直接开始无情地抢夺。

这样的抢劫行为无处不有。一只圣甲虫，经过辛勤劳动获取了自己的合法财产，带着它的粪球安静地独自滚动着。突然，不知从哪儿飞来一只，它猛地落地，将漆黑的翅膀收到鞘翅下，随即就挥动它带有锯齿的手臂把粪球的主人扇倒在地。此时，粪球主人因一心忙于推动粪球，哪里顾得上抵挡。当受袭者挣扎着重新起身时，发现偷袭者已经抢占了自己的财物，并站在了最有利的攻击位置。偷袭者把双臂收于胸前，随时反击，以备不时之需。失主一直围着粪球转圈，试图寻找到有利的攻击点；盗贼则站在城堡顶上跟着转，始终与失主保持面对面姿势。如果失主起身准备攀爬，盗贼会猛击对方的背部。盗贼此刻占据城堡高处，对失主很是不利，如果想要收回失物，就必须改变自己的攻击战术，否则会一次次被对方击败。此时，失主打算将城堡和守卫一起摧毁。粪球的底部受到晃动，连同窃贼开始滚动起来。站在粪球顶上的窃贼拼命使自己保持不掉，它成功了，但并不总是这样。它飞速地跟着粪球旋转，克服了之前的不平衡状态。但稍不注意，就可能会从粪球上掉落，失去有利地势。敌对双方开始了肉搏战，它们身体贴着身体，胸对着胸，互相争斗起来。它们腿钩着腿，关节互相缠绕着，角盔因激烈碰撞而发出金属摩擦的刺耳声。随后，搏斗中将对手掀翻在地的获胜方为抢占有利地形，会急忙爬上粪球最高点。新的一场围困战又开始了，双方一直变换着角色，一会儿是抢劫者，一会儿是受害者，角色的定位取决于肉搏战的结果。抢劫者似乎更胆大妄为，犹如天生的冒险家，总能占据上风。所以，经过两次战败后，被抢夺者就丧失了斗志，聪明地返回粪堆开始重新制作新的粪球。至于那个强盗，非常担心刚掠夺来的粪球遭到袭击，它匆忙将战利品推往安全地带。我也看见过这个赃物遭到二次抢夺。说实话，我并不因此生气。

我一直在想，是谁把蒲鲁东的“财产即赃物”这种荒唐、有违常理的谬论运用到圣甲虫的习俗上的？是哪个外交官把“武力胜过权力”的野蛮法则在食粪虫中间铺展开的？因为没有足够的资料，我没办法追溯和理清那些早已见怪不怪的抢劫行为的源头，无法探究出为一块粪球动用武力的原因，但我能确定一点，圣甲虫的常用手法就是抢劫盗取。那些运送粪球的虫子们竟然随意抢夺别人的物品，且没有丝毫愧疚之心，我从来没见过这么厚颜无耻的虫子。研究这些昆虫的心理学问题，还是由未来的观察者来解决吧！我们还是继续讨论那两个搬运粪球的家伙吧。

我把这两位合作伙伴称为合伙运输者，虽然用词不太恰当。其中一个是强行加入，另一个担心碰到更大的麻烦而被迫同意。两者的见面，还是很友好的。当合伙者到达的时候，造物主正在专心致志地工作，这位新来者好像是带着极大的热情，马上就干了起来。它们你来我往，齐心协力。主人占据了主导地位，成为了主角，它两条后腿高高扬起，头朝下，把粪球从后往前推。那个助手的位置正好相反，它站在粪球的前面，头向上，两条带锯齿的手臂压住粪球，修长的后腿支撑着地面。它们一个向前推，一个往自己的方向拉，粪球在它们俩的环抱中，滚动向前。

它们之间的配合并不是很默契，因为助手背对着大路，粪球又挡住了主人的视线。所以，意外时有发生，摔倒也是很正常的事情。好在它们都很淡定，跌倒后都马上爬起来，继续做着自己分内的事情。即使是在平地上，由于它们无法做到精准配合，这样的运输方法也比较差强人意。事实上，如果是一只圣甲虫独自运输粪球，会干得更快，更有效率。这位助手，在表现了自己最初的一番善意后，选择了暂时休息，好打破这个已经稳定了的运输方式，不过，它并没有放弃这个被它视为珍宝的粪球，甚至把它看作是自己的财物。它碰过的就是它的。不过，它可不敢大意，免得被人冷落。

它的脚收在肚子下面，身体紧贴着（或者说嵌入）粪便，与粪球融为一体。那个粘在粪球上的助手被它的合法主人推着向前滚去。随着粪球的滚动，它的位置忽上忽下，忽左忽右，即使粪球被压在地上，它一点儿也不在意。它仍旧牢牢地趴在那里，无声无息的。这样的帮手可不多见，坐在别人制作的车上，被主人推着前行，还能得到报酬，真是坐享其成！此时，前面有一处陡峭的山坡，它不得不出手相助了。在到达陡坡时，它走在了最前面。它用带有锯齿的那对手臂，死死抓住了这个沉重的粪球，而它的同伴，也就是粪球的主人，正努力地支撑着粪球，一点一点地往上顶。就这样，这两个合伙人密切配合着，一个往上拽，一个往上抬，一起朝着山坡上爬去。如果不是它们齐心协力的话，单凭一只圣甲虫，根本不可能把如此巨大的粪球推上去。然而，在这个困难的时刻，并不是所有的圣甲虫都能表现出相同的热情。有些圣甲虫，在最需要密切配合的爬坡时刻，好像完全不知道前面有什么需要克服的困难一样。当倒霉的西绪福斯为了翻过障碍物不遗余力的时候，另一个却置若罔闻，任由自己和粪球一起滚下，一起滚上。

如果那只圣甲虫运气好，能遇到一个忠厚的合伙人，甚至更好，它不会中途遇到前来抢劫的不速之客，那就可以进行下一步了。地窖是在松软的泥土里凿出来的。圣甲虫的洞穴大多选在沙地里，洞口并不是很深，只有拳头那么大，只有一条通往外界的细道，刚好容得下一团粪球。当食物被放进地下室后，这只圣甲虫就立刻躲了起来，用一堆垃圾，堵住了地下室的出口。屋门一关，根本看不到这是一个宴会大厅。终于成功了，它开心极了！整个大厅都是富丽堂皇的：桌子上有丰盛的食物，天花板挡住了灼热的阳光，只有一股温暖而潮湿的气息，从天花板散发出来。此刻，心情如此恬淡、宁静，周围阴沉沉的，窗外时时传来蟋蟀的大合唱，真是让人胃口大开。我迷迷糊糊的，好像自己正置身于地窖门口，俯身倾听里面的一切，耳边仿佛传来了海洋女神该拉忒亚的歌剧中的那段著名唱段：“啊！当周围所有的事物都在忙碌时，什么都不做的感觉真是妙极了！”

这样的一场盛宴，谁会忍心去破坏呢？不过，一个人如果有一颗探索的心，他就会有勇气做任何事，我就这样做过。我在这里讲述一下我闯入他人住宅的详细经过。我看见一个粪球夹在了地板和天花板之间，几乎填满了整个大厅，粪球和墙壁只隔着一条细小的走廊，食客们坐在走廊里，最多也就是两个人，多数是一个人坐在那里，腹部紧贴着桌子，背部靠着墙壁。只要它们选定了位置，就不会再移动，于是它们就开始大快朵颐起来，期间没有任何争执，它们怕跟别人多说一句话就少享受一口美食。也不讲究，免得浪费。每一件事都必须按照一定的顺序，一丝不苟地进行。看着它们的诚恳和专心，我认为它们已经知道自己的工作就是给我们的大地去除污秽，它们知道自己在进行一项精细的化学工程，即用粪肥来培育能让人心旷神怡的鲜花，而圣甲虫的翅膀却能为生机勃勃的草坪增添生机。马、牛、羊，即便是消化得再好，也无法将食物全部消化完成，它们的粪便中还有食物残渣，而这些残渣，就会被这些圣甲虫给吸收利用。而要做到这一点，就需要一整套工具了。在解剖之后，我惊讶地发现，它的肠子竟然如此之长，而且是盘旋着的，这样，进入的食物就会经历一个漫长的吸收过程，直到把所有有用的东西都消化干净。所以，那些不能被食草性动物所吸收的物质，经过食粪虫类昆虫体内消化系统的提取、加工、再利用，就成了圣甲虫的乌黑油亮的铠甲和其他食粪虫类昆虫金黄或赤红胸甲的主要组成成分。

然而，由于受环保限制，如此惊人的废物处理工作必须尽快进行。但圣甲虫却拥有着其他任何昆虫都无法比拟的强大的消化系统。只要有了食物，这些圣甲虫就会昼夜不停地啃食，直至将所有的食物一扫而空。只要你掌握了一些技巧，在笼子里饲养一只圣甲虫并不难。我就是通过这样的方式才掌握了这么多的实践经验，这对我们研究圣甲虫的强大消化系统有着很大的帮助。

一颗又一颗的粪球，就这样被圣甲虫消化了。之后，那个隐士就会从地下钻出来，重新寻找机会，再度凝聚出一团粪球，周而复始。

一天，是个炎热的日子，空气沉闷，没有一丝风。这样的气氛，正好适合我的那些圣甲虫们享受美味的食物。所以，我就站在一个露天用餐的圣甲虫身边，从上午八点到晚上八点，都在密切关注着它的一举一动。这只圣甲虫似乎是找到了对胃口的食物，足足啃了十二个小时，它都没停止半刻。我在晚上八点后又一次去看它。它的食欲一点也没有减少，看起来就像它第一次吃东西时那样兴致勃勃。这一顿饭又持续了一阵，直到所有的食物被消耗殆尽。第二天，圣甲虫果然不在那里。昨天被吃了那么多的那块食物，现在只留有食物的痕迹和一点点碎屑。

时间持续了十几个小时。如果说，如此漫长的进食过程令人叹为观止，那消化的场面更是妙趣横生，无与伦比了。圣甲虫一边进食，一边排泄。那些已经没有任何营养的粪便，就像是皮匠用蜡做的绳子，连成黑色的细线。它一边吃，一边大小便，可见消化速度有多快。在它咬下的刹那，它身上的拉丝装置也跟着启动，一直到它嘴巴停止咀嚼，拉丝装置才停了下来。从开始到结束，绳子都没有断裂，一直挂在排泄口上，而绳子的底部已经卷成了一团，如果还没有完全干燥的话，很容易就能伸展开来。

这是一个精准到了极点的排泄过程。每一分钟，或者更确切地说，四十五秒，就会有一小块粪便被推出，绳子就会长出三四毫米。当绳子变得足够长的时候，我就将绳子剪掉，然后用刻度尺测量了一下。我测了一下，耗时十二小时绳子长度为二百八十八厘米。到了晚上八点钟，我举着一盏灯，又到了那里做了最后一次巡视。随后，这只圣甲虫继续吃着夜宵，一边吃饭，一边接着制作绳锁，最终形成的绳子长度达到了三米左右。

知道了绳子的长度和直径后，就能轻松地推算出粪便的体积大小。想要准确地测量出这只圣甲虫的大小并不困难，只需要将其放在一个装有水的容器里，然后测量出水位高度变化就可以了。这个数字说明了圣甲虫在十二个小时内所吃掉的东西，几乎相当于它自身的体积。如此健硕的胃，这么强大的消化能力，消化速度又如此快！嘴巴一开动，粪便就会立刻被消化排出，变成一条细线，一直延伸到吃完为止。在这个大概永远不会有人丢掉工作的蒸馏器里（如果没有足够的处理材料的话），所有的材料都会被胃尽数消化掉，然后被排出来。这让我不禁想到，这样一个能有效清理废物的实验室，也许能对环境卫生有所帮助。

点评赏析

在法布尔的笔下，每只昆虫都被描写得活灵活现、妙趣横生，就连最让人讨厌的滚粪球者——圣甲虫，都描写得如此可爱、生动。它的努力、它的顽强、它的精神让人不由得想要赞美。

老象虫

导读　这篇文章是讲老象虫，可作者却以古币来开头，并用了很大的篇幅来介绍古币图案的内容。那么老象虫与这些古币究竟有什么关系呢？

冬天，昆虫进入冬眠，古币学的研究让我享受了一些美妙的时刻。我对金属古币颇有兴趣，反复研究，这些古币可以说是记录“历史灾难”的档案。在普罗旺斯的土地上，希腊人种植了橄榄树，拉丁人制定了法律。农民在此耕作时，看到了这些四散在各处的金属圆片。于是他们给我送来，询问它们的价值，却毫不在乎它们所承载的意义有多大。这些金属圆片上的文字和农民有什么关系呢！从古至今，百姓从未逃脱苦难的命运，未来仍将继续。对他们而言，这就是全部的历史，其余的只能算是闲时的消遣。

我对这些历史却无法做到如此冷漠和超脱。我用指尖轻轻地摩擦金属古币，小心谨慎地清理上面的泥土，接着通过放大镜仔细观察，努力研究古币上的文字，试图理解它的意思。当我终于看懂了那上面的文字说明时，我简直欣喜若狂。我通过这个活生生的真实档案看了一页记载人类的文字，而不是从令人无法确定其准确性的某个作者那里读来的。

这枚古币呈扁平状的造型，上面写着“VOOC，——VOCVNT”的字样，意思是维松，也就是说它来自不远处的维松小城，博物学家普林尼偶尔会去那边度假。这位著名的博物学家大概在那里品尝过莺这一美味佳肴，古罗马的美食家们可是对其啧啧称赞。如今，这一美食依然声名不减，被普罗旺斯的美食家所青睐，被称作“后腱子肉”。令人遗憾的是，古币上完全没有关于这些内容的记载，这些内容相比于一次大战来说更值得记录。

古币的一面是头像，另一面是一匹马。整体十分粗糙，头像和马的造型一点都不精致。就算是第一次在粉刷墙壁的灰浆上面用石头画画的孩子也比它做得好多了。古代那些凶猛强悍的粗人绝不是艺术家。

来自弗凯亚[①]的那些外国人花样可比这多。这是马萨里亚[②]人的一枚德拉克玛[③]，正面是以弗所[④]的黛安娜[⑤]的头像。她面部丰满、圆润，下嘴唇略厚，额头扁塌，头上戴着凤冠，浓密的头发像瀑布一样垂在身后，还戴着耳坠和珍珠项链，肩上挎着一张弓。对于叙利亚的女信徒而言，这就是偶像所应该具有的样貌。

说实话，这完全称不上美丽，充其量可以说这样很豪华气派。不管怎样，这都比如今那些俗气的女性给驴的耳朵上戴一些晃来晃去的东西要好多了。时尚有时候真的十分怪异，让常人难以理解，在丑化人和物方面的手段简直五花八门！商业神说道："做生意不关心美丑，在美丽和利益之间，生意人当然是'利'字当先。"

这枚德拉克玛的背面是一只雄狮，它张着大口嘶吼，爪子紧抓地面。通过猛兽来彰显力量的做法古已有之，这种行为似乎是在说恶代表着最强大的力量。老鹰、雄狮以及其他的猛禽猛兽经常出现在硬币的背面。除了这些真实存在的动物，人们还会想象出一些凶猛的怪兽，比如半人半马的怪物、独角兽、带翅膀的怪兽之类的东西。

印第安人喜欢用熊掌、鹰翅、豹牙来表示自己骁勇无敌，和他们相比，这些怪兽图案的制造者们更高级吗？对此我表示怀疑。

最近刚刚投入使用的银币背面的图案相比上面那些恐怖的怪兽来说，简直让人喜爱极了。银币的背面是一位播种女神，在初升的朝阳下，她用自己灵巧的双手撒下思想的种子。这个画面质朴而神圣，意韵深远。

马赛的德拉克玛具有浮雕精美这一优点。雕刻古币头像的艺术家是位版画大师，但是他徒有技术而缺少灵气。面颊丰满的戴安娜像个悍妇，放荡又

注释

①弗凯亚：小亚细亚古地区名。

②马萨里亚：法国马赛的古名。

③德拉克玛：希腊货币单位及古希腊银币名。

④以弗所：古希腊小亚细亚西岸的重要经商口岸。

⑤黛安娜：希腊神话中的月神和狩猎女神。

野蛮。

这是已沦为尼姆[1]殖民地的沃尔西人[2]的纳马萨特。奥古斯都[3]与朝臣阿格里帕的脸部侧面相对。奥古斯都眉毛硬挺，头型扁平，鹰钩鼻，尽管诗人维吉尔将他称作“成功造就的神”，我仍然无法体会到他的赫赫声威。假如奥古斯都的罪恶计划失败，那么他现如今也只能被称为凶徒了。

我更欣赏他的臣子阿格里帕。伟大的阿格里帕擅长摆弄石头，通过泥瓦工程、引水渠、修桥铺路让野蛮的沃尔西人逐渐走向文明。在我的村庄附近有一条笔直而宽阔的大道，它从埃格河岸边一直向上延伸，穿过塞里昂丘陵。这条大道平淡无趣且漫长，但它一直处在强大的古罗马要塞的庇护之下，这一要塞后来成了有名的古堡。

阿格里帕修筑的这条大道将马赛和维恩相连。这条大道拥有两千年的历史，宽广的道路上一直车水马龙，热闹非凡。当年古罗马军团那些穿着褐色战衣的步兵早已消失不见，取而代之的是赶着羊群和猪仔走向集市的农民。我觉得这样反而更好。

接下来我们看看这枚布满铜锈的古币的背面。它的背面写着“尼姆的移民地”这几个字，文字的旁边画着一条被锁在挂着王冠的棕榈树上的鳄鱼。这个图画象征着移民地的“开国元勋们”征服埃及。尼罗河的鳄鱼被锁在棕榈树下面，神态狰狞。它向我们缓缓道来酒色之徒安东尼[4]的故事；向我们讲述克娄巴特拉[5]的故事，说假如她是塌鼻子，那她便会改变整个世界。这个长满鳞片的鳄鱼所带来的一系列回忆，给我们上了一堂颇有意义的历史课。

关于金属古币的课程种类多样，而且一直持续在我们村子周围。除了金属古币的课程，另一种类似古币学的研究则更加神秘，而且无需花费什么金

注释

①尼姆：法国南方一城市名，在马赛的西边。

②沃尔西人：古意大利民族。

③奥古斯都（前63—14）：古罗马第一代皇帝，又译屋大维。

④安东尼（前82—前30）：古罗马统帅，后成为克娄巴特拉的丈夫。

⑤克娄巴特拉（前69—前30）：埃及艳后，先为恺撒的情妇，后与安东尼成婚，后勾引屋大维未遂，自杀身亡。

钱。它就是传递生命的历史的纪念章——化石。

这个来自古老世界的老朋友静静地守候在我的窗边，同我谈着以往那些逝去的岁月。那里是个典型的尸骨埋葬地，它的每一小块地方都保存着过往的生命的痕迹——虽然这堆石头本没有生命。海胆的尖刺、鱼类的牙齿和骨头、贝壳的残躯……这里仿佛变成了海洋墓葬群。我仔细察看并研究了我家里的那些小石块，发现这座宅子简直是一个圣骨箱、一个远古动物的旧衣堆。

人们在这里开采所需要的建材，用各种坚固的材料建造起这座高原的大部分建筑。阿格里帕曾经为了修建奥朗日剧院的阶梯和墙壁而让工人切割大青石，也许从那个时候开始，采石工就在那儿工作了。

那里每天都能被铁镐挖出一些奇奇怪怪的化石。其中一些牙齿格外引人关注，牙齿的表面粗糙、内部平滑，牙釉质看起来像新的牙齿一样透亮，相当完美。另外还有一些很好的三角形的化石，边缘呈锯齿状，和手掌差不多大小。

看这张长着钉耙似的牙齿的嘴，牙齿层层分布，一直深入喉咙。真是巨大的一张嘴！是什么东西让这锋利的牙齿咬住了？你只要在脑海中想象一下这台恐怖的杀人机器，便会被吓得浑身发抖。这个荷枪实弹的杀人恶魔属于角鲨族，古生物学上叫作巨噬人鲨。看看我们今天的海上霸主——鲨鱼，你就能对它有一个大概的认识了，就像看见侏儒就能知道巨人的样子。这块石头上面还存在着其他的角鲨化石，也都长满锋利的牙齿。你从中能看见齿如利刃的尖额鲨，下颚长着弯钩利齿的半锯鳐，嘴里长满弯曲锋利、一面平一面凹的尖刀的鼠鲨，牙齿上有发光锯齿的鳃鲨。

这座牙齿的武器库是古代杀戮的强有力的证据，就像尼姆的鳄鱼、马赛的黛安娜、维松的奔马一样极具价值。这些用于屠杀的武器告诉我在那个时代各种泛滥成灾的生物是如何消失的。它还告诉我："就在你对着石头进行思考的那个地方，曾经是一片海水，里面生活着残忍的嗜血者和温顺乖巧的被吞食者。罗讷河谷之前是一条狭长的海湾。就在你家的附近，那里曾经波涛起伏，海浪奔腾。"

这里海岸边缘的峭壁保存得相当完善，因此当我在此处深思静默时，仿佛听到了澎湃的涛声。那里有许多来自远古的痕迹，海胆、石蛏、海笋、住石蛤等随处可见。这里有一些呈半圆形的凹洞，里面能容纳一只拳头；这里是一些圆形的巢室，洞口狭窄，里面的“居民”可以通过源源不断的水流来获取食物。有时，古代的居民住在里面，后来逐渐矿化，它的一些细小的鳞片和条痕都被保存了下来；大多数情况则是，居住在其中的古代居民完全溶解，消失不见，整个屋子被变硬了的细海泥钙核填满。

这个平静的小海湾里，堆满了被海水冲刷过来的各种形状和大小的贝壳，它们被掩埋在日后形成的石灰岩的污泥里。这些软体动物的墓葬群由一个个的小丘组成。我之前挖到过一些长约半米、重两三公斤的牡蛎。如果用铁锹在这里仔细寻找，就能发现扇贝、芋螺、骨螺、锥螺、笔螺以及其他各种各样的海洋生物。没想到一个如此偏僻的角落里，居然隐藏着那些之前充满着生命的活力的圣物，实在让人惊诧不已。

通过一些带有贝壳的埋葬虫，我们可以发现，时间这个伟大的革新家持之以恒地改变着事物的秩序，不仅让早生早灭的单个生物销声匿迹，而且让整个物种都不复存在。今天的地中海里面几乎找不到任何与消失的海湾中的生物相同的东西了。要想找到过去和现在之间存在联系的生物，恐怕要把目光投向热带海洋了。

气候逐渐转冷，太阳的能量渐渐消失，物种面临灭绝的命运。这是我研究那些窗边的石头古币学所得出的结论。

我这个狭窄的观察场地虽然毫不起眼，却内容丰富，我们继续通过这些石头来发现，下面要关注的是昆虫的问题。

阿普特的附近遍布着一种奇怪的岩石。它已经被风化得像纸张了，看上去像浅白色的硬纸板。如果用火点燃，它会冒出黑烟，并且散发出沥青的味道；它沉积在鳄鱼和巨龟时常出没的湖底。这些大湖从未出现在人类的面前。在长期的地质变迁中，大湖逐渐变成山脊，湖中的淤泥沉积成一层层的薄地层，形成坚硬而又巨大的礁石。

我们从这巨大的礁石上边分离出一块石板，用锋利的小刀把它分成一层层的薄片。这项工作并不复杂，就像拨开层层叠在一起的硬纸板一样。这看起来就像在翻阅一部来自大山图书馆的书籍。我们在阅读一本有着精致插图的书。

这是大自然的创造，相比埃及的莎草纸手稿，它显得更加有趣。几乎每一页都附有插图，更奇妙的是，那上面的插图都是曾经真实存在的。

这一页上面有随意聚集着的鱼类，看起来好像被石油煎炸过。鱼的身体清晰地印在上面，鱼刺、鱼鳍、脊椎架、鱼头小骨等，层次分明，和它存活时的形态完全一样。唯一消失不见的就是鱼肉。

这并没有影响我的研究，因为这一页的内容已经足够让我大饱眼福了，我忍不住想要用指尖去摩擦，再品尝一口这罐保存了几千年的鱼肉罐头。让我们放飞一下自己的想象：在牙齿下面放点这种被石油煎炸过的鱼肉。

图画的周围并没有附带任何文字记录，所以只能用思考来填补这一空白。思考向我们说道："这些鱼曾经成群结队地在这片水里聚集、生活。后来湖水暴涨，卷着厚厚的淤泥的波浪将它们置于死地。之后它们很快就被淤泥覆盖，没有遭到暴风雨的毁灭性打击，所以它们穿越了千年的历史，永远地保存在裹尸布的庇护之下。"

迅速增长的湖水将附近被雨水冲刷的泥土席卷过来，还带来了一大堆动植物的残躯，所以我们能从湖底的沉积物中了解到曾经的陆地生物。这代表着那时候所有的生命。我们接着阅读我们的石板或者说画册，将目光转向下一页，上面有带着翅膀的种子、留有褐色痕迹的叶子。这本以石头为材料的植物册和专业的植物册相比，清晰度不相上下。

正如贝壳所告诉我们的，这本石头植物册诉说着同样的历史：世界在不断变化着，太阳的热量逐渐减弱。如今普罗旺斯所生长的植物和以前的并不一样；现在普罗旺斯没有了棕榈树、带有樟脑气味的月桂树、长着羽毛装饰的南洋杉，以及各种各样现已属于热带植物的乔木和灌木。

我们继续翻阅册子。现在映入眼帘的是昆虫。双翅目昆虫是最寻常的，它们体型很小，通常是一些不起眼的小昆虫。大角鲨的牙齿表面粗糙、内部平滑。这使我们十分诧异。这些被完整地嵌在岩石书页中的小飞虫又会告诉我们什么呢？如此娇弱的小生命，我们用手一抓它就可能一命呜呼，竟然承受住了崇山峻岭的重压而完好无损!

昆虫的六只细爪向外伸开，看起来完全在放松的状态，轻轻地一碰，爪子就会断掉。爪子保存得十分完整，就连指头上边的双爪也没消失。翅膀向外部展开，通过放大镜仔细观察它那纤细的翅膀脉络，和平时用大头针固定昆虫再进行研究是异曲同工的。触角上面的羽毛装饰依旧纤细精美；肚腹上面的关节清晰可见，有一排微粒包围着，这些微粒就是它的纤毛。

沙床上完整地保留着乳齿象的骨架，长年累月的风沙并未使它被破坏，这足以让我们惊叹；一只娇弱的小飞虫竟然也安然无恙地躺在厚厚的岩石中间，这简直是一个奇迹了。

实际上，这个小飞虫不是被暴涨的湖水从远方席卷过来的。根本不需要暴涨的湖水，潺潺的流水几乎也能将它化为乌有。它的生命在湖边宣告结束。它的生命截止在一个快乐的早晨，能活一个早晨对于一个昆虫来说已经算是相当长寿了。它从灯芯草的顶部掉下来淹死了，然后迅速消失在湖中的淤泥里。

还有其他种类的昆虫，那些体型短粗、穿着坚硬的铠甲的虫子，数量仅次于双翅目昆虫的虫子，它们属于哪一类呢？仔细观察一下它们那喇叭状的狭长头部，我们就不难发现，它们属于长鼻鞘翅目昆虫，是有吻类昆虫，换种文雅点的说法，也就是象虫。其中包括身材纤瘦的、个头中等的、大块头的，和现在的象虫一样大。

它们在石灰岩上面的状态就不像上文的小飞虫那么端庄了，爪子胡乱蹬踢，喙部有的藏在胸下，有的向前伸出，还有的只露出侧面，大多数都是由颈部的一绺浓毛把喙歪在一边。

这些身体残缺并且形状扭曲的象虫并不是在一瞬间被埋葬的。尽管有一些象虫是在湖边的草丛里结束了自己的生命，但是它们中的大多数来自附近，经过雨水的冲刷而来到此处，冲刷的过程中它们的躯体会被一些树枝和碎石破坏，所以变得残缺不全。它们身上的铠甲只能保护主要的躯干，爪子那些细小的关节只能任由外力摧毁，然后淤泥将它们包裹起来。这些外来的象虫可能从很远的地方而来，给我们的研究提供了很大的价值。这些事实表明，如果说湖边昆虫的典型代表是蚊子，那么树林中昆虫的典型代表则是象虫。

我在那本岩石书册里面只发现了吻管科昆虫的遗迹，在其他方面尤其是鞘翅目昆虫方面并没有什么收获。其他的陆地昆虫应该也被雨水席卷到湖中，比如步甲虫、食粪虫、圣金龟等，它们都去哪儿了呢？这些昆虫现如今依旧生生不息，竟没有在此留下一丝痕迹。

水龟虫、豉虫、龙虱这些生活在水里的居民都去哪里了？可能当我们发现它们的时候，它们已经变成了两块泥炭岩中间的木乃伊。假如当时这些昆虫存在，那么它们应该生活在湖里，湖里的淤泥会将它们完好无损地保存下来，可能比双翅目昆虫保存得更加完整。这些水生鞘翅目昆虫，岩石书册里没有留下关于它们的任何记录。

这些昆虫没有被保存在地质圣骨箱里，那它们到底去哪儿了？草丛中的、灌木丛中的、被虫子蛀空了的树干里的昆虫，比如天牛、粪金龟、步甲虫，它们都身在何处呢？它们还处在不断的变化之中，没有形成最终的形态。过去它们不曾存在，等待着它们的是不可知的未来。假如我认可自己曾经翻阅的那些简单的资料，由此可以判断出象虫大概就是鞘翅目昆虫的祖先。

原始时期的一些物种往往呈现出怪异的状态，这可能和现在和谐状态中的情景大相径庭。蜥蜴类动物一开始被塑造出来的时候，是长达十五至二十米的怪兽。造物者给它们的鼻子、眼睛配上长长的角，让它们的背上长满鳞片，脖颈凹成有刺的袋子，脑袋可以直接缩进里面去。

造物者甚至还想要给这些怪兽插上翅膀，这一想法最终未能实践。经过一系列恐怖的事情之后，物种的演变趋于稳定，因此才出现了我们如今见到的可爱的绿色蜥蜴。

当鸟类被创造出来的时候，生命给予鸟类锋利的牙齿，就像爬行动物的牙齿一样，还为鸟的臀部配上长长的带有羽毛的尾巴。这些相貌奇丑无比、还未进化完成的动物是红喉雀和鸽子的祖先。

这些原始动物的头部很小，智力较低。那些古老的野兽只是一部无情的狩猎机器，一个消化食物的胃。智商在后来才发挥作用，它对当时的它们来说还是无关紧要的。

象虫通过不断的重复完成自身的进化。你看它的头顶上那个奇怪的凸起部分。那上边有又厚又短的吻，其他地方还有粗的圆形吻管或像四棱柱一样的吻管。它头顶上的凸起部分仿佛印第安人那奇形怪状的长烟袋，十分纤长，和它的身体长度相当，甚至比身体还长。在这个奇怪的工具末端，是上颚那把精良的剪刀。它的身体两侧是两根触角。

象虫的喙和那个长得奇奇怪怪的鼻子到底有什么作用呢？它这种造型是从哪儿得到的灵感呢？它的灵感并不来自于其他生物，它是这种独特造型的设计者、开创者，拥有自己的专利。除了它这一种族，其他的鞘翅目昆虫都没长着奇奇怪怪的嘴。

还要注意的是，它的脑袋小得出奇。从鼻子底部凸起来的一个小球就是它的脑袋了。那里面装的是什么？仅仅是一个可怜的神经系统，它借此来激发自己极其有限的本能反应。人们在关注这些小脑袋动物的活动之前，并未在意它们的智商。因此在人们看来，它们属于智力低下、反应迟钝的愚蠢昆虫。这种看法后来也并未被人们质疑。

象虫类昆虫虽然没有什么高超的本领，但我们不能因此而瞧不起它们。正如我们从岩石书页中所发现的那样，在长鞘翅昆虫中，它们位居前列。在应对突发情况时，它们的反应远远胜过那些发育得灵巧的昆虫。它们所展现的是一些原始的昆虫形态，有时呈现出十分怪异的形状。在它们自己的小世界里，它们所扮演的角色就像长着锋利巨齿的猛禽和长着角的蜥蜴在高级世界里一样。

从古至今，它们一直生生不息，长久保留着原始特征。它们现在的形态和远古时期的形态是一样的。这一点我们通过那些岩石书页可以判断出来。我有勇气把它的种、属的名称记录在岩石书页的图画之下。

本能的稳定性伴随着形态的持久性。根据一些关于现代象虫科昆虫的记载，我们将就它们祖先的生物单方面写出与其实际情况较接近的一个章节。在那个原始时期，普罗旺斯的土地上还有生长在湖泊旁边遮挡着鳄鱼出没的棕榈树呢。讲述现代的历史将向我们叙述往昔的历史。

点评赏析

这篇文章从作者研究古币引出主题——化石，进而引出化石中的主角——老象虫家族。作者用了很大的篇幅，通过白描的手法，交代了老象虫家族外部及内在的特点和价值，通过一个时代、一段历史来展示老象虫的繁衍变化过程，使我们对古代的世界有了新的了解和认识，也对老象虫有了一个全面的认识。

在文章的最后，作者告诉我们，老象虫虽然没有什么才能，但是它们在长鞘翅的昆虫中，还是位居前列的。

扫码听读

蟋　蟀 精读

导读　蟋蟀似乎是一个勤劳的享乐主义者。它不肯随遇而安，慎重地选择住址，一定要排水优良，并且有温和的阳光。它不利用现成的洞穴，而是一点一点地挖掘出舒服的住宅，从大厅一直到卧室……而建造好别墅的蟋蟀，又会在阳光下怎样度过自己的欢乐时光呢？让我们一起来了解，蟋蟀是怎样勤劳工作，又是怎样享乐的。

家政

居住在草地里的蟋蟀，差不多和蝉一样有名气。它们在有数的几种模范式的昆虫中，表现是相当不错的。它之所以如此名声在外，主要是因为它的住所，还有它出色的歌唱才华❶。只占有其中的一项，是不足以让它成就如此大的名气的。一位动物故事学家拉·封丹，对于它只谈了简单的几句，仿佛并没有注意到这种小动物的天才与名气。

◎写作分析

❶统领全文，告诉读者，本文主要介绍蟋蟀的住所和它的歌唱才华。

另外，还有一位法国寓言作家曾经写过一篇关于蟋蟀的寓言故事。但是很可惜，这个故事太缺乏真实性和含蓄一些的幽默感。而且，这位寓言作家在这个蟋蟀的故事中写道：“蟋蟀并不满意，在叹息它自己的命运！”事实可以证明，这是一个多么错误的观点。因为，无论是什么样的人，只要曾经亲自研究过蟋蟀，观察过它们的生活情况，哪怕仅仅是一点表面上的观察与研究，都会感觉到蟋蟀对于自己的住所，以及它们天生的歌唱才能，是非常满意而又愉快的❷。是的，这两点所给它们带来的名气真的足以让它们感到庆幸了。

◎要点提示

❷作者提出自己的观点：蟋蟀对于自己的生活是满足而快乐的，而不是叹息忧郁的。

在这个故事的结尾处，他承认了蟋蟀的这种满足感。他写到：“我的舒适的小家庭，是个快乐的地方。如果你想要快乐的生活，就隐居在这里面吧！”

◎写作分析

❶引用美丽的诗篇，与拉·封丹寓言正反对比，加深读者的印象。

在我的一位朋友所做的一首诗中，给了我另一种感觉。我觉得这首诗所要表达的更具有真实性，更加有力地表现出蟋蟀对于生活的热爱❶。

下面就是我的朋友写的这首诗：

曾经有个故事是讲述动物的，
一只可怜的蟋蟀跑出来，
到它的门边，
在金黄色的阳光下取暖，
看见了一只趾(zhǐ)的蝴蝶儿。
她飞舞着，
后面拖着那骄傲的尾巴，
半月形的蓝色花纹，
轻轻快快地排成长列，
深黄的星点与黑色的长带，
骄傲的飞行者轻轻地拂过。
隐士说道：飞走吧，
整天到你们的花里去徘徊吧，
不论菊花白，
玫瑰红，
都不足与我低凹的家庭相比。
突然，
来了一阵风暴，
雨水擒住了飞行者，
她的破碎的丝绒衣服上染上了污点儿，
她的翅膀被涂满了烂泥。
蟋蟀藏匿着，
淋不到雨❷，

◎要点提示

❷生动的童话诗，写出了昆虫世界的丰富多彩。

用冷静的眼睛看着，
发出歌声。
风暴的威严于它毫不相关，
狂风暴雨从它的身边无碍地过去。
远离这世界吧1！
不要过分享受它的快乐与繁华，
一个低凹的家庭，
安逸而宁静，
至少可以给你以不须忧虑的时光。

◎写作分析

1诗中蟋蟀与蝴蝶的对比鲜明生动，说明了蟋蟀的生活习性。

从这首诗里，我们可以认识一下可爱的蟋蟀了。

我经常可以在蟋蟀住宅的门口看到它们正在卷动着它们的触须，以便使它们的身体的前面能够凉快一些，后面能更加暖和一些。它们一点儿也不妒忌那些在空中翩翩起舞的各种各样的花蝴蝶。相反地，蟋蟀反倒有些怜惜它们了。它们的那种怜悯的态度，就好像我们常看到的一样：那种有家庭的人，能体会到有家的欢乐的人，每当讲到那些无家可归、孤苦伶仃的人时，都会流露出一样的怜悯之情。蟋蟀也从来不诉苦、不悲观，它一向是很乐观的、很积极向上的。它对于自己拥有的房屋，以及它的那把简单的小提琴，都相当地满意和欣慰。从某种意义上，可以这样说，蟋蟀是个地道正宗的哲学家2。

◎要点提示

2不嫉妒、富于同情心、乐观向上，蟋蟀有许多让我们人类自叹不如的优秀品质。

它似乎清楚地懂得世间万物的虚无缥缈，并且还能够感觉到那种躲避开盲目地、疯狂地追求快乐的人的扰乱的好处。

对了，这样来描写我们的蟋蟀，无论如何，总应该是正确的。不过，我仍然需要用几行文字，把蟋蟀的优点公之于众。自从那个动物故事学家拉·封丹，忽略了它们以后，蟋蟀已经等待了很长的时间了，等待着人们对它们加以描述，

◎写作分析

❶自然过渡，引出要重点说明的对象——蟋蟀的巢穴。

加以介绍，加以重视。它们的朋友——人类忽略了它们。

对于我——一个自然学者而言，前面提到的两篇寓言中，最为重要的一点，乃是蟋蟀的巢穴，教训便建筑在这上面❶。

寓言作家在诗中谈到了蟋蟀的舒适的隐居地点，而拉·封丹也赞美了它的在他看来是低下的家庭。所以，从这一点讲，最能引起人们注意的，毫无疑问，就是蟋蟀的住宅。

它的住宅，甚至吸引了诗人的目光来观察它们，尽管他们常常很少能做到注意真正存在的事物。

确实，在建造巢穴以及家庭方面，蟋蟀可以算是超群出众的了。在各种各样的昆虫之中，只有蟋蟀在长大之后，才能拥有固定的家庭，这也算是它辛苦工作的一种报酬吧！在一年之中最坏的时节，大多数其他种类的昆虫，都只是在一个临时的隐蔽所里暂且躲避身形，躲避自然界的风风雨雨。因此，它们的隐蔽场所得来得方便，在放弃它的时候，也并不会觉得可惜❷。

◎写作分析

❷罗列许多动物制造临时住所的例子，为下文描写蟋蟀的别墅做铺垫。

在很多时候，这些昆虫也会制造出一些让人感到惊奇的东西，以便安置它们自己的家，比如，棉花袋子，用各种树叶制作而成的篮子，还有那种水泥制成的塔等。有很多的昆虫，它们长期在埋伏地点伏着，等待着时机，以捕获自己等待已久的猎物。例如，虎甲虫。它常常挖掘出一个垂直的洞，然后利用自己平坦的、青铜颜色的小脑袋，塞住洞口。一旦有其他种类的昆虫涉足这个具有迷惑性的、诱捕它们的大门上时，虎甲虫就会立刻行动，毫不留情地掀起门的一面来捕捉它。于是，这位很不走运的过客，就这样落入虎甲虫精心伪装起来的陷阱里，不见踪影了。

◎要点提示

❸虎甲虫和蚁狮的住所可以用来捕捉猎物，却不是舒适的家。

另外一个例子是蚁狮。它会在沙子上面，做成一个倾斜的隧道。这里的牺牲者是蚂蚁❸。蚂蚁一旦误入歧途，便会从这个斜坡上不由自主地滑下去，然后，马上就会被一阵乱石击死。这条隧道中守候猎物的猎者，把颈部做成了一种石弩(nǔ)。

但是，上面提到的例子统统都只是一种临时性的避难所或是陷阱而已，实在不是什么长久之计。

经过辛辛苦苦的劳作构造出的家，昆虫住在里面，无论是在温暖和煦、生机盎然的春天，或者是在寒风刺骨、漫天雪飘的冬令时节，都让昆虫无比地依赖，不想迁移到其他的任何地方去居住。这样一个真正的居住之所，是为了安全以及舒适而建筑的，是从长远的角度考虑的，而并不是像前面所提到的那样是为了狩猎而建的，或是所谓的“育儿院”之类的延期行为。那么，只有蟋蟀的家是为了安全和温馨而建造的了❶。在一些有阳光的草坡上，蟋蟀就是这个隐逸者的场院的所有者。正当其他的或许正在过着孤独流浪的生活，或许是卧在露天地里，或许是埋伏在枯树叶、石头和老树的树皮底下的昆虫正为没有一个稳定的家庭而烦恼时，蟋蟀却成了大自然中的一个拥有固定居所的优越的居民。由此可见，它是有远见卓识的❷。

要想做成一个稳固的住宅，并不那么简单。不过现在这对于蟋蟀、兔子，还有人类，都已经不再是什么大问题了。在与我的住地相距不太远的地方，有狐狸和獾猪的洞穴。它们绝大部分只是由不太整齐的岩石构建而成的，而且一看就知道这些洞穴都很少被修整过。对于这类动物而言，只要能有个洞，暂且偷生，“寒窑虽破能避风雨”也就可以了。

相比之下，兔子要比它们更聪明一些。如果，有些地方没有任何天然的洞穴可以供兔子们居住，以便躲避外界所有的侵袭与烦扰，那么，它们就会到处寻找自己喜欢的地点进行挖掘。

然而，蟋蟀则要比它们中的任何一位更聪明得多。在选

◎写作分析

❶用作比较的说明方法，说明蟋蟀的住所不同于其他动物住所的优点——安全和温馨。

◎写作分析

❷作者列举出很多动物造屋的例子，相比之下，蟋蟀则要比它们中任何一位都聪明得多。这样有了参照物的对照，结论显得有理有据。

◎要点提示

❶从蟋蟀对自己窠穴周围环境的重视可以看出，这是蟋蟀打算长期居住的家，而不是临时的居所。

◎要点提示

❷高超的建筑技术仅次于人类，由此可见作者对其评价之高。

◎写作分析

❸几个设问句加强语气，引导读者去分析蟋蟀建筑技术高超的原因。

择住所时，它常常轻视那些偶然碰到的以天然的隐蔽场所为家的种类。它总是非常慎重地为自己选择一个最佳的家庭住址。它很愿意挑选那些排水条件优良，并且有充足而温暖的阳光照射的地方❶。凡是这样的地方，都被视为佳地，要优先考虑选取。蟋蟀宁可放弃那种现成的天然而成的洞穴，因为这些洞都不合适，而且建造得十分草率，没有安全保障。有时，其他条件也很差。总之这种洞不是蟋蟀的首选对象。蟋蟀要求自己的别墅每一点都必须是自己亲手挖掘而成的，从大厅一直到卧室，无一例外。

除去人类以外，至今我还没有发现哪种动物的建筑技术要比蟋蟀更加高超❷。即便是人类，在混合沙石与灰泥使之凝固，以及用黏土涂抹墙壁的方法尚未发明之前，也不过是以岩洞为隐避场所，和野兽进行战斗、和大自然进行搏击。那么，为什么这样一种非常特殊的本能，大自然单单把它赋予了这种动物呢？最为低下的动物，却可以居住得非常完美和舒适。它拥有自己的一个家，有很多被文明的人类所不知晓的优点：它拥有安全可靠的躲避隐藏的场所；它有享受不尽的舒适感；同时，在属于它自己的家的附近地区，谁都不可能居住下来，成为它的邻居。除了我们人类以外，没有谁可以与蟋蟀相比。

令人感到不解和迷惑的是，这样一种小动物，它怎么会拥有这样的才能呢？难道说大自然偏向它，赐予了它某种特别的工具吗？当然，答案是否定的❸。蟋蟀，它可不是什么掘凿技术方面的一流专家。实际上，人们也仅仅是因为看到蟋蟀工作时的工具非常柔弱，所以才对蟋蟀有这样的工作结果——建造出这样的住宅感到十分惊奇的。

那么，是不是因为蟋蟀的皮肤过于柔嫩，经不起风雨的考验，才需要这样一个稳固的住宅呢？答案仍然是否定的。

因为，在它的同类兄弟姐妹中，也有和它一样，有柔美的、感觉十分灵敏的皮肤，但是，它们并不害怕在露天底下待着，并不怕暴露于大自然之中。

那么，它建筑平安舒适的住所的高超才能，是不是由于它的身体结构上的原因呢？它到底有没有进行这项工作的特殊器官呢？答案又是否定的1。在我住所的附近地区，分别生活着三种不同的蟋蟀。这三种蟋蟀，无论是外表、颜色，还是身体的构造，和一般田野里的蟋蟀是非常相像的。在开始时，刚一看到它们，我就经常把它们当成田野中的蟋蟀。然而，就是这些由一个模子刻出来的同类，竟然没有一只晓得究竟怎样才能为自己挖掘一个安全的住所。其中，有一只身上长有斑点的蟋蟀，只是把家安置在潮湿地方的草堆里边；还有一只十分孤独的蟋蟀，自个儿在园丁们翻土时弄起的土块上，寂寞地跳来跳去，像一个流浪汉一样；而更有甚者，如波尔多蟋蟀，甚至毫无顾忌、毫不恐惧地闯到了我们的屋子里来，真是不请自来的客人，不顾主人的意愿2。从八月份到九月份，它独自待在那些既昏暗又特别寒冷的地方，小心翼翼地唱着歌。

如果再继续前面已经提到过的那些问题，将是毫无意义的，因为那些问题的答案统统都是否定的。蟋蟀自然形成的本能，从来也不为我们提供有关答案的原因所在3。如果寄希望于从蟋蟀的体态、身体结构，或是工作时所利用的工具上来寻找答案，来解释那些答案，同样是不可能的。长在昆虫身上的所有的东西，没有什么能够提供给我们一些满意的解释与答案，或者是能够让我们知晓一些原因，给不了我们任何有力的帮助。

在这四种相互类似的蟋蟀中，只有一种能够挖掘洞穴。于是，我们可以确定，蟋蟀本能的由来，我们尚不可得知。

◎ 写作分析

1层层设问，激起了读者极高的阅读兴趣。

◎ 要点提示

2并不是所有的蟋蟀都对自己的家有很高的要求，对比突出本文主角对自己家的重视。

◎ 要点提示

3有些我们人类无法解释的事情，只有归结为本能才能让人释怀吧，因为不是所有的事情都是有理由的。

◎写作分析

❶用反问句加强语气，且使语句的语气富于变化。不管是谁，都曾光顾过蟋蟀的家，这是一个事实。

难道会有谁不晓得蟋蟀的家吗？哪一个人在他还是小孩子的时候，没有到过这位隐士的房屋之前去观察过呢❶？无论你是怎样地小心，脚步是如何地轻巧，这个小小的动物总能发觉，总能感觉到你的来访。然后，它立刻警觉起来，并且有所反应，马上躲到更加隐蔽的地方去。而当你好不容易才接近这些动物的定居地时，此时此刻，这座住宅的门前已经是空空如也了，很让人失望。

◎要点提示

❷蟋蟀很机警。如何才能接近它们呢？作者为我们提供了绝妙的方法。

我想，凡是有过如此经历的人都会知道把这些隐匿者从躲藏处诱惑出来的方法。你可以拿起一根草，把它放到蟋蟀的洞穴里去，轻轻地转动几下。这样一来，小蟋蟀肯定会认为地面上发生了什么事情。于是，这只已经被搔痒了，而且已经有些恼怒了的蟋蟀，将从后面的房间跑上来。然后，它停留在过道中，迟疑着，同时，鼓动着它的细细的触须认真而警觉地打探着外面的一切动静。然后，它才渐渐地跑到有亮光的地方来，只要这个小东西一跑到外面来，便是自投罗网，很容易就会被人捉到❷。因为，前面发生的一系列事情，已经把我们这只可怜的小动物的简单的小小头脑给弄迷糊了，毕竟它的智力水平是何等低下啊！假如这一次，小蟋蟀逃脱掉了，那么，它将会很疑虑，很机警，时刻提高它的警惕性，不肯再轻易地冒险，从躲避的地方跑出来。在这种情况下，你就不得不选择其他的应付手段了。比如，你可以利用一杯水，把蟋蟀从洞穴中冲出来。

◎要点提示

❸由蟋蟀的机警，想到了儿时抓蟋蟀时的情形。无论时光怎样变化，不变的是作者对小动物的爱。

想起我们的孩童时代，那个时候真的是值得人怀念与羡慕❸。我们跑到草地里去，到处捉蟋蟀这种昆虫。捉到以后，就把它们带回家里，放在笼子里供养，并采来一些新鲜的莴苣叶子来养活它们。这真是一种莫大的童趣啊！

现在，回过头来谈谈我这里的情况吧。为了能够更好地研究它们，我到处搜寻着它们的巢穴。孩童时代发生的事情，就仿佛昨天刚刚发生过一般。当我的另一个小同伴——小保罗——一个在利用草须方面可以称为专家级的孩子，在很长时间地实施他的战略战术之后，忽然，他十分激动而兴奋地叫起来："我捉住它了！我捉住它了！一只可爱的小蟋蟀！"

"动作快一点儿，"我对小保罗说道，"我这里有一个袋子。我的小战俘，你快快跳进去吧，你可以在袋子里面安心居住，里面有充足的饮食。不过，有个条件，那就是你可一定不要让我们失望啊！你一定要赶快告诉我们一些事情，一些我们渴望知道而且正在苦苦寻觅的答案。而这些事情中，需要你做的头一件便是把你的家给我看一看。**1**"

◎写作分析

1作者用亲切的口吻，把蟋蟀当成人来对它说话，希望蟋蟀能让自己知道它的家是什么样的。

它的住屋

在那些青青的草丛之中，不注意的话，就会不为人知地隐藏着一个有一定倾斜度的隧道。在这里，即便是下了一场滂沱的暴雨，也会立刻就干了的。这个隐蔽的隧道，最多不过有九寸深的样子，宽度也就像人的一个手指头那样。隧道按照地形的情况和性质，或是弯曲，或是垂直。差不多如同定律一样，总是要有一叶草把这间住屋半遮掩起来，其作用是很明显的，如同一所罩壁一样，把进出洞穴的孔道遮蔽在黑暗之中。蟋蟀在出来吃周围的青草的时候，决不会去碰一下这一片草。那微斜的门口，仔细用扫帚打扫干净，收拾得很宽敞。这里就是它的一座平台。每当四周的事物都很宁静的时候，蟋蟀就会悠闲自在地聚集在这里，开始弹奏它的四弦提琴了**2**。多么温馨的仲夏消暑音乐啊！

◎要点提示

2生动形象地描写了蟋蟀唱歌的工具和唱歌方法。"悠闲自在"写出了蟋蟀安适悠闲的样子。

屋子的内部并不奢华，有暴露的却并不粗糙的墙。房子的住户有很多空闲的时间去修整太粗糙的地方。隧道的底部就是卧室，这里比别的地方修饰得略微精细些，并且宽敞些。大体上说，这是个很简单的住所，非常清洁，也不潮湿，一切都符合卫生标准。从另一方面来说，假如我们考虑到蟋蟀用来掘土的工具十分简单，那么可以说这真是一个伟大的工程了。如果想要知道它是怎样做的，它是从什么时候开始这么大的工程的，我们一定要回溯到蟋蟀刚刚下卵的时候❶。

蟋蟀像黑蠡斯一样，只把卵产在土里，深约四分之三寸。它把卵排列成群，总数大约有五百到六百个。这卵真是一种惊人的机器。孵化以后，它看起来很像一只灰白色的长瓶子，瓶顶上有一个整齐的孔。孔边上有一顶小帽子，像一个盖子一样。去掉盖子的原因，并不是蛴螬在里面不停地冲撞，把盖子弄破了，而是因为有一种环绕着的线——一种抵抗力很弱的线，会自动裂开。

卵产下两个星期以后，前端出现两个大的蛴螬，是一个待在襁褓中的蛴螬，穿着紧紧的衣服，还不能完全辨别出来。你应当记得，蠡斯也以同样的方法孵化，当它来到地面上时，也一样穿着一件保护身体的紧紧的外衣。蟋蟀和蠡斯是同类动物，虽然事实上并不需要，但它也穿着一件同样的制服。蠡斯的卵留在地下有八个月之久，它要想从地底下出来必须同已经变硬了的土壤搏斗一番，因此需要一件长衣保护它的长腿。但是蟋蟀整体上比较短粗，而且卵在地下也不过几天，它出来时无非只要穿过粉状的泥土就可以了，用不着和土地相抗争。因为这些理由，它不需要外衣，于是它就把这件外衣抛弃在后面的壳里了❷。

当脱去襁褓时，蟋蟀的身体差不多完全是灰白色的，它开始和眼前的泥土战斗了。它用大腮将一些毫无抵抗力的泥土咬出来，然后把它们打扫在一旁或干脆踢到后面去。它很快就可以到土面上享受着阳光，并冒着和它的同类相冲突的危险

◎要点提示

❶铺垫了那么多，让我们已经迫不及待。本段中，作者才开始对蟋蟀的家进行了描述。

◎写作分析

❷通过蠡斯与蟋蟀的对比，突出蟋蟀的卵在地下待的时间比较短，所以不用那么厚的外衣作为保护。

开始生活。它是这样弱小的一个可怜虫，还没有跳蚤大呢！

二十四小时以后，它变成了一个小黑虫，这时它的黑檀色足以和发育完全的蟋蟀相媲美，它全部的灰白色到最后只留下来一条围绕着胸部的白肩带，并在身上生有两个黑色的点。在这两点中上面的一点，就在长瓶的头上，你可以看见一条环绕着的，薄薄的、突起的线。壳子将来就在这条线上裂开。因为卵是透明的，我们可以看见这个小动物身上长着的节❶。现在是应该注意的时候了，特别是在早上的时候。

好运气是关爱带来的。如果我们不断地到卵旁边去看，我们就会得到报酬的。在突起的线的四周，壳的抵抗力会渐渐消失，卵的一端逐渐分裂开，被里面的小动物的头部锥动，它升起来，落在一旁，像小香水瓶的盖子一样，战俘就从瓶子里跳了出来。

当它出去以后，卵壳还是长形的，光滑、完整、洁白，帽子似的盖子挂在口上的一端。鸡卵破裂，就是小鸡用嘴尖上的小硬瘤撞破的。蟋蟀的卵做得更加巧妙，和象牙盒子相似，能把盖子打开。它的头顶，已经足可以做这件工作了❷。

我们上面说过，盖子去掉以后，一个幼小的蟋蟀跳出来，这句话还不十分精确。它是非常灵敏和活泼的，不时用长的而且经常颤动的触须打探四周发生的情况，并且很性急地跑来跳去。当有一天，它长胖了，不能如此放肆了，那才真有些滑稽呢！

现在我们要看一看母蟋蟀为什么要产下这么多的卵。这是因为多数的小动物是要被处以死刑的。它们常遭到别的动物残忍的大屠杀，特别是小形的灰蜥蜴和蚂蚁的杀害。蚂蚁这种讨厌的流寇，常常不留一只蟋蟀在我们的花园里。它一口就能咬住这可怜的小动物，然后狼吞虎咽地将它们吞咽下去。

◎要点提示

❶观察细致入微，描写细腻生动，这需要作者多么强大的耐心和细心啊！

◎写作分析

❷与小鸡破壳进行对比，突出蟋蟀卵的精巧。

◎要点提示

[1]没想到蚂蚁竟然是蟋蟀的天敌。“这个可恨的恶人”表明了作者对蚂蚁的厌恶之情。

唉，这个可恨的恶人[1]。请想想看，我们还将蚂蚁放在比较高级的昆虫当中，还为它写了很多的书，更对它大加赞美。人们对它的称赞之声，不绝于耳。自然学者对它很推崇，而且其名誉日益增加。这样看来，动物和人一样，引起人们注意的最绝妙的方法就是损害别人。

那些从事十分有益处的清洁工作的甲虫，并不能引来人们的注意与称赞，甚至无人去理睬它们；而吃人血的蚊虫，却是每个人都知道的；同时人们也知道那些带着毒剑、暴躁而又虚夸的黄蜂，以及专做坏事的蚂蚁。后者在我们南方的村庄中，常常会跑到人们的家里面弄坏椽子，而且它们在做这些坏事时，还像品尝无花果一样高兴。

我花园里的蟋蟀，已经完全被蚂蚁残杀殆(dài)尽，这就使得我不得不跑到外面的地方去寻找它们。八月里，在落叶下，那里的草还没有完全被太阳晒枯干，我看到幼小的蟋蟀已经长得比较大了，全身都是黑色了，白肩带的痕迹一点也没有存留下来。在这个时期，它的生活是流浪式的一片枯叶，一块扁石头，已经足够它去应付大千世界中的一些事情了。

◎要点提示

[2]生物的本能决定了蟋蟀不可能有那样的远见卓识，所以才构成了自然界中的食物链。

许多从蚂蚁口中逃出生天的蟋蟀，现在又成了黄蜂的牺牲品。黄蜂猎取这些旅行者，然后把它们埋在地下。其实只要蟋蟀提前几个星期做好防护工作，它们就没有这种危险了。但是它们从来也没想到过这点，总是死守着旧习惯，仿佛视死如归的样子[2]。

一直要到十月末，寒气开始袭人时，蟋蟀才开始动手建造自己的巢穴。如果以我们对养在笼子里的蟋蟀的观察来判断，这项工作是很简单的。挖穴并不在裸露的地面上进行，而是常常在莴苣叶——残留下来的食物——掩盖的地点，或者是其他的能代替草叶的东西似乎为了使它的住宅秘密起见，这些掩盖物是不可缺少的。

这位矿工用前足扒着土地，并用大腮的钳子，咬去较大的石块。我看到它用强有力的后足蹬踏着土地，后腿上长有两排锯齿式的东西。同时，我也看到它清扫尘土将其推到后面，把它倾斜地铺开。这样，就可以知道蟋蟀挖掘巢穴的全部方法了❶。

◎写作分析

❶用“矿工”来比喻蟋蟀，生动贴切，形象地点出了蟋蟀挖掘的辛苦。

工作开始做得很快。在我笼子里的土中，它钻在下面一待就是两个小时，而且隔一小会儿，它就会到进出口的地方来。但是它常常是向着后面的，不停地打扫着尘土。如果它感到劳累了，它可以在还没完成的家门口休息一会儿，头朝着外面，触须特别无力地摆动，一副倦怠的样子。不久它又钻进去，用钳子和耙继续劳作。后来，它休息的时间渐渐加长❷，这使我感到有些不耐烦了。

◎要点提示

❷详细地叙述出蟋蟀的施工过程，这需要相当长时间的观察！

这项工作最重要的部分已经完成了。洞口已经有两寸多深了，足够满足一时之需。

余下的事情，可以慢慢地做，今天做一点，明天再做一点，这个洞可以随天气的变冷和蟋蟀身体的长大而加大加深。如果冬天的天气比较暖和，太阳照射到它的住宅的门口，我们仍然还可以看见蟋蟀从洞穴里面抛散出泥土来。在春天尽情享乐的天气里，这住宅的修理工作仍然继续不已。改良和装饰的工作，总是经常地不停歇地在做着，直到主人死去。

四月底，蟋蟀开始唱歌。最初，这是一种生疏而又羞涩的独唱，不久，就合成在一起形成美妙的奏乐。每块泥土都夸赞它是非常善于演奏动听的音乐的乐者❸。我乐意将它置于春天的歌唱者之魁首。在我们的荒废了的土地上，在百里香和欧薄荷繁盛的开花时节，百灵鸟如火箭般飞起来，打开喉咙纵情歌唱，将优美的歌声从天空散布到地上。

◎写作分析

❸拟人化的手法，极富感情，使读者倍感亲切。

而待在地面下的蟋蟀，也禁不住吸引，放声高歌一曲，以求与相知者相应和。它们的歌声单调而又无艺术感，但它们的这种艺术感和它们生命复苏的单调喜悦相协调。这是一种警醒的歌颂，为萌芽的种子和初生的叶片所了解、所体味。对于这种二人合奏的乐曲，我们应该判定蟋蟀是优秀中的胜者。它们的数目和不间断的音节足以使它们当之无愧。百灵鸟的歌声停止以后，在这些田野上，生长着青灰色的欧薄荷。这些在日光下摇摆着芳香的批评家，仍然能够享受到这样朴实的歌唱家的一曲赞美之歌，从而伴它们度过每一刻寂寞的时光。多么有益的伴侣啊！它们给大自然以美好的回报❶。

◎写作分析

❶用几个生动的比喻，对蟋蟀的歌声予以高度的赞美。

它的乐器

◎写作分析

❷与蟋蟀作坦率的对话，这种方式富有亲切感，拉近了人类和蟋蟀的距离，充分表现了作者的人文情怀。

为了科学的研究，我们可以很坦率地对蟋蟀说道：“把你的乐器给我们看看。❷”像各种有价值的东西一样，它是非常简单的。它和螽斯的乐器很相像。根据同样的原理，它不过是一只弓，弓上有一只钩子，以及一种振动膜。右翼鞘遮盖着左翼鞘，差不多完全遮盖着，只除去后面和转折包在体侧的一部分。这种样式和我们原先看到的蚱蜢、螽斯及其同类相反：蟋蟀是右边的盖着左边的，而蚱蜢等是左边的盖着右边的。

两个翼鞘的构造是完全一样的，知道一个也就知道另一个了。它们分别平铺在蟋蟀的身上，在旁边，突然斜下成直角，紧裹在身上，上面还长有细脉。

如果你把两个翼鞘揭开，然后朝着亮光仔细地留意，你可以看到它是极其淡的淡红色。除去两个连接着的地方以外，前面是一个大的三角形，后面是一个小的椭圆，上面生长有模糊的皱纹，这两个地方就是它的发声器官。这里的皮是透明的，比其他的地方要更加紧密些，只是略带一些烟灰色❸。

◎要点提示

❸作者对蟋蟀的观察非常细致，描写也十分细致入微。

在前一部分的后端边隙的空隙中有五条或是六条黑色的条纹，看起来好像梯子的台阶。

它们能互相摩擦，从而增加与下面弓的接触点的数目，以增强其振动❶。

在下面，围绕着空隙的两条脉线中的一条呈肋状。切成钩的样子的就是弓，它长着约一百五十个三角形的齿，整齐得几乎符合几何学的规律。

这的确可以说是一件非常精致的乐器。弓上的一百五十个齿，嵌在对面翼鞘的梯级里面，使四个发声器同时振动，下面的一对直接摩擦，上面的一对是摆动摩擦的器具。它只用其中的四只发音器就能将音乐传到数百码以外的地方，可以想象这声音是如何的急促啊！

它的声音可以与蝉的清澈的鸣叫相抗衡，并且没有后者粗糙的声音。比较来说，蟋蟀的叫声要更好一些，这是因为它知道怎样调节它的曲调❷。蟋蟀的翼鞘向着两个不同的方向伸出，所以非常开阔。这就形成了制音器。如果把它放低一点，那么就能改变其发出声音的强度。根据它们与蟋蟀柔软的身体接触程度的不同，可以让它一会儿能发出柔和的低声的吟唱，一会儿又发出极高亢的声调。

蟋蟀身上两个翼盘完全相似，这一点是非常值得注意的。我可以清楚地看到上面弓的作用和四个发音地方的动作。但下面的那一个，即左翼的弓又有什么样的用处呢？

它并不被放置在任何东西上，没有东西接触着同样装饰着齿的钩子。它是完全没有用处的，除非能将两部分器具调换一下位置，那下面的可以放到上面去。如果这件事可以办到的话，那么它的器具的功用还是和以前相同，只不过这一次是利用它现在没有用到的那只弓演奏了。下面的胡琴弓变成上面的，但是所演奏出来的调子还是一样的。

◎要点提示

❶蟋蟀的发音器官如此细小，作者是通过怎样的观察看到的呢？引人思考。

◎写作分析

❷蟋蟀的鸣声没有蝉的粗糙，这是蟋蟀更优秀的地方。这样两相对比，更说明了蟋蟀的歌声动听。

◎要点提示

1作者对于动物会有自己的设想，但还是通过观察来证明，表现出作者严谨的科学态度。

最初，我以为蟋蟀是使用两只弓的，至少它们中有些是用左面那一只的，但是观察的结果恰恰与我的想象相反1。我所观察过的蟋蟀（数目很多）都是右翼鞘盖在左翼鞘上的，没有一只例外。

我甚至用人为的方法来做这件事情2。我非常轻巧地用我的钳子使蟋蟀的左翼鞘放在右翼鞘上，决不碰破一点儿皮。只要有一点技巧和耐心，这件事情是容易做到的。

◎要点提示

2“人为”两个字突出了作者孜孜不倦和勤于动脑的研究精神。

事情的各方面都做得很好，肩上没有脱落，翼膜也没有皱褶。

我很希望蟋蟀在这种状态下仍然可以尽情歌唱，但不久我就失望了。它开始恢复到原来的状态。我一而再再而三地摆弄了好几回，但是蟋蟀的顽固终于还是战胜了我的摆布。

◎要点提示

3作者不得不使用新招。正因为法布尔如此专注，才能将蟋蟀了解得如此准确。

后来我想这种试验应该在翼鞘还是新的、软的时候进行，即在蛴螬刚刚蜕去皮的时候3。我得到刚刚蜕化的一只幼虫。在这个时候，它未来的翼和翼鞘的形状就像四个极小的薄片。它短小的形状和向着不同方向平铺的样子，使我想到面包师穿的那种短马甲。这蛴螬不久就在我的面前，脱去了这层衣服。

小蟋蟀的翼鞘一点一点长大，这时还看不出哪一扇翼鞘盖在上面；后来两边接近了；再过几分钟，右边的马上就要盖到左边的上面去了。于是这时是我加以干涉的时候了。

◎写作分析

4通过一个比喻句体现了改造者的殷殷期望。

我用一根草轻轻地调整蟋蟀翼鞘的位置，使左边的翼鞘盖到右边的上面。虽然蟋蟀有些反抗，但是我最终还是成功了。我把左边的翼鞘稍稍推向前方，虽然只有一点点，然后我放下它。翼鞘逐渐在变换位置的情况下长大，蟋蟀逐渐向左边发展了。我很希望它使用它的家族从未用过的左琴弓来演奏出一曲同样美妙动人的乐曲4。

第三天，它就开始演奏了。我先听到几声摩擦的声音，好像机器的齿轮还没有切合好，正在调整一样；然后调子开始了，还是它那种固有的音调。

唉，我过于信任我破坏自然规律的行为了。我以为已造就了一位新式的奏乐师，然而我一无所获。蟋蟀仍然拉它右面的琴弓，而且常常如此拉。它因拼命努力，想把我颠倒放置的翼鞘放在原来的位置，导致肩膀脱臼。现在，它已经经过自己的几番努力与挣扎，把本来应该在上面的翼鞘又放回了原来的位置上，应该放在下面的仍放在下面。我想把它做成左手的演奏者的方法是缺乏科学性的。它以自己的行动来嘲笑我的做法，最终，它的一生还是以右手琴师的身份度过的1。

乐器已讲得够多了，让我们来欣赏一下它的音乐吧！蟋蟀是在它自家的门口唱歌的，在温暖的阳光下面，从不躲在屋里独自的欣赏。翼鞘发出“克利克利”柔和的振动声。音调圆满，非常响亮、明朗而精美，而且延长之处仿佛无休止一样。整个春天寂寞的闲暇就这样消遣过去了。这位隐士最初的歌唱是为了让自己过得更快乐些。它在歌颂照在它身上的阳光，供给它食物的青草，给它居住的平安隐避之所。它的弓的第一目的，是歌颂它生存的快乐，表达它对大自然恩赐的谢意2。

到了后来，它不再以自我为中心了，它逐渐为它的伴侣而弹奏。但是据实说来，它的这种关心并没收到感谢的回报，因为到后来它和它的伴侣争斗得很凶，除非它逃走，否则它的伴侣会把它弄成残废，甚至将吃掉它一部分的肢体3。不过无论如何，它不久总要死的，就是它逃脱了好争斗的伴侣，在六月里它也是要死亡的。听说喜欢听音乐的希腊人常将它养在笼子里，好听它的歌唱。然而我不信这回事，至少是表示怀疑。第一，它发出的略带烦嚣的声音，如

◎要点提示

1试验得出结论：蟋蟀翼鞘的位置不能改变。作者对自己的调侃使乏味的知识充满趣味。

◎要点提示

2蟋蟀声音美妙动听，令人神往。

◎要点提示

3动物情侣之间的相爱相杀，残忍得让人无法理解。

果靠近听久了，耳朵是受不了的。希腊人的听觉恐怕不见得爱听这种粗糙的、来自田野间的音乐吧！

第二，蝉是不能养在笼子里面的，除非我们连洋橄榄或榛系木一起罩在里面。但是只要关一天，就会使这喜欢高飞的昆虫厌倦而死。

将蟋蟀错误地当作蝉，就好像将蝉错误地当作蚱蜢一样，并不是不可能的。如果如此形容蟋蟀，那么是有一定道理的。它被关起来是很快乐的，并不烦恼。它长住在家里的生活使它能够被饲养，它是很容易满足的。只要它每天有莴苣叶子吃，就是关在不及拳头大的笼子里，它也能生活得很快乐，不住地叫。雅典小孩子挂在窗口笼子里养的，不就是它吗？

◎要点提示

❶人们都喜欢养蟋蟀，孩子们更甚。不论中外，美好的事物总是能引发人类温暖关爱的情怀。

布罗温司的小孩子，以及南方各处的小孩子们，都有同样的嗜好❶。至于在城里，蟋蟀更成为孩子们的珍贵财产了。这种昆虫在主人那里受到各种恩宠，享受到各种美味佳肴。同时，它也以自己特有的方式来回报好心的主人，为他们不时地唱起乡下的快乐之歌。它的死能使全家人都感到悲哀，这足可以说明它与人类的关系是多么亲密了。

我们附近的其他三种蟋蟀，都有同样的乐器，不过细微处稍有一些不同。它们的歌唱在各方面都很像，不过它们身体的大小各有不同。波尔多蟋蟀，有时候到我家厨房的黑暗处来，是蟋蟀一族中最小的。它的歌声也很细微，必须要侧耳静听才能听得见。

◎要点提示

❷向读者详细地介绍不同蟋蟀歌唱的特点。各具特色的蟋蟀，甜蜜美妙的歌声，字里行间表露出作者赞美的感情。

田野里的蟋蟀，在春天有太阳的时候歌唱。在夏天的晚上，我们则听到意大利蟋蟀的声音了❷。它是个瘦弱的昆虫，颜色十分浅淡，差不多呈白色，似乎和它夜间行动的习惯相吻合。如果你将它放在手指中，你就会怕把它捏扁。它喜欢待在高高的空气中，在各种灌木里，或者是比较高的草上，很少爬下地面来。在七月到十月这些炎热的夜晚，它甜蜜的歌声，从太阳落山起，持续至半夜也不停止。

布罗温司的人都熟悉它的歌声，最小的灌木叶下也有它的乐队。很柔和很慢的“格里里，格里里”的声音，加以轻微的颤音，格外有意思。如果没有什么事打扰它，这种声音将会一直持续并不改变；但是只要有一点儿声响，它就变成“迷人”的歌者了。你本来听见它在你面前很靠近的地方，但是忽然你听起来，它已在十五码以外的地方了。但是如果你向着这个声音走过去，它却并不在那里，声音还是从原来的地方传过来的。其实，也并不是这样的。这声音是从左面还是从后面传来的呢？一个人完全被搞糊涂了，简直辨别不出歌声发出的地点了。

这种距离不定的幻声，是由两种方法造成的：声音的高低与抑扬，根据下翼鞘被弓压迫的部位而不同；同时，它们也受翼鞘位置的影响。如果要发较高的声音，翼鞘就会抬举得很高；如果要发较低的声音，翼鞘就低下来一点❶。淡色的蟋蟀会迷惑来捕捉它的人，用它颤动板的边缘压住柔软的身体，以此将来者搞昏。

在我所知道的昆虫中，没有什么其他的歌声比它更动人、更清晰的了。在八月夜深人静的晚上，可以听到它。我常常俯卧在我哈麻司里迷迭香旁边的草地上，静静地欣赏这种悦耳的音乐。那种感觉真是十分的惬意。

意大利蟋蟀聚集在我的小花园中，在每一株开着红花的野玫瑰上，都有它的歌颂者，欧薄荷上也有很多。野草莓树、小松树，也都变成了音乐场所。并且它的声音十分清澈，富有美感，特别动人。所以在这个世界中，从每棵小树到每根树枝上，都飘出颂扬生存的快乐之歌，简直就是一曲动物之中的《欢乐颂》❷！

◎要点提示

❶蟋蟀发声变化的原因：翼鞘位置的高低。对蟋蟀声音的变化进行了科学精确的解释。

◎写作分析

❷比喻句。作者以一颗热爱自然之心听出一曲《欢乐颂》，语言优美，感染力强。

高高的在我头顶上，天鹅飞翔于银河之间；而在地面上，围绕着我的有昆虫快乐的音乐，时起时息。微小的生命，诉说它的快乐，使我忘记了星辰的美景，使我已然完全陶醉于动听的音乐世界之中了。那些天眼，向下看着我，静静地，冷冷地，但一点也不能打动我内在的心弦。为什么呢？因为它们缺少一个大的秘密——生命。确实，我们的理智告诉我们：那些被太阳晒热的地方，同我们的一样，不过终究说来，这种信念也等于一种猜想，这不是一件确实无疑的事。

在你的同伴里，相反地啊，我的蟋蟀，我感到生命的活力。这是我们土地的灵魂，这就是为什么我不看天上的星辰，而将注意力集中于你们的夜歌的原因了。一个活着的微点——最小最小的生命的一粒，它的快乐和痛苦，比无限大的物质，更能引起我的无限兴趣，更让我无比地热爱你们❶！

◎写作分析

❶最后一段直抒胸臆，表达作者对蟋蟀的喜爱之情，对大自然动物的关爱之情。

点评赏析

这是一篇介绍蟋蟀生活习性和特征的说明文。文章开篇说蟋蟀不被人们重视，“蟋蟀已经等待了很长的时间了，等待着人们对它加以描述，加以介绍，加以重视”，用一连串人性的动作来写蟋蟀的落寞心情，用一连串逐渐增强语气的词来表现蟋蟀渴望被了解的心愿。这样写既生动形象，又有趣味感，语言别具一格。

文章中多次使用了作比较的说明方法，突出了要说明事物的特点。如作者介绍蟋蟀是很聪明的虫子，先介绍了兔子等聪明的动物造屋子，“然而，蟋蟀则要比它们中的任何一位更聪明得多”，接着就举出例子说明蟋蟀有多么聪明。两相对比之下，孰优孰劣，一看便知，且能给人留下深刻印象。用事实说明，有理有据，这便是作比较的好处。

知识链接

宋代有两个亡国宰相。其一是北宋末年的李邦彦，号称“浪子宰相”。其二是南宋末年的贾似道，不妨称为“蟋蟀宰相”。贾似道生平斗鸡走马、饮酒宿娼、无所不至；任相后，常与群妾伏地争斗蟋蟀，还总结养、斗蟋蟀的经验，写成《促织经》一部传世。他专权跋扈、蒙蔽朝廷，最终把半壁河山断送给元军，时人骂他为“权奸”。

回顾训练

1.蟋蟀差不多和________一样有名。

2.蟋蟀之所以如此名声在外，主要是因为它的________，还有它出色的________。

3.蟋蟀的洞穴为什么都挖在朝阳的斜坡的草丛中？

4.法布尔的《昆虫记》能够“透过昆虫世界折射出社会人生”。细读本文，说说蟋蟀给你较大触动的有哪些地方。

朗格多克蝎子的毒液

导读　法布尔对朗格多克蝎子非常感兴趣。这种模样有些令人恐怖的多足纲昆虫，因为拥有毒针这个有力的武器，对于胆敢冒犯它的对手，总能将其轻而易举地置于死地。为了了解它的毒性到底有多大，作者找来哪些动物做实验？实验的结果怎样？

蝎子在捕猎一些小昆虫时，很少使用它的武器。它用两只螯钳捉住昆虫，一直放在嘴边，轻轻地细嚼慢咽。如果食物努力挣扎，扰乱了进食，它便弯起尾巴，反复地轻轻蜇刺，让食物动弹不得。总之，在捕食过程中，蝎子的螯针只是起一个辅助作用。

螯针真正发挥作用，只是在蝎子面对敌人的生死存亡关头。我不知道究竟能有什么样的对手会让这令人生畏的虫子进行自卫。在出没于乱石堆的常客当中，有谁敢攻击蝎子呢？虽然说我不知道蝎子通常在什么情况下需要自卫，但要使用计谋、制造一些机会让它认真地打一仗，对我来说还是很容易的。为了测试蝎子的毒液到底有多厉害，我决定在昆虫世界的范围里，让它尽可能地面对各种强大的对手。

我在一只宽大的广口瓶底铺上一层沙子来预防玻璃瓶底打滑，然后放进朗格多克蝎子和纳博讷狼蛛。这两种昆虫同样配备了毒钩。谁更厉害并吃了对方呢？虽说狼蛛和蝎子比起来要柔弱一些，却身手敏捷，能趁其不备地跳起攻击对手。受到攻击的蝎子反击速度很慢，还没摆出搏斗的架势，狼蛛便会得手，并躲开对方举起的螯针。看来，形势似乎对灵活的狼蛛更有利。

可是事实证明我想错了。狼蛛一看到对手，便立刻半直起身子，张开它那悬着一小滴毒液的毒牙，毫无畏惧地等待着。蝎子双钳前伸，慢慢移动过来。蝎子用两个指头的螯钳抓住狼蛛，让它动弹不得；狼蛛受制在离对手一段距离的地方，只能绝望地抗争着，毒牙一张一合，却无法咬到蝎子。面对这样的敌人，狼蛛是不可能获胜的，因为蝎子配备有长长的钳子，能在远处制服对手，并且不让它靠近。

蝎子几乎没有费任何劲儿，弯起尾巴，伸到额前，不紧不慢地将螯针往猎物的黑色胸膛里一扎。不过，蝎子不像胡蜂或其他长着四只翅膀的好斗剑客那样，在刹那间一蜇就结束战斗；它必须费一点工夫，才能让武器刺入。它那条多节的尾巴一边摆动一边往前推，同时将螯针转来转去，就如同我们用手指把一个尖锐的东西扎进一个比较坚硬的地方一样。孔钻好之后，螯针还要在伤口里停留一会儿，这无疑是为了让毒液能有时间大量释放。毒液见效神速。强壮的狼蛛一旦被蜇，就立刻缩起腿脚，死了。

我用了六七只昆虫做实验，这些受害者让我目睹了令人震撼的场景。在以后的实验里，我在第一次实验中看到的情况不断重复着。蝎子一看到狼蛛，总是立刻发起攻击，而且它总是采用相同的钳子策略，将对手限制在远处，最后总是狼蛛被螯刺刺中，当即死去。就算人一脚踩到狼蛛，它死得也不会更快。它简直就是被闪电给击垮的。

本来食用战败者就是一个惯例，更不用说多肉的狼蛛是上等的野味，而且平时很少掉进蝎子的猎场。事不宜迟，蝎子当场就美餐起来，从头部开始吃，无论对什么猎物，这都是它通用的惯例。它一动不动，时而小口啃食，时而狼吞虎咽。除了几节啃不动的腿脚之外，整个狼蛛都被它一扫而光。这顿佳肴满席的盛宴整整持续了二十四小时。

宴席结束之后，我们不禁要问，猎物是怎么消失在那几乎和它一样大的肚子里的。这些食客们一定有着特殊的肠胃功能，它们可以忍受无尽的饥饿，可一旦时机到来，又可以胡吃海塞。

如果狼蛛不那么骄傲地直立身体、暴露胸膛，而是直接扑向敌人，或许还能有效地自卫。面对狼蛛，蝎子的态度是主动攻击；而在那些性情温良的圆网蛛面前，蝎子又会是怎样一种态度呢？所有的圆网蛛，甚至是那些最强壮的角蛛、彩带蛛和丝蛛，都遭到了蝎子凶猛的攻击；况且这些可怜的纺织工受到惊吓，毫无斗志，连绳网都没试着抛出去，否则，或许还能迅速制服侵犯者。圆网蛛在自己的网上，能喷出大量蛛丝，将凶猛的螳螂、令人生畏的大胡蜂和善于尥蹶子的蝗虫制服；然而当它们一旦离开自己的家，面对一个敌人而不是一头猎物时，便将那强有力的捆绑术忘得一干二净。被蝎子的螯针刺中后，所有的圆网蛛也如同遭了雷击，立即毙命。接下来，蝎子便可以美美地吃上一顿了。

在石堆下，爱吃蜘蛛的蝎子是不会遇见狼蛛和圆网蛛的，因为它们时常出没在其他区域；但蝎子时不时可以找到其他一些和自己一样喜欢栖息在岩石下的蜘蛛，尤其是腼腆的克罗多蛛。这类猎物对蝎子来说并不常见，但只要它胃口好，所有的大个儿蜘蛛都合它的意。

我猜想，蝎子面对捕捉螳螂的机会，是不会无动于衷的，因为螳螂也是上等的猎物。当然，蝎子不会到荆棘丛里去实施突袭，那里是这抢夺成性的螳螂住惯的地方；蝎子的攀缘能力虽然特别适合于爬墙，却根本不能在抖动的草叶上行走。它必须选择夏末雌螳螂分娩的时候进行攻击。事实上，我时常能在蝎子出没的石堆里，找到贴在石头底下的螳螂窝。

夜深人静，当螳螂产妇正在让盛满卵的小箱子里的豁液起泡时，觅食的强盗可能就会出现。这时发生的一切我从未见过，也许以后也看不到；要想一睹这种场景，那简直是对好运的奢求。那么，就让我们人为地创造机会，来弥补这个遗憾吧。

我挑选了大个儿的蝎子与螳螂，让它们在土罐竞技场里决斗。根据需要，我刺激它们，把它们推到一处。我已经知道，蝎子尾巴的攻击并非全部都是动真格的，有许多次只不过是扇个耳光罢了。蝎子吝啬毒液，不到紧急关头不屑蜇刺对方。它会猛地用尾巴一击，将讨厌鬼推开，但并不使用螯针。在多次实验中，只有几次蝎子尾巴的攻击在对手身上留下流血的伤口，这表明螯针曾经扎入。

螳螂被蝎子的螯钳抓住后，马上摆出幽灵般的姿势，张开带有锯齿的前肢，并把翅膀展开呈盾形。这个吓人的动作不但不会给螳螂带来胜利，相反却有利于蝎子的攻击：螯针从螳螂的两条锯刀前肢之间扎入，一直没到根部，并在伤口里停留了片刻。当螯针拔出时，针尖上还渗着一滴毒液。

螳螂即刻收起腿脚，垂死地抽搐起来。它的腹部搏动着，尾部的附属器官一阵一阵地摇摆，脚上的跗节也隐约在抖动；相反，锯刀前肢、触须以及口器却都一动不动。这种状态持续了不到一刻钟，螳螂就完全不动了。

蝎子对猎物的攻击行为并不做事先策划，只是随便攻击所有触及得到的部位。这一次，蝎子恰巧击中了螳螂一个极其脆弱的部位，因为这个部位靠近主要神经中枢；它刺中的是螳螂锯刀前肢之间的胸口，这正是尖腹隐翅甲刺中猎物并使其瘫痪的地方。不过，蝎子刚才的攻击完全出于偶然，而非有意，因为这鲁莽的家伙对解剖学的了解可没有膜翅科昆虫那般精深。对手之所以死得如此之快，也有运气的成分。假如蝎子刺中的是其他并不致命的部位，结果会怎样呢？

我换了一只蝎子操刀手，以确保毒囊里有足够的毒液。在接下来的决斗中，我都注意这样做了：每一个新的受害者都会由一个新的祭司来执行，而长时间的休息则让这些祭司们的毒囊装得满满的。

这又是一只强壮的螳螂太太。它半直起身子，转动着脑袋，视线越过肩膀警觉地看着。它摆出幽灵般的姿势，翅膀相互摩擦，发出“扑扑”的声响。它的勇敢先让它占得了上风；它用带锯齿的臂铠成功地抓住了对手的尾巴。只要它抓好，被解除了武装的蝎子就无力伤害它了。

可是，疲劳向螳螂袭来，并由于恐慌而更加剧了。螳螂只是抓住那根在眼前挥舞不已的蝎尾，以为蝎尾和蝎子身体的其他部分没什么区别，因而根本就没有意识到这一举动有多么巨大的威力。于是，这无知的可怜虫松开了它的捕兽夹。这下它完蛋了。蝎子刺中了它第三对足附近的腹部。顿时，螳螂的器官完全失调，就如同一个机械系统绷断了主要弹簧而陷入瘫痪一样。

我无法让蝎子根据我的意志去刺中这个或那个部位，因为它缺乏耐心，不能容忍任何试图操纵它的武器的放肆举动。我只能利用搏斗中所发生的各类偶然事件，把其中一些值得记录的记录下来，因为在搏斗中，这些被刺中的部位离神经中心较远。

有一次，螳螂被刺中了两条锯刀前肢中的一条，具体部位是长着细嫩皮肤的腿节与胫节的相连处。被刺中的前肢立即瘫痪，紧接着另一条也动弹不得，其他腿脚也随之蜷缩起来。螳螂的腹部搏动着，不一会儿全身便完全不动了。死亡来临得如同闪电一般迅速。

另一只螳螂被刺中了中间一条腿的大小腿相连关节。它的四条后腿顿时弯曲起来；它进攻时并没有展开的翅膀，此时却抽搐着展开了，摆出一副幽灵般的姿势，甚至一直保持到死后也没有改变。锯刀前肢胡乱地舞着，一会儿乱抓，一会儿打开，一会儿又合起；触角抖动着，触须颤抖着，腹部搏动着，尾部的附属器官摇摆着。这种痛苦的挣扎又持续了一刻钟，此后一切归于平静，螳螂死了。

悲剧场面如此震撼，激起了我极大的好奇心，驱使我做了各种实验，而每一次的情况都是如此。无论被刺中的部位如何，也无论它距神经中枢是近还是远，螳螂总是会死去，要么当即殒命，要么经过几分钟的抽搐之后死去。即使是响尾蛇、角蝰、洞蛇，以及其他最令人恐惧的毒蛇，也不能以更快的速度致受害者于死地。

我由此而得出的结论首先是：这种现象是生物精细构造的结果，一种生物越是具有良好的天赋，便越是敏感和脆弱。我常想，狼蛛与螳螂都是造物中的精品，它们一受打击便即刻殒命；而面对同样的打击，另一种粗俗的生物或许就能忍受几个小时或者几天，甚至并无大碍。我们可以去找普罗旺斯园丁深恶痛绝的蝼蛄谈谈。其实，它是一种奇怪的动物，专门切断植物的根茎，并且强壮、粗俗、低级。即使被一把抓住，它也能让你松开手来，因为它的前肢就像鼹鼠的前爪，长着带有锯齿的耙子，能刨得你皮肤生疼。

蝎子和蝼蛄置身于狭窄的角斗场里，相对而视，似乎彼此认识。它们是否可能曾经相遇过呢？这看起来很令人怀疑。蝼蛄是花园和沃土里的住客，生长在那里的茂盛植物招来了它这地底的害虫；而蝎子却偏爱遍野焦土、勉强生长着枯草的斜坡。一个肥沃，一个贫瘠，要让这两种动物相遇几乎是不可能的。然而，尽管它们素不相识，但这两只昆虫却都立刻预见到了这次会面的致命危险。

不用我的挑拨，蝎子便径直冲向蝼蛄，而蝼蛄则摆出攻击的架势，那对大剪子随时准备开膛破肚。蝼蛄背上的翅膀相互摩擦着，发出低沉的声响，仿佛在唱战歌。但蝎子却不让蝼蛄唱完这一节，用尾巴迅速地开始了攻击。蝼蛄的前胸披着拱起的坚实盔甲，裹住了它的脊背。在这坚不可摧的盔甲后面，长着一条深深的褶皱，上面盖着细嫩的皮肤。螫针就从这里刺入。顷刻之间，野兽就被打垮了，仿佛被闪电击中，瘫倒下来。

接着，蝼蛄做出一连串杂乱的动作。善于挖掘的前爪瘫痪了；它的钳子再也抓不住我伸过去的稻草了；其他腿脚则胡乱地舞动着，伸伸屈屈；那四片长着肉质绒球的触须合成一束，然后分散开来，又重新合在一起，轻轻地拍打着我放在它们附近的东西；触角无力地摇晃着；腹部猛烈地搏动起来。渐渐地，垂死的痉挛平息了下去。终于，两小时后，最后死亡的那一部分——跗节也停止了颤动。这粗俗的动物并不比狼蛛和螳螂死得好，但是它苟延残喘的时间却比它们长。

接下来要了解的是：对螳螂胸廓盔甲下面的攻击，是否因为位于神经中枢附近，因而特别具有威力。我用其他的蝼蛄受害者和蝎子执行者重复了同样的实验。有时，蝎子的螯针刺中了蝼蛄没有盔甲的部分，但更多的是刺中腹部的某一个部位。在后一种情况下，即使被刺中的是腹部的末端，其结果也总是受害者立刻生命垂危。唯一被注意到的区别是：蝼蛄善于掘地的爪子还能像其他腿脚一样继续动弹一段时间，而不是突然瘫痪。无论被蝎子刺中哪个部位，蝼蛄总是没有好下场：这强壮的昆虫在痉挛中伸了几次腿脚，随后便死去了。

现在轮到蝗虫中最大最壮的灰蝗虫了。蝎子似乎因为身边有这样一个爱尥蹶子的好动家伙而感到担忧。而对于蝗虫来说，它巴不得立即离开。它高高跳起，撞在玻璃片上，这是我为了防止虫子们逃离竞技场而盖在上面的。有时，它会掉落在蝎子背上，后者则逃着避开这“蝗虫雨”。最终，逃跑者不耐烦了，便蜇了蝗虫的腹部。

蝗虫受到的震撼一定猛烈异常，因为它的一条粗大的后腿当即就脱落了，这是蝗虫类昆虫在绝境之中经常出现的关节自动截落现象。另一条腿也瘫痪了，它伸直并竖立起来，再也不能支撑在地面上。它的弹跳也就到此结束了。与此同时，它前面的四条腿杂乱地舞动着，无法前进。不过要是将它侧着翻倒，它却仍然能翻转过来，恢复正常的姿势，只是那条粗大的后腿还是无力地竖着。

一刻钟过去了，蝗虫倒了下去，再也没有站起来。在相当长的时间里，它仍然痉挛着，伸展着腿脚，抖动着跗节，摇晃着触须。这种状况越来越严重，能一直持续到第二天；不过，有时候用不了一个小时，蝗虫就完全不动了。

蚱蜢是另一种强壮的蝗虫类昆虫，长着不符合比例的长腿和像圆锥形糖块一样的头。它死得和蝗虫一样，也苟延残喘了几个小时。我还曾经看到，佩刀的飞蝗类昆虫一个星期后才逐渐瘫痪，虽然在此之前不能说它已经丧命，但它也不能算是“活着”了。这回，我观察的对象是葡萄树上的距螽。

这大腹便便的虫子被刺中了腹部。受伤的那一刻，它发出一声铙钹般响亮的悲惨叫声，接着便掉落下来，侧身摔在地上，表现出马上就要死去的样子。可是，这个伤员仍然挺着。两天后，看到它虽然腿脚已经失调、丧失了行动的能力，却还在奋力尝试，我便产生了帮它一把、替它治疗的想法。我用稻草秆引了一些葡萄汁作补药给它服，它乐意地接受了。

这药水似乎起了作用，距螽看上去在逐渐恢复健康。可事实却根本不是这样！在被刺的第七天，病人就死去了。蝎子的毒针对于任何一种昆虫——哪怕是最强壮的昆虫——都是残酷致命的。有的即刻丧命，有的则苟延几天，但最终都得死去。虽然那只距螽活了一个星期，但我谨慎地认为这并不是我给它服用葡萄汁药的功劳；它能坚持这么长时间，得归结于它自身的身体特点。

尤其应该考虑到，伤势的严重程度是随注入毒液的量的不同而变化的。我没有能力控制毒液的注入量，何况蝎子通过毒管分泌毒液时非常地随心所欲，有时它很吝啬，有时却慷慨得近乎挥霍。此外，距螽提供的资料相差也很大。根据我的记录，有些实验对象在短时间内就死去了，然而其他大多数对象却都经过了长时间的垂死挣扎。

总体说来，飞蝗类昆虫的承受能力比其他蝗虫强，距螽证实了这一点；承受力在距螽之后的，是佩刀类昆虫的典范——白额螽斯。它长着有力大颚和象牙白的脑袋，被刺中了腹部上面的中央部位。起先这位伤员似乎伤得不重，还能信步闲逛，并试着跳一跳。可半小时以后，毒液便开始在它体内发挥作用。它的腹部开始痉挛，剧烈地弯曲呈弓形，腹部上的开口再也无法合起，在坚硬而粗糙的地面上划出一道道痕迹。这骄傲的虫子双腿瘫痪，成了可悲的残疾。六小时后，白额螽斯侧躺在地上。它想站起来，却怎么也办不到，只能在挣扎中消耗自己的体力。渐渐地，挣扎平息了下去。第二天，螽斯死了，彻彻底底地死了，身上再没有一个部位能动。

日暮时分，大蜻蜓穿着黄黑礼服，安静地沿着篱笆来来回回、笔直疾飞。它是一个海盗，在这片宁静的地方截取所有过往船只的钱财。它那激情的生命、那狂暴的行径，都反映出它的神经分布比蝗虫这种在草地上安详反刍的昆虫更加微妙。而事实上，当它被蝎子蜇咬以后，死得几乎与螳螂一样快。

另一个不惜精力的家伙——蝉，在酷热的夏季从早到晚不停地歌唱，还上下摇摆着腹部，为铙钹般洪亮的歌声打节奏。它死得也十分迅速。天赋是要付出代价的；当傻瓜蛋们还在坚持的时候，最有天赋的蝉却将一命归西。

鞘翅科昆虫体形庞大，装备着角质装甲，刀枪不入。蝎子的剑术蹩脚，只会随便出击，它是怎么也找不到鞘翅科昆虫胸甲间狭窄的接缝的；而要想刺穿它们坚硬外壳的某一个部位，则需要一段时间的用力；然而，在杂乱的自卫过程中，被攻击者是不会让蝎子有时间用力的。再说，蝎子这粗鲁的家伙也不懂得钻孔的战术，而只会给予对手猛地一击。

蝎子能用螯针一刺刺中的部位只有一个：鞘翅科昆虫的上腹。那里十分柔软，由鞘翅保护着。我用钳子将鞘翅和翅膀掀起，让这个部位暴露出来；或者用剪刀将它们事先除去。这种切除手术的后果并不严重，被切除鞘翅和翅膀的鞘翅科昆虫还能存活很久。我将这样的昆虫放到蝎子面前，而且，我专门选择个头儿最大的鞘翅科昆虫，比如有带角天牛、天牛、圣金龟子、步甲虫、金匠花金龟、腮角金龟、粪金龟，等等。

所有这些昆虫在蝎子的蜇咬下都无一幸免，但它们垂死的时间却长短不一。这里不妨举几个例子。圣金龟子在伸着足抽搐了一阵之后，便将腿脚高高升起，躬着背在原地踏步，可无法前进，这是它的行动机制缺乏协调的结果。它翻倒在地，再也站不起身来，狂乱地蹬着腿。终于，几小时后，一切都归于平静：圣金龟子死了。

天牛，不管是住在橡树上的还是住在英国山楂树或桂樱树上的，它们的痛苦挣扎也是以类似于蜡屈症的发作开始，有时要过一段时间才能结束。有的一直要等到第二天才迎来死亡的降临，而有的却只能坚持三四个小时。

金匠花金龟、普通腮角金龟，以及长着角的漂亮的松树腮角金龟，也遭遇了同样的结局。

金步甲被蝎子蜇伤之后的垂死场面实在惨不忍睹。它的腿脚痉挛着呈高跷状，却因掌握不了平衡而翻倒在地。它爬起来，倒下，再爬起来，再倒下。长着角质甲胄的肠子末端又突又鼓，似乎是要将它的内脏全都排出来；胃里还呕出一摊黑色的东西，把头都淹没了；金色的鞘翅掀起胸甲，裸露出可怜的光溜溜的腹部。第二天，它的跗节仍在颤抖，可是离死亡已经不远了。金步甲的近亲黑步甲，它的垂死方式也同样悲惨，我们以后会提到。

大家是不是想看看相反的情况，看看一种坚忍的昆虫是如何体面地死去的呢？那就让蝎子去蜇被俗称为犀牛的葡萄根蛀犀金龟吧。要论体格，鞘翅科昆虫中没有谁能及得上它健壮。虽然它鼻子上长着一只角，但性情温和，幼虫时一直居住在橄榄树的老根里。刚被蝎子蜇中时，它似乎什么也没感觉到，像平常一样严肃而平稳地四处走动着。

但是，凶猛的病毒突然开始在它身上发作了，它的腿脚不再像往常那样听从使唤了。受伤者踉跄着仰天倒下，再也爬不起来。在三四天的时间里，它一直保持这个姿势。除了垂死的细微动作外，没有任何挣扎，它就这样平静地任生命流逝而去。

蝴蝶被蜇后会有什么举动呢？这些娇嫩的家伙一定对蜇刺特别敏感，在实验之前，我对此深信不疑。但是，本着观察者一丝不苟的态度，我们还是来做个实验吧。金凤蝶和海军蛱蝶刚被螯针刺中，便立即死亡了。我早就料到这个结果。大戟天蛾和条纹天蛾也没有坚持更长的时间，它们和蜻蜓、狼蛛以及螳螂一样，也是闪电般地死去了。

但是，令我大吃一惊的是，大孔雀蝶面对攻击似乎毫毛不损。的确，攻击大孔雀蝶困难很大。蝎子的螯针每次都在片片纷飞的柔软绒毛里偏离方向。虽然已经连刺数针，但我也不敢肯定螯针是否真的刺中了蝴蝶。于是，我将大孔雀蝶腹部上的毛脱去，让皮肤暴露出来。事先采取了这一措施后，我便清楚地看到蝎子的武器插入其中。现在可以肯定蝴蝶被刺中了；而此前它还挨了几针，尽管那几针是否刺中值得怀疑；不过即便如此，大孔雀蝶仍安然无恙。

我把它放进桌上的一只金属钟形罩里。它抓住网纱，一整天都待在那儿一动不动。它的翅膀大大展开，甚至没有半点颤抖。第二天，情况没有任何变化，被刺中的蝴蝶仍然用前腿跗节上的小钩将自己钩在网纱上。我把它捉下来，仰天放在桌子上。它巨大的身体微微颤抖着，逐渐剧烈地抖动起来。它的末日到了吗?

根本不是。垂死的蝴蝶又复苏了，拍打着双翅，猛一用力，站了起来。它重新爬上网纱，又悬在了那里。下午，我再次将它仰天放在桌上。蝴蝶的双翅轻微地动着，近乎打哆嗦。借助这个动作，它躺在地上一边滑一边缓慢地行走，并再次爬上丝网，接着便停止了一切行动。

就让这可怜的动物安静一会儿吧，当它真正要死去时，会自己掉下来的。最后，蝴蝶只是在被蜇后的第四天才掉下来，要知道它可能挨了不止一针。它的生命枯竭了。死去的是一只雌蝶。母性的本能战胜了垂死的痛苦折磨，推迟了死亡来临的时间，而在死之前，这只蝴蝶产下了自己的卵。

如果说，我们很自然地把大孔雀蝶能够长时间抵抗蝎毒的原因归结于它那巨大强壮的身体，那么生活在我饲养场里的孱弱的桑蚕蛾，则告诫我们去别处探寻原因。这个小小的侏儒残疾只有抖抖翅膀和围着雌蛾转的力气，对蝎毒的抵抗能力却与大孔雀蝶不相上下。它们对蝎毒之所以反应迟钝，也许是出自以下原因。

与其他蝴蝶——尤其是趁着暮色在花冠上热切采集花粉的天蛾，以及向鲜花教堂不懈朝圣的金凤蝶和蛱蝶——相比，大孔雀蝶与桑蚕蛾不能算是完整的生命。它们没有口器，不吃任何食物。由于没有食欲，它们只存活短短的几天，这些时间只够它们产卵繁殖。与如此短暂的生命相对应，它们的机体一定极其粗糙，因此也极不容易受损。

让我们在节肢类动物中降几级，考察一下粗俗的蜈蚣吧。蝎子对蜈蚣并不陌生。我曾在围墙里的蝎子小镇上目睹过蝎子尽情大嚼捕获的隐身蜈蚣和石蜈蚣。它们对于蝎子来说，是既无攻击能力又无自卫能力的猎物。但今天我要让蝎子面对的，却是多足纲昆虫中最强壮的噬咬蜈蚣。

这条恶龙长着二十二对脚，它对蝎子来说可不陌生。有时我会在同一块石头下发现它们。蝎子是以此为家，而夜游神蜈蚣则只是在那里暂时栖身。这种同住生活并没有引起任何麻烦。但这会一直这样下去吗？让我们拭目以待。

我把这两只可怕的家伙放在一个底部铺了沙的广口瓶里。蜈蚣沿着竞技场的墙壁兜着圈子。它像一条波浪起伏的带子，约一手指的横截面宽、十二厘米长，琥珀色的身体上套着暗绿色的环。它抖动着长长的触须，探测着四周；最后，那如同手指般灵敏的触须末端遇上了一动不动的蝎子。顿时，蜈蚣惊恐地往后缩去。可环形的瓶底又把它带到了敌人的面前。于是，它再次与之邂逅，也再次逃跑。

但是，这一回蝎子已有所戒备。它尾巴绷紧呈弓形，双钳张开。蜈蚣刚刚回到环形跑道上的那个危险地点，就立即被蝎子的双钳捉住，并被夹住了头部附近的部位。这脊椎灵活的长虫扭曲着、缠绕着，可都无济于事；对方镇定自若，将双钳夹得更紧；无论蜈蚣乱跳也好，缠绕也好，松开也好，都无法让蝎子松手。

与此同时，蝎子挥舞起螯针。它三次、四次扎进蜈蚣的侧肋，蜈蚣则张大毒牙，想尽力咬蝎子，却因为前半身被蝎子死死钳住而无功而返。只有它的后半身还在挣扎扭动，时而卷起，时而松开。不过这一切都是白费力气。它被蝎子的长钳固定在远处，根本用不上毒牙。我曾目睹过许多昆虫的战斗，可从未见过比这两怪搏杀更可怕的。它让人浑身起鸡皮疙瘩。

这场战争也有中场休息。借着这个机会，我将两个斗士分开，并分别将它们关起来。蜈蚣不断舔流血的伤口，几小时后便恢复了体力。蝎子没受到任何损害。第二天，蝎子又发起新的进攻。蜈蚣一连三次被蝎子的利器重伤，鲜血直流。蝎子害怕遭受报复，往后退去，似乎被胜利给吓坏了。可伤者并没有反击，只是继续沿着环形路线逃跑。今天就到此为止吧。我用硬纸板将瓶子围住。四周一黑，两只昆虫会各自安静下来。

后来发生了什么，尤其是在夜里发生的事，我都无从知晓。它们很可能再次开战，蝎子又扎了蜈蚣几针。总之，第三天蜈蚣衰弱了许多。第四天，它已经奄奄一息了。蝎子监视着它，却始终不敢再咬它。最终，当蜈蚣一动不动时，蝎子便开始对这个庞大的猎物下手了，先是头，接着是前两节身体，都被吞下了肚子。可这大餐太丰盛了，余下的部分将会变质发臭，纯粹被浪费掉。蝎子只吃新鲜的肉，因此再也不会去碰它了。

蜈蚣至少被刺中七次，但直到第四天才死去；而强壮的狼蛛只被蜇了一次，就死去了。几乎在同样短的时间里丧生的，还有螳螂、圣金龟子、蝼蛄和其他一些强壮的昆虫，它们即使被标本采集者钉在软木板上，也还能苟延残喘地动几个星期。可一旦被蝎尾蜇中，它们中的任何一个都即刻遭到灭顶之灾；转眼之间，最有活力的昆虫也会接连死去；而眼前的蜈蚣被刺中了七次，却存活了四天。也许，它的死因不仅是蝎毒，同时还有失血过多。

为什么会有这样的差别呢？原因似乎是它们的身体结构不同。不同生物随着等级的不同，其生命平衡的稳定性也不同。等级最高的生物最容易倒下，而等级最低的生物则生命力顽强。那些天性娇嫩的昆虫丧了命，而粗俗的蜈蚣却还能坚持一阵。事实真是这样吗？蝼蛄的例子却又让我们无法下此定论。这粗俗的虫子几乎与蝴蝶和螳螂这些精致的造物死得一样快。不，到目前为止，我们还没弄清蝎子的尾巴中究竟藏着怎样不可告人的秘密。

点评赏析

面对各种强大的对手，朗格多克蝎子总能将其轻而易举地置于死地，这是因为朗格多克蝎子的毒液很厉害。为了测试朗格多克蝎子的毒液有多厉害，作者选了狼珠、圆网蛛、螳螂等昆虫做试验，发现受害者被蜇后总是很快就死掉了。接着，作者又观察了蝼蛄、灰蝗虫、蚱蜢、距螽、白额螽斯、大蜻蜓、蝉等昆虫与朗格多克蝎子的搏斗，在深入研究后发现，不同的昆虫，垂死的时间长短不一。在描述朗格多克蝎子攻击受害者时，语言既生动形象，又有趣味感。但到最后，作者却没有得出准确的结论，“到目前为止，我们还没弄清蝎子的尾巴中究竟藏着怎样不可告人的秘密”，又让我们看到了作者对待科学严谨的态度。

蝗虫的角色和发声器

导读　我们喜欢蝗虫，因为在夏天可以捕捉这种活蹦乱跳的生物；农民不喜欢蝗虫，因为它们在泛滥成灾的时候，铺天盖地，所过之处庄稼都化为乌有。那么，在田野里，它们是扮演怎样的角色呢？好像很多动物和很多人都喜欢它们，这是为什么？它们的歌声又是怎样的呢？

“孩子们，做好准备，明天趁着天气凉爽，我们去捉蝗虫。”我临睡前的这个通知使一家人倍觉兴奋。我的小猴子们，他们在梦中看见了什么呢？蓝色和红色的翅膀，突然像扇子一样打开；带有锯齿的天蓝色或粉红色长腿，在我们的指缝里挣扎；粗硬的后腿像弹簧一样，蝗虫用它来跳跃，如同躲藏在草丛中的矮人用投射器投出的弹丸一样。

孩子们于睡梦中所看到的，我间或也能梦见。生命以同等的天真安抚着我们的童年与老年。

假如有那么一种狩猎，它既不杀戮，也不涉险，并且老幼皆宜，那便是捕捉蝗虫了。啊！这样的狩猎为我们带来了何等美好的早晨！黑莓变黑成熟之时又是何等令人愉快，我的孩子们能在灌木丛里随手捋上一把！在太阳烘烤下残留些许硬草的山坡上徒步，这又是何等使人难忘！我仍保留着这样一些回忆，我的孩子们也会将它们收入记忆。

小保尔手脚麻利。他在四季常开的花簇中搜寻着，蚱蜢糖块般圆锥形的脑袋就在那儿庄重地沉思着。他在灌木丛察看着，从那里间或会突然跳出一只胖嘟嘟的灰蝗虫，如同因惊吓而突然飞起的小鸟一般。小保尔起初行动敏捷，此刻却呆住了，眼睁睁地看着那只灰蝗虫像云雀一样逃了开去。他倍觉失望。下一次他一定不再如此迟钝了。倘若不捉住几只蝗虫，我们是绝对不会回家的。

玛丽·波利娜比保尔要小，极有耐心地搜寻着长着粉红色翅膀、胭脂红后腿的意大利蝗虫；但她最喜爱的还是另一种擅长跳跃的小虫儿，因为它的长相更端庄。这受到小女孩喜爱的蝗虫在脊背底部有四根白色的斜线，形成一个圣安德烈十字架。它的制服上点缀着几块铜绿色的斑点，就像是古钱币上的绿锈。玛丽·波利娜举着小手，轻轻靠近，随时准备将它扑住。啪！抓住了。她赶快用一个圆锥形的纸包迎接这位新俘虏。这小虫头对着纸袋口，纵身一跳，就跃进了纸漏斗。

就这样，圆锥形纸包一个接一个地鼓了起来，盒子里也住满了蝗虫。在太阳开始发威之前，我们已经收获颇丰，这些品种各异的研究对象将被养在网罩里。如果我们善于询问，它们或许会告诉我们一些什么。回家吧。我们并没有费什么力，却被蝗虫造就成了三个幸福的人。

我对寄宿者们提的第一个问题是："你们在田野里扮演着什么样的角色？"我知道，你们的名声通常很不好，书本把你们当作害虫。你们该不该受这种指责呢？我斗胆提出质疑。当然，这质疑不针对那些在东方和非洲泛滥成灾的可怕毁灭者。

你们都受到了这些饕餮之徒恶名的连累，可在我看来，你们的功远大于过。据我所知，这一带的农夫可从来没有抱怨过你们。他们能指控你们造成了什么损害呢？

你们吃的是连绵羊都不喜欢的坚硬而难啃的草尖；比起种植的肥美牧草，你们更偏爱稀疏的草地；你们在贫瘠的土地上觅食，在那里，除了你们之外没有其他动物能找到食物；你们赖以存活的食物，唯有借助你们强健的胃才能被消化和利用。

再说，当你们光顾田野时，唯一能吸引你们的东西——麦苗，也早已成熟结实，收割完毕。即便你们偶然闯进园子觅一点食，也不是什么滔天大罪，只不过是咬破几片生菜叶子而已。

以一方萝卜地为标准来衡量事物的重要性，这是一种令人不快的方法，因为它只注意到毫无意义的细节，而忘了最重要的东西。目光短浅的人为了保住十来个干李子，便能扰乱整个宇宙的秩序。要是让这种人去处理蝗虫，他们只能是采取灭绝的方法。

幸而，这样的事情不是、也永远不会是目光短浅的人有权来管的。大家可以想一想，假如蝗虫仅仅因为被指控窃取了田里的零星作物而消失了，那将会给我们带来什么后果。

九十月份，一个孩子用两根长长的芦苇秆，将一群火鸡赶到山顶草场。这群火鸡在那里缓步游荡，嘴里发出“咕噜——咕噜”的叫声；草场在太阳的烤晒下干燥而光秃，最多有一两根枝叶破烂的矢车菊顶着它们最后几个绒球。这些鸟儿在这片沙漠般的荒地上做什么呢？这里到处弥漫着饥荒的气氛。

它们来这里是为了养肥自己，长出结实美味的肉来，以便为圣诞节的传统餐桌添光加彩。不过请问，它们吃什么呢？吃蝗虫。火鸡们这儿扑几只，那儿捉几只，美滋滋地把嗉囊填得鼓鼓囊囊的。圣诞夜人们吃得那样欢的肥美烤火鸡，有一部分就是靠这秋天里不费分毫而且美味异常的天赐美食喂养而成的。

珠鸡在农场周围游荡，发出拉锯般的吱嘎声。这家禽如此热衷地寻找的是什么呢？当然是谷粒，不过首要的还是蝗虫。蝗虫会为珠鸡的腋窝下加上一层脂肪，让它的肉更添滋味。

让我们深受其益的母鸡，对蝗虫的偏爱也不浅。它深知这种美食能刺激繁殖能力，让自己更能下蛋。于是，当它被放养在野外时，母鸡便会带着小鸡到山顶的荒草地上去，教它们如何敏捷地一口把蝗虫这种美食吞下肚去。总之，只要是能随意游荡的家禽，就得感谢蝗虫为它们补充了高品质的食品。

除了我们的家禽以外，其他鸟类也对蝗虫“情有独钟”。如果您是一个猎人，并且喜欢法国南方山区的名产红胸斑山鹑的美味，那么请您将刚打下来的鸟儿的嗉囊剖开看看。您会发现饱受诬蔑的蝗虫做出贡献的绝好证明。十只山鹑中有九只嗉囊里都或多或少地塞满了蝗虫。山鹑酷爱蝗虫，只要能捕到它们，它宁可不吃种子。假如全年都有这种鲜香、营养、高热量的食物，山鹑几乎会忘记还有谷粒能吃。

现在让我们来看看受到图塞内尔如此热情称颂的候鸟吧。它们中首屈一指的是普罗旺斯白尾鸟——即鸟，到了九月就肥硕无比，串起来烤着吃十分可口。

我猎鸟的时候，总要记录下它们嗉囊和砂囊里的食物，以了解它们的饮食习惯。即鸟的菜单如下：首先是蝗虫；然后是种类繁多的鞘翅科昆虫，如象虫、沙潜、叶甲、龟甲、步甲，等等；排第三位的是蜘蛛、赤马陆、鼠妇；最后还有小蜗牛。此外，它还极少地吃一点血红色欧亚茱萸和树莓的浆果。

什么小个儿的野味都有一点，看得出，它随便找到什么食物都吃。只在食物短缺、实在没有更好的东西可吃时，这种食虫鸟才吃浆果。在我记下的四十八个案例中，只有三例吃植物的情况，而且量都很小。即鸟最常吃而且吃得最多的是蝗虫。它专挑那些个头儿最小的虫子，不至于咽不下去。

其他的一些小型候鸟也是如此。秋天来时，它们在普罗旺斯稍作停留，在尾部储存一些脂肪，为即将进行的长途跋涉作准备。它们都把蝗虫当作绝顶的美食、营养丰富的干粮；所有的小候鸟都在荒地与休闲田里争先恐后地啄食那些欢蹦乱跳的虫儿——这将是它们飞行的力量源泉。蝗虫真是秋季旅行的鸟儿们天赐的佳肴。

至于人类，对这种食物也并非不屑一顾。多玛将军曾在他的《大沙漠》一书中引用了一位阿拉伯作家的一段话：

“蝈蝈儿[①]是人类和骆驼很好的食粮。不管是新鲜蝗虫还是贮存的蝗虫，将它们的腿、翅膀和头摘除后，可以烤或煮，和着古斯古斯[②]吃。

“将蝗虫在太阳下晒干，研磨成粉，加入牛奶或揉入面粉，可以和油脂或黄油、盐一同煮食。

“骆驼很爱吃蝗虫。把它们叠放在两层煤炭之间的大洞里，烤干或煮熟后给骆驼吃。黑人也是这样食用蝗虫的。

“梅丽昂[③]请求真主赐予她不带血的肉食，真主便给了她蝗虫。

“人们把蝗虫作为礼物送给先知穆罕默德的妻子们，她们就把蝗虫装在

注释

①蝈蝈儿：更准确地说是蝗虫。不要把它与佩刀的真蝈蝈儿混淆起来。——原注

②古斯古斯：北非一种用麦粉团加佐料做的菜。

③梅丽昂：圣母玛利亚。——原注

篮子里送给其他女人。

"一天，有人问欧麦尔[①]哈里发是否允许食用蝗虫，哈里发回答：'我真想有满满一篮子的蝗虫吃。'

"从所有这些事例中可以得出这样的结论：毫无疑问，出于真主的恩典，蝗虫被作为食物赐予了人类。"

我没有那位阿拉伯博物学家走得那么远。吃蝗虫需要有极其强健的胃，这可不是人人都有的。但是我可以说，蝗虫是上天赐予千千万万鸟类的食物。这一点我所观察过的那一长串砂囊可以证明。

其他还有一些动物，尤其是爬行动物，对蝗虫也崇尚有加。普罗旺斯小女孩害怕的拉萨多，即眼状斑蜥蜴，它喜欢躲在被骄阳晒得犹如烘箱的乱石堆里。我在它那圆溜溜的肚子里也发现了蝗虫。还有很多次我在无意中发现，这墙壁上的灰色小蜥蜴用尖尖的嘴巴叼着一只蝗虫的残骸，这是它窥伺良久才捕到的战利品。

只要天赐良机，鱼儿也会好好享用一番蝗虫。这昆虫蹦跳时并没有固定的目标。它就像一块不经计算就被投出的飞石，松开的弹簧随意将它弹到哪里，它就落到哪里。假如降落点恰好在水里，鱼儿就会立即上前将落水者吞进肚子。不过，这样的贪嘴有时却是致命的，因为垂钓的渔夫会在渔钩上挂上蝗虫，作为特别诱人的鱼饵。

即使不再列举以这种小虫为食的动物的例子，我也已经十分清楚蝗虫具有很高的价值了：它一环接一环地把干瘪的禾本科植物变为美味佳肴，转送给最奢侈的食客——人类享用。为此，我很乐意像那位阿拉伯作家那样说："出于真主的恩典，蝗虫被作为食物赐予了人类。"

只有一点让我感到犹豫，那就是直接吃蝗虫。如果是间接食用蝗虫，比如吃以蝗虫为食的山鹑、小火鸡，还有其他许多动物，那么没有人会不对蝗虫大加赞赏。但如果是直接吃，蝗虫真的那么令人厌恶吗？

注释

①欧麦尔（约583—644）：伊斯兰第二任哈里发。

欧麦尔这个强大的哈里发、焚毁了亚历山大图书馆的野蛮人可不这样认为。他的胃和脑子一样粗野，他声称能将一篮子蝗虫当作美味吃下去。

早在他之前，还有其他人对吃蝗虫心满意足，但他们是为了过审慎的俭朴生活。身披棕色驼毛粗呢袍的施洗约翰，或称施洗约哈斯，这位希律王时代传播好消息的先驱和民众的伟大鼓动者，在沙漠中就是靠蝗虫和野蜂蜜为生的。“吃的是蝗虫和野蜂蜜”，《马太福音》这样告诉我们。

我吃过野蜂蜜，尽管是从石蜂的蜜罐里找来的。它的滋味完全可以接受。接下来就要看沙漠里的蚱蜢类昆虫，也就是蝗虫了。小的时候，我像所有孩子一样，曾经生嚼过蝗虫的大腿。那也挺有滋味的。今天，让我们提高一个档次，来尝尝欧麦尔和施洗约翰吃过的菜肴吧。

我捉来一些肥大的蝗虫，按照那位阿拉伯作家的指点，撒上盐，在黄油里十分简单地炸了一下。晚饭时，我们全家老小一同分享了这道奇异的炸制菜肴。大家对哈里发的佳肴评价并不差，比亚里士多德吹嘘的蝉好吃多了。有点螯虾的味道，还带有烤螃蟹的香味；要不是因为壳太硬，而壳里可吃的肉太少，我几乎要说它好吃了，不过我也没有以后再吃的欲望。

就这样，我受博物学家的好奇心的诱使，吃了两次古代菜肴：一次是蝉，一次是蝗虫。不过这两种昆虫都没有让我特别喜欢。应该把这些东西留给下颌强壮的黑人，或者像著名的哈里发一样的大胃王。

不过，我们那娇生惯养的胃并没有削弱蝗虫的优点。这些吃草的小虫在制造食物的工厂里扮演着举足轻重的角色。它们成群结队，大量繁殖，在贫瘠的土地上啃噬着，将无法利用的东西转变为可以食用的物质，供给成千上万的消费者食用——其中首先就是鸟儿，而人类则常常以鸟儿为食。

生物世界不可避免地要受到果腹需要的刺激，因此任何事情都比不上获得食物重要。为了能在食堂里占有一席之地，每只动物都要付出最大部分的活力、技巧、辛劳、计谋和争斗。一次普通的宴席本应是一种快乐的享受，可这对许多动物来说却是一种折磨。人类远没有摆脱饿汉相争的种种苦难。相反，这些苦难出现得如此频繁。唉！人类尝尽了个中的苦。

人类如此富有创造力，能最终摆脱这种磨难吗？科学对我们说，能。化学向我们承诺，在不久的将来，食物问题将得到解决。它的姐妹学科——物理学为它铺设了前进的道路。目前，物理学已经在考虑如何让太阳更有效地工作了。太阳这个大懒汉自以为让葡萄变甜、让麦穗变黄，就不欠我们什么了。物理学会把太阳的热量储存起来，把太阳光线汇聚起来，然后引向我们需要的地方，为我们所用。

有了这些能量储备，我们能让炉灶生火，让齿轮转动，让捣槌搅拌，让锉板粉碎，让压辊碾磨；受恶劣天气限制而耗费巨大的农业劳动将实现机械化操作，成本不高，但产量有所保证。

这时，拥有许多奇妙反应的化学就将参与进来。它会为我们制造出所有类型的食物，将它们浓缩为精华，可以完全被吸收，而且几乎没有污秽的残渣。面包将成为一粒药丸，牛排将化为一滴肉冻。地里的农活——这种蛮荒时代的苦刑——将成为记忆，只有历史学家才会谈起。最后一只羊和最后一头牛将被做成标本，就像从西伯利亚冰川里掘出的猛犸一般，送进博物馆陈列起来。

终将有一天，牲畜、谷子、水果、蔬菜，所有这些老古董都会消失。据说进步就是要这样，化学反应的蒸馏釜也是如此断言的。它不可一世地认为，世上没有什么事情是不可能的。

对于这种食物的黄金时代，我感到深深的怀疑。如果是要获得某种新的毒物，科学在这方面的创造力确实令人畏惧。我们数量众多的实验室就是制造毒药的车间。如果是要发明一种蒸馏器，用土豆来制造大量的烧酒，把我们都变成一群昏头昏脑的白痴，工业的行动手段也是无穷无尽的。

但是，要依靠人工的方法获得一口简简单单却真正富有营养的食物，那却是另外一回事了。无论如何，蒸馏釜也焖不出这样的东西来。毫无疑问，以后也不会有更好的结果。有机物是唯一真正的食品，是实验室无法化合出来的。生命才是造出有机物的化学家。

因此，我们应当明智地将农业和牲畜保留下来。让动物和植物的耐心劳动来为我们准备食物吧。不要轻信粗野的工厂，还是要信任那些细致的方法，尤其是蝗虫的肚子，是它齐心协力制造出了圣诞大餐上的小火鸡。蝗虫的肚子里有的是食谱，是蒸馏釜嫉妒一辈子也无法效仿的。

这种集聚细微营养颗粒、养活了一群饥民的小昆虫，会演奏一种音乐来表达心中的快乐。让我们来看一只正在休息的蝗虫。它沉浸在幸福之中，一边消化食物，一边沐浴着阳光。它的琴弓突然发出声响，反复了三四次，中间伴有短暂的停歇。就这样，蝗虫唱起了歌曲。它用粗壮的后腿在腹部两侧弹拨，时而用这条，时而用那条，时而两条并用。

不过演奏效果甚微，蝗虫的歌声如此之轻，我必须借助小保尔的耳朵，才能确认它的确发出了声响，就像是针尖在纸上划过发出的声音。这就是蝗虫的歌，几乎是静寂无声的。

对蝗虫那简陋的乐器，我们也不能期望过高。它与蚱蜢类昆虫向我们显示的完全不同：没有带锯齿的琴弓，没有如扬琴般紧绷和振动的翅膜。

让我们以意大利蝗虫为例，其他会唱歌的蝗虫的发声器都与它的相同。它的后腿上下都呈流线型；此外，每一面上都有两根竖长粗壮的肋条。在这两根最主要的肋条之间，阶梯状地排列着一系列小肋条，组成了人字形的条纹。无论是从外面看还是从里面看，这些肋条都同样突出，同样清晰明显。除了这两面完全一样之外，更让我惊奇的是，这些肋条都很光滑。最后，鞘翅的下部边缘，也就是后腿作为琴弓弹拨的翅膀边缘，也没有什么特殊之处。那里可以看到和鞘翅膜其他部位同样的粗壮翅脉，但没有任何粗糙的锉板，也没有任何锯齿。

这种简陋的发声器能发出什么样的声音呢？仅仅是轻擦一张干皱的薄膜所发出的声音。而为了发出这微乎其微的声响，蝗虫猛烈地颤抖着，将它的腿抬高、放下，并且对自己的成果心满意足。它就像我们感觉满意时摩擦双手一样，摩擦着自己的腹部两侧。它这样做并不是为了发出声响，而是表达自己生活快乐的方式。

当天空略有云翳、太阳时隐时现的时候，让我们来观察蝗虫吧。云间透出一缕阳光，蝗虫立刻开始摩擦后腿；阳光越是温暖，摩擦就越激烈。它的曲子都很简短，但只要太阳照着，新的小曲就不断。阴影回来了，歌声戛然而止，直到下一次阳光出现时才再次响起。这歌声仍然伴随着身体的短促颤抖。事情很明白了：这是爱好阳光的蝗虫表示自己安乐惬意的简单方式。饱食一顿之后，再沐浴在阳光之下，这时的蝗虫就会兴高采烈。

但并不是所有的蝗虫都用摩擦来表示快乐的。长鼻蝗虫长着不成比例的细长后腿，即使有最暖和的阳光的轻抚，它仍旧闷闷不乐，一声不响。我从没见过它的后腿像拉琴般地呈摩擦状。虽然它的腿那样长，可除了跳跃之外，就再没有其他用途了。

也许同样由于有一双过长的后腿，胖胖的灰蝗虫也不会发声，不过它有自己独特的方式来表达快乐。这巨人经常到我的院子里来拜访，哪怕是隆冬季节。当天气平静，阳光和煦时，我会发现它在迷迭香丛中，展开翅膀飞快地扑打几十分钟，似乎准备腾空而起。虽然它拍打的速度极快，但翅膀旋转的声音实在太轻，几乎无法察觉。

还有一些蝗虫在这方面更加不及，步行蝗虫就是如此。它是生活在万杜山顶的阿尔卑斯距螽的伙伴。阿尔卑斯地区的帕罗草就像给大地铺上了一张张银色的地毯，而这位步行者就漫步其间。此外，这位身穿短礼服的跳跃者还是安德罗萨思花的常客。这种小花像周围的雪一般洁白，粉红色的芽微笑着。步行蝗虫的颜色也如同这花圃中的植物一样清新。

在高山地区，阳光较少被浓雾遮挡，这使步行蝗虫有了一件既优雅又简洁的礼服。它的背光滑如缎，呈浅棕色；腹部呈黄色；粗壮的大腿下部呈珊瑚红色；后腿则呈极为美丽的天蓝色，前端还佩戴着一枚象牙镯子。不过，由于这优雅的昆虫无法摆脱幼虫的形态，所以它仍然穿着短装。

它的鞘翅像两片粗糙西服下摆，相距很远，长度几乎不超过腹部的第一节；两片翅膀更加短小，似乎尚未发育齐全：所有这些只能勉强遮住它腰以上裸露的地方。第一次见到它的人一定会把它当作幼虫。他搞错了。这已经是一只成年蝗虫，完全成熟，可以交尾了。这昆虫直到生命的尽头，都一直穿着这身轻薄的小衣。

是不是因为这身剪裁得如此精打细算的短小上衣，步行蝗虫才不会唱歌的呢？它的后腿非常粗壮，可以当琴弓；但它没有凸出的鞘翅边缘，作为摩擦时的发音空间。如果说其他蝗虫发出的声音很小，那么它则是完全发不出声音。即使我周围人的耳朵再灵敏，再竭尽全力地认真听，都没有用。喂养了三个月，步行蝗虫却连最细微的响声也没有发出。这默不作声的虫子一定有其他方法来表达快乐、召唤伴侣。可到底是什么方法呢？我一无所知。

我也不知道究竟是出于什么原因，这种昆虫没有飞行器官，一直是一个笨重的步行者，而它那些同住在山区草地上的近亲们却个个都是飞行能手。它拥有鞘翅与翅膀的萌芽，这是卵赋予幼虫的；可它却不想让这些萌芽发育并加以利用。它一直蹦蹦跳跳的，除此之外再无雄心壮志。只要能步行，像命名学所称呼的那样做一只步行蝗虫，它就心满意足了，尽管看起来它完全可以拥有翅膀——这更加高级的运动机制。

快速地飞越白雪皑皑的山谷，从一个山脊到达另一个山脊，轻易地从一片被啃过的草场飞向另一片还未开发的草场。难道这些好处都微不足道吗？显然不是。其他蝗虫，特别是生长在山顶的蝗虫，都生着双翅，并且对此十分满意。何以步行蝗虫不学着它们的样呢？从套里将那包拢在残肢里的闲置翅膀抽出，这将令它获益匪浅。可它并没有这样做。这是为什么呢？

有人答道："因为进化停止了。"也许如此吧。生命在进化到一半时突然停止了。昆虫随身携带工程规划书，却没有按规划书所规定的最终模样圆满实行。这个答案貌似非常有学问，可事实上并不令人满意。问题以另一种形式出现了：为什么进化会停止呢？

幼虫自出生时，便怀有成年后飞翔的希望。作为对美好希望的保证，它背着四个套子，里面停放着珍贵的翅膀萌芽。一切都按照正常进化的需要各就其位。可接下来，机体并没有将它的允诺付诸实现。它失信了，成年蝗虫没有得到飞翔的翅膀，而是得到无用的服饰。

是否要将这光秃秃没有翅膀的责任推给山区艰苦的生活条件呢？不能。那些生长在同一片草地上的跳跃昆虫，都能在幼虫翅膀萌芽之后，最终发育出飞行的翅膀来。

有人向我们断言：因为需要，动物们经过不断试验，反复进化，最终进化出某种器官。在各种创造因素里，只有动物的需要得到了承认。比如蝗虫，尤其是我看到在万杜山的圆形山顶上四下乱飞的蝗虫，本应该就是如此进化的。经过几百年间的暗自努力和酝酿，它们完全可以从幼虫那柔弱精细的外衣下摆脱，发育出鞘翅和翅膀来。

好极了，聪明的大师们，那么请告诉我，何以步行蝗虫就没有超越自己飞行器的粗糙雏形而长出翅膀呢？在这漫长的几百年中，它必然也受到了飞行欲望的刺激。当它在岩石缝里艰难地爬行时，它也会觉得倘若能借助飞行来摆脱重力的束缚该有多好。它的机体所做的一切尝试，都在努力使它拥有更好的命运，却仍然不能让那萌芽状态的翅膀丰满成形。

按照你们的理论，在需要、饮食、气候、习惯等条件同等的状态下，一些蝗虫成功地进化了，可以飞行，而另一些却失败了，仍然笨重步行。如果这不是用漂亮话来敷衍我，就是完全不得要领，我才不会被这样的说辞迷惑。还是一无所知更好，这样就不会对任何现象自作聪明了。

让我们现在将这种进化失败的蝗虫放在一边。与它的同类相比，步行蝗虫不知为什么没有进化成功。在机体的发育中，有退步，有停顿，也有飞跃，我们对此充满好奇，却全无主意。面对无法勘破的物种起源问题，最好还是承认无知，避而不谈。

点评赏析

蝗虫在大家的记忆中可能很坏很坏，而在作者法布尔的眼中，蝗虫并不是百害无一益的。它是很多鸡和鸟类的美食，甚至有些人也喜欢吃它。蝗虫也有自己的快乐方式，它们会演奏。弹奏时，蝗虫将自己的腿抬高放低，形成震动。温暖的阳光下，蝗虫立刻开始摩擦后腿，阳光越是强烈，摩擦就越强烈，歌声也就越发高亢！爱好阳光的蝗虫，用这种方式来表达自己的安乐惬意！饱餐一顿之后，沐浴着温暖的阳光，似乎没有比这更愉悦的事情了，不是吗？

螳螂捕食

扫码听读

导读　你见过螳螂吗？单从外表上看，它们仪态万千，优雅且庄严地立着，长着绿色亚麻裙般的宽大薄翼，两只前腿高高的举起，伸向天空俨然一副祈祷的姿态。你要是觉得它是一种性情平和的昆虫，那一定大错特错了，因为它那虔诚祈祷的姿态之下隐藏着的是残酷的本性。在这篇文章中，作者用“十恶不赦的刽子手”来形容它，足见其有多残忍。它们到底有哪些残忍的习性，到底有多残忍呢？我们一起来看看吧！

还有一种昆虫和蝉一样引人注目，同样是生长在南方，但它的声名比蝉小得多，因为它总是不声不响的。假如上天也把音钹赏赐给它，让它获得这个出名的首要条件，再加上它那独特的外形和习性，我想它的声望肯定会远在蝉之上。这种昆虫学名叫“螳螂”，当地人称之为“祷上帝”，拉丁文名为“修女袍”①。

专业术语和农民淳朴的语言在这里汇合，它们不约而同地认为这一奇怪的昆虫是传达神谕的女预言家，一个充满神秘色彩并潜心修炼的苦修女。这样的比喻颇有历史。古希腊的时候，人们就把这种昆虫称为“占卜师”“先知”。庄稼人在比喻方面也毫不逊色，描述昆虫时充分调动了自己的词汇和想象力。在火辣辣的太阳底下，螳螂优雅且庄严地立在草地上，它长着绿色亚麻裙般的宽大薄翼，两只前腿高高地举起，伸向天空，俨然一副祈祷的姿态。这些就够了，剩下的交给百姓们去想象吧。于是，很早以前，草丛里就住着这些传达神谕的先知、虔诚祷告的苦修女了。

唉，人类因为自己的幼稚和单纯而犯了一个很大的错误啊！它那虔诚祈祷的姿态之下隐藏着的是残酷的本性。那伸向天空的双臂并不是用来捻念珠

注释

①修女袍：拉丁文直译名，因其长长的膜翅似修女长袍而得名。法国昆虫学界也以此名命名这种昆虫。

的，而是残忍的掠夺工具，它对从旁经过的一切生命进行屠杀。螳螂虽然属于直翅目食草昆虫，但它专吃活物，完全是一个例外。对于和平的昆虫世界而言，螳螂就是豺狼虎豹，它总是悄悄地埋伏起来，等待捕捉新鲜肉食。它拥有足够的力气，又痴迷于肉类，并且有着完美而可怕的凶器，肯定会成为田野中的霸王。“祷上帝”或许自此就成了十恶不赦的刽子手了。

假如不提它那致命的武器，螳螂也并没有太多可怕的地方。它甚至可以说气质高雅，仪态万千，亭亭玉立，有漂亮的上衣，淡绿色的身体，披着薄纱的翅膀。它没有剪刀般的凶恶大嘴，反而是有着一张樱桃小口，好像专门是用来啄食的。它的脖颈相当柔软，可以帮助头向四周旋转，灵活而柔韧。在所有昆虫中，只有螳螂能控制视线，可以随意观察，甚至还有面部表情。

螳螂的整个身体看起来十分安祥，这和它那用来捕食的杀人武器——前爪，形成了极大的反差。螳螂有着又细又长的腰部，充满力量，所以它能轻易地伸出前肢，主动发动攻击。它的捕食武器上加了一点装饰，非常美丽。它的腰部有一个十分漂亮的带有白斑的黑色圆点，旁边点缀着几行精美的小珍珠。

它的大腿纤长，就像扁平的纺锤，前半段的内侧有两排锋利的锯齿。最里面的一排共有十二个锯齿，长的是黑色的，短的是绿色的。长短相间的结构使武器的破坏力增强了。外侧的锯齿则比较简单，只有四个。在这两排锯齿的最后，有三根很长的刺。总之，螳螂的大腿是带有双排锯齿的钢锯，锯齿中间有细细的凹槽，可将小腿弯曲放到里面。

小腿和大腿之间依靠关节连接，弯曲自如。小腿和大腿一样，也拥有双排锯齿，虽然齿刺比大腿上面的短，但数量更多、排列更密。小腿末端有结实的钩子，锋利程度堪比钢针，钩子下面有小凹槽，槽的两边像是修剪枝叶的双刃刀。

这个硬钩是设计精良的穿刺工具，给我留下了惨痛的回忆。我捕捉螳螂的时候，不知道被它腿上的弯钩钩住多少回了。我自己没有办法挣脱，在别人帮助下才能从它的爪子里逃脱。如果有人想强行挣脱，那他的手肯定会被钩子划出一道一道的血痕，就像被玫瑰花的刺划过一样。螳螂应该是所有昆虫中最难对付的。如果你想活捉一只螳螂，就不能太过用力，否则可能会把它捏死。如果用力太轻，它就会用带有锯齿的腿挠你，用钩子划你，用尽所有招数，让你拿它没有办法。

如果螳螂正在休息，就会把足高高地举起，看起来不会伤人，一副虔诚祷告的样子。当旁边有猎物经过，它那虔诚的姿势就会瞬间消失，捕兽武器的三个部分全部同时张开，抛向远方，用末端钩住猎物，再迅速收回，把猎物紧紧地夹在两个钢锯中间。将这一切完成之后，它的钳子会再度合拢，夹紧猎物，捕猎行动到此结束。蝗虫、蚱蜢还是别的什么昆虫，只要被夹在螳螂的四排锯齿之中，就别想逃脱了，不管它们是扭动还是后踢，都没什么用了。

如果想系统研究螳螂的习性，就得在家中喂养。野外的环境不受约束，难以跟踪，无法开展研究。在家中喂养螳螂其实很简单，只要有适合的吃食，它并不介意被关在罩子里。所以我只要每天往罩子里换着花样儿地放上丰盛的食物，它也就不在乎自己失去自由了。

我准备了十几个宽大的金属网罩，用来囚禁这些俘虏。这些金属网罩和罩食物的那种差不多，我把它们扣在装满沙子的瓦罐里，里边放置一丛干百里香，一块以备将来产卵用的扁平石头。这十几个罩子并排放在动物实验室的桌子上，这里能够接受到很好的阳光照射。这些俘虏们有的独居，有的群居。

八月下旬的时候我在枯草堆和荆棘丛里看到了成年螳螂。怀孕的雌性螳螂越来越多，但瘦小的雄性螳螂却很少见。我经常要花费很多的精力给螳螂配对，因为弱小的雄性螳螂常常被吃掉。这一残忍的事实我们先不提，先来介绍一下雌性螳螂。

雌性螳螂食量很大。因为观察时间长达几个月，喂养它们并不容易。差不多每天都要找新的食物，它们经常在尝过几口之后便失去了兴趣，弃之不食。我可以断言，它们在荆棘丛中的时候肯定不会这样大手大脚地浪费食物。因为那里猎物较少，它们会吃个精光。在我这里，它们丢掉了节俭的美德，常常是咬上几口之后，便把那鲜美的食物撇下不吃了。或许它们这样做是为了排解被囚禁的烦闷吧。

要满足螳螂这种浪费的习惯，我需要外界援助。我用面包和甜瓜收买了附近的两三个小朋友，让他们每天早晚在草丛里放上芦苇小笼子，捕捉活泼的蝗虫和蚱蜢。我也没有闲着，每天拿着网兜四处转悠，希望能为小俘虏们找到一些野味。

我要用这些美味的活物来测试螳螂的胆子和力量。其中，有个头比螳螂大很多的灰蝗虫；有长着大颚的白额螽斯，我们的手指都很怕被它咬伤；有戴着尖顶高帽的蚱蜢；有肚子鼓鼓的葡萄树距螽，它有凶狠的大刀和聒噪的音钹。除了上面这几位，还有两种可怕的猎物：一个是圆网蛛，肚子好像圆盘，饰有彩花，有一枚二十苏[1]的硬币那么大；另一个是冠冕蛛，它也有一个大肚子，相貌凶狠，让人不寒而栗。

螳螂在笼子里一看到猎物出现，便十分迅猛地冲到前面，我由此判断它们在野外的时候也一定同样勇猛。它在野外会毫不客气地享用意外到来的昆虫，就像它在金属罩里享用我为它提供的美味一样。肆意捕猎对螳螂来说并不是一时兴起，而是习以为常的。但对于螳螂来说，这样的情况并不多见，真是件遗憾的事。

蝗虫、蝴蝶、蜻蜓还有各种中等个头的昆虫，都是它平时的狩猎对象。我只能说，至少在我所进行实验的金属罩中，雌性螳螂从来没有在任何对手面前退缩过。不管是灰蝗虫还是螽斯，也不管是圆网蛛还是冠冕蛛，它们都逃不过被吞食的命运，只能被固定在螳螂锋利的锯齿之下，等待这位胜利者享用自己的美餐。螳螂的捕猎过程是值得详细介绍一下的。

螳螂发现网罩里缓缓靠近的大蝗虫之后，就像突然痉挛一样迅速地跳起来，摆出一副威吓的架势。就算是被电流击中也不会如此迅速。它的变化极其突然，看起来相当恐怖，不了解螳螂习性的人肯定也会吓得把手缩回来，以免发生意外。我虽然已经很了解螳螂的习惯了，但是假如稍一走神，一定

注释

①苏：法国原辅币名，一法郎等于二十苏。

也会被这种情况吓到。这就像是盒子里突然弹出来一个吓人的小怪兽一样的东西。

螳螂将自己的鞘翅张开，斜甩向身体两侧；翅膀全部展开，并高高竖起，就如同宽大的鸡冠一样。它的腹部卷起，形似曲棍，先提起再放下，然后突然抖动，放松之后会发出“噗噗”的声响，听起来像火鸡开屏时发出的声音，还有点像蛇在受惊之后吐芯儿的声音。

螳螂骄傲地让自己的身体支在四条后腿上，上身基本上是直立的。本来折叠在它胸前的巨大前肢已经完全张开了，相互交叉着，像一个十字形，腋下那珍珠似的小斑点和中心带着白斑的黑圆点此刻也显露出来了。黑色的圆点看起来就像孔雀尾巴上的图案一样。还有那些象牙质的纤细凸纹，是它战斗时才展现出来的宝贝，平时主人会很好地将它们隐藏起来，它用这些来震慑对手，让自己在气势上更胜一筹。

螳螂保持着这种怪异的姿势，目光紧紧地锁定大蝗虫。它时刻关注对手的一举一动，头会跟着对手的移动而移动。螳螂这样做的目的很明显：它想将强大的对手威慑住。如果这个做法没有奏效，那么后果就难以想象了。

螳螂有没有成功呢？我们不知道螽斯和蝗虫的脑袋里是怎么思考的。它们表情麻木，看起来并没有什么惊恐的表现。但有一点可以肯定：被威胁者是知道自己处于危险境地的。它的面前有一个高举弯刀、随时准备进攻的怪物；它意识到死神正缓缓靠近，虽然现在逃跑还来得及，它却没有动。它本是个跳远健将，可以非常轻易地躲过螳螂的弯刀，可它此时呆若木鸡，一动不动，甚至还缓慢地向对方靠近。

据说，当小鸟看到蛇大张的嘴巴会吓得浑身无力，面对蛇那凶神恶煞的眼神会动弹不得，听凭对方处置。蝗虫在面对螳螂的威慑时，也是这样的状态。螳螂挥舞自己的弯刀，将蝗虫猛压下来，然后将其夹在自己的双锯中间，一气呵成。被捕的蝗虫毫无反攻之力：它的大颚够不着螳螂，后腿只是胡乱地蹬踢，很快就一命呜呼了。螳螂结束战斗，收起翅膀，开始享用美味。

抓捕蚱蜢和距螽这类危险系数较低的昆虫时，螳螂并不会像攻击大灰蝗虫和螽斯那样气势汹汹，持续时间也比较短。螳螂只需要伸出自己的大弯钩就可以了。遇到蜘蛛时也一样，它将对方拦腰抓住，蜘蛛的毒钩也就无法发挥作用了。蝗虫这类日常食物对它来说更是没有放在眼里，螳螂几乎不用摆出威严的架势来震慑对方，只需要将其一把抓住，就能迅速解决掉这个忽然闯进来的冒失鬼。

当螳螂威吓敌人的时候，如果对方奋起反抗，它就得认真对待了，它会通过一种咄咄逼人的架势，让自己的弯钩将对方稳稳控制住。然后它会用自己的捕兽器——强壮的前肢——牢牢抓住被吓得失去气势的对手。螳螂就是用这种像幽灵一样的慑人架势来威吓自己的猎物的。

在螳螂的奇怪姿势中，翅膀起着十分关键的作用。它的翅膀十分宽大，外部侧边缘是绿色的，其他的地方则是无色透明的。一些清晰的纵向脉络呈扇面状分布在翅膀上。一些纤细的横向脉络和纵向脉络相互交错，形成直角，从而让整个翅膀呈现出许多网格。它摆出怪异的吓人姿势时，双翅张开，摆成平行的直立状态，快要相互碰到，好像蝴蝶在休息状态的翅膀一样。螳螂威吓对手时，腹部用力卷起，剧烈抖动的同时摩擦着翅膀，发出类似喘息的声音。我将它比作游蛇吐芯儿的声音，如果你用指尖迅速摩擦螳螂张开的翅膀，便能够听到这种声音。

螳螂如果几天没有进食，饥饿的它能够一口气吃下和自己身形相当甚至更大的灰蝗虫，只剩下一对翅膀，因为翅膀太硬了。仅仅两个小时它就能把这么大的猎物完全消灭。不过这种狼吞虎咽的情形比较少见，我之前遇见过一两次。那时的我十分好奇，贪吃的螳螂是如何在肚子里装下这么多食物的？它是怎样颠覆了容量不可能比容器更大的公理的呢？它那拥有超能力的胃能够快速完成消化、吸收食物和养分补给的生理需求，我为此感到十分惊叹。

在金属罩中，螳螂的日常食物是各种不同种类、大小的蝗虫。观察螳螂用锋利的前爪夹住蝗虫，然后一点点吞食，其实是很有意思的。螳螂虽然只有樱桃小口，似乎无法大快朵颐，但是除了双翅，猎物都被它一点不剩地全部吃掉了，就连翅根上边的一点肉也不放过。坚硬的爪子和外壳，螳螂也毫不放在眼里。有些时候，螳螂会细细地咀嚼蝗虫那肥美的后腿，神情满足而又得意。可能在螳螂眼中，蝗虫的大腿是上等的美味，就像一块上好的羊肉对我们而言一样。

螳螂先从猎物的颈部开始进食。它用一只爪子将猎物拦腰抓住，另一只将头按住，这样猎物颈部就会断开。接着，它把嘴插进猎物颈部失去护甲的地方，一口一口不停地咬下去。猎物的颈部渐渐裂开一道大口子，头部淋巴被破坏，最后慢慢地断气，变成一具没有知觉的尸体。螳螂也因此更加从容，想吃哪里吃哪里。

点评赏析

本文主要介绍螳螂捕食的残忍性，但在开头作者并没有直接写螳螂是如何捕食如何残忍的，而是先从它的名字的由来、它的外观说起，它们是“传达神谕的先知、虔诚祷告的苦修女”；接着作者用“人类因为自己的幼稚和单纯而犯了一个很大的错误啊”一句过渡到介绍螳螂的残忍的一面：具体介绍了它那完美而可怕的捕捉器。为了系统地研究螳螂的习性，作者通过自己饲养来观察，这也体现了作者严谨的工作作风。

本文语言优美，形象生动，多次使用拟人、比喻等修辞手法，将螳螂的特征、螳螂捕食的过程向读者娓娓道来，使人感到情趣盎然。

天 牛

导读　看到这个标题，你一定想问：天牛是一种什么样的昆虫呢？在这篇文章中，作者通过对天牛仔细地观察、实验和深入了解，写出了天牛幼虫的特征、习性以及它的独特之处。那么天牛的幼虫在蛹期前会做哪些准备呢？我们一起来看看作者的观察结果吧。

我年轻的时候曾经非常崇拜肯迪拉克的雕塑。他认为天牛拥有卓越的嗅觉，极其有天赋，它嗅一嗅玫瑰花，就能通过自己闻到的香气产生各种各样的念头。在长达二十年的时间里，我对这种形式的推理一直深信不疑，我十分敬佩这位富有哲学思想的教士的神奇说教。我甚至觉得我只要嗅一下，肯迪拉克的雕塑就会复活，就能提升我在视觉、记忆以及判断等方面的能力。但是，在我的良师昆虫的谆谆教导下，我改变了这种天真且不切实际的想法。昆虫所提出的问题比教士的说教更加引人深思，让我受益匪浅，就像天牛即将告诉我们的那样。

灰色的天空是寒冬即将来临的征兆，这时候我便开始准备储存冬天取暖用的木材。除了供取暖用的木材，我还让伐木工人为我挑选了一些年龄最大且全身蛀痕累累的树干。伐木工人觉得我的行为十分可笑，甚至暗地里对我冷嘲热讽。我当然知道优质的木材更适合燃烧，这样做当然有我的道理。

我收到了这些长满蛀痕的树干，有的地方分布着一道道伤痕，有的地方伤口很深，树枝被咬，树干被啮噬。我发现，在干燥的沟痕中，已经有各种各样的昆虫做好了越冬的准备。吉丁已经修建好了扁平的走廊，壁蜂用加工后的树叶给自己筑好了房间，切叶蜂也在前厅和卧室里用树叶做好了休息用的睡袋。我要重点介绍的天牛正悠然地在多汁的树干上面休息，它就是毁坏橡树的元凶。

天牛的幼虫相貌十分奇怪，看起来就像是蠕动的小肠。每年的仲秋时节，我都能看到两种不同年龄的天牛幼虫：年龄大一些的幼虫有手指粗细；年幼一些的则和粉笔差不多粗。另外，我还看见了一些颜色深浅不一的天牛蛹和天牛成虫。它们都有着圆鼓鼓的腹部。它们要在树干中生活大概三年的时间，等天气转暖，才会爬出树干。那么天牛怎样才能度过这漫长而又孤独的囚徒的生活呢？它们在橡树的枝干内部缓缓前行，挖掘通道，用挖掘留下的木屑作为食物。它黑色的上颚像木匠的半圆凿，短而强健，质地坚硬，尽管上面没有锯齿，却像一把边缘锋利的勺子，这是天牛挖掘通道时的重要工具。幼虫把挖出来的木屑一点一点吃掉并且排泄出来，排泄物堆放在身后，留下一条被啃噬过的痕迹。天牛幼虫边挖边吃，挖掘工程不断向前推进，道路开通了；随着身后的残渣不断堆积，幼虫也在不断前进。这样天牛幼虫既获得了食物，又有了安身之地，真是一举两得。

天牛幼虫将肌肉的力量集中于身体前半部分，这时候头呈杵头状，这样就能使它半圆形的上颚好好地工作了。上颚作为关键的挖掘工具，重要的是要有强大的支撑力和强劲的力量。天牛幼虫嘴边有黑色角质盔甲围绕着，它可以加固半圆凿状的大颚。它的全身只有上颚质地坚硬，身体的其它部位光滑细腻，像象牙一样洁白。天牛这光泽和洁白的外表得益于体内营养丰富的脂肪层。是啊！天牛每天所做的全部事情就是不断的啃咬、咀嚼，源源不断地进入胃里的木屑给它提供着营养。

天牛幼虫的足分为三节，第一节呈圆球状，最后一节呈细针状，长度仅仅为一毫米。这些属于已经退化的器官，在爬行方面起的作用微乎其微。而且因为身体过于肥胖，它们甚至无法够到支撑面支撑身体，连支撑身体都做不到，又怎么能爬行呢？不用担心，天牛有另外一种爬行器官，那是一种长在背部的独特爬行器官，它可以仰面或腹部朝下向前移动，这种独特爬行器官代替了胸部毫无力量的足。

天牛幼虫的腹部有七个环节，上下两个环节各长有一个布满乳突的四边形平面，它可以凭借这些乳突随意膨胀、突出、下陷或摊平。以背部血管为界，上面的四边形平面一分为二，下面的四边形平面却看不出是两部分。这个东西就是天牛幼虫的爬行器官。如果天牛幼虫想前进，就得先鼓起长在背部和腹部的后部步带，把前部步带收缩起来。由于表面粗糙，它用几个步带就能将身体固定在窄小的通道壁上。为了缩小身体的直径，它在压缩前面几个步带的同时会尽可能伸长身体，这样它才能向前滑行半步，当身体向前伸长后，还必须把后半部身体拖上来，这样它跨出的一步就完成了。为了实现这一目的，作为支点的幼虫前步带就必须要鼓胀起来，同时后部步带放松，使其体节自由收缩。

幼虫借助背部和腹部的双重力量，不断地收缩和放松身体，在自己挖掘的通道中随意前进。但是，如果幼虫前部和后步的布带只有一个能用时，幼虫便无法向前了。如果我们在光滑的桌面上放一只天牛幼虫，它就会缓缓地弯曲身体，不停乱动，不断地伸长、收缩，然后一直重复这个动作，可是一直无法前进。如果你把它放在带有裂痕的橡树树干上，它就变得得意洋洋起来，因为橡树皮足够粗糙，表面高低起伏，像被撕裂一般。天牛幼虫就可以从左到右，又从右到左，缓慢扭动自己身体的前半部，抬起、放下，不断重复着这个动作。这是它所能行动的最大幅度了。天牛幼虫那退化了的爬行器官始终没有动，看来是毫无作用。如果说在成虫身上可以看到残弱的足，但成虫敏锐的眼睛在幼虫身上却找不见雏形。幼虫身上见不到视觉器官的任何迹象。幼虫整天生活在暗无天日的树干里面，要视力有什么用呢？此外，天牛幼虫一点听力也没有，橡树树干的深处没有一丝声响，和视觉一样，听觉在这个场所当然也发挥不了任何用处。倘若有人对此持怀疑态度，我们可以通过实验来消除他的疑虑。我把树干剖开，留下半截通道，这样就能跟踪这个在橡树里辛勤劳动的木匠了。四周静悄悄的，十分安静，幼虫有时挖掘前方的长廊，有时又停止劳作，稍事休息。休息的时候，它便用步带将身体固定在通道内壁上。趁着它休息的时刻，我想试试它对声音的反应。我先后做了几个不同的实验，第一次是敲击硬物发出的声音，第二次是金属打击留下的回音，第三次是锉刀锉锯的声音，但是天牛幼虫都毫无反应。这几种不同的声音对它来说毫无效果。它的皮肤没有出现任何抖动，也不见它有何警觉的表现。就算我用坚硬的物体摩擦它旁边的树干，模仿其他幼虫啃咬树干的声音，也没有奏效。这些实验表明天牛幼虫完全没有听觉。

那么，天牛幼虫有没有嗅觉呢？各种事实都证明它没有嗅觉能力。嗅觉是动物觅食时的辅助工具，而天牛幼虫完全不需要寻找食物。它以居所的木屑为食，它居住的树干可以为它持续提供生命的养料。另外，我也对此做过实验。我在柏树的树干中挖了一条与天牛幼虫的长廊直径差不多的沟渠，然后把天牛幼虫放了进去。柏树和大部分针叶植物一样，有着十分浓烈的树脂气味。当天牛幼虫被放进沟渠之后，很快就爬到了通道的尽头，在那里保持静止。它停在那里一动不动不正说明天牛幼虫没有嗅觉吗？对于长期住在橡树树干中的天牛幼虫而言，树脂这种浓烈的气味应该会使它反感或厌恶，它本应通过身体的抖动或者夺路而逃来表现自己的这种厌恶，但是，它并没有表现出这样的反应。它只是在柏树中选择了一个合适的地方，然后停下脚步，开始了悠闲的休息时刻。之后我又进行了另外一个实验。我拿出一小包樟脑丸，放在长廊里紧挨着天牛幼虫的地方，它还是没有做出什么反应。经过这几次实验，我可以断定天牛幼虫是没有嗅觉的。

天牛幼虫具有味觉是毫无异议的。只是它的这种味觉并不那么“健全”。橡树的木屑是天牛幼虫那三年囚徒生活中的唯一食物，再没有别的选择了。那么幼虫又是如何评价这唯一的食物的呢？它最多会觉得新鲜多汁的树干很美味，干燥无汁的树干很乏味，仅此而已。

接下来要说的就是它的触觉了。它的触觉相当分散，而且是被动的。任何有生命的肉体都有触觉，如果被尖刺儿刺着，就会感到疼痛，并且全身扭曲抽动。一系列实验的结论是：天牛的幼虫没有视觉和听觉，只有不太灵敏的味觉和触觉，而且这两种感觉还比较迟钝。

我不禁思考，天牛幼虫虽然拥有强大的消化功能，但感觉能力却很弱，对此它有着怎样的心理状态呢？已经退化的迟钝的触觉和味觉能带来什么呢？很少，也许什么都不能带来。天牛幼虫只知道好的木材有种醇厚的味道，没抛光的通道壁垒会把皮肤刺痛，这就是它智慧的最高极限了。

肯迪拉克一直认为天牛拥有良好的嗅觉，是科学界的奇迹，是璀璨无比的宝石。它可以追忆往事，比较分析，甚至判断推理。这显然是错误的。这个成天昏昏沉沉、半梦半醒的大腹便便的昆虫，真的拥有回忆、分析和推理的能力吗？我觉得天牛幼虫只能算作一截“可以爬行的小肠”。我的这个比喻十分恰当，天牛幼虫所具有的感觉能力，只不过是一节小肠所拥有的全部罢了。

尽管天牛幼虫的感觉能力一般，我们可不能因此而小瞧它。虽然现在它对自己的情况一无所知，但是却具有神奇的预测能力，对未来了解得一清二楚。我的这一说法看起来很奇怪，请让我为大家解释一下。在三年中，天牛幼虫在橡树的树干中爬上爬下，过着游荡的生活。它会为了另一处的美味而放弃当下正在啃食的地方。不过，它一直都在树干深处，不会走得太远，因为这里温度适宜，环境安全而静谧。当危险来临时，它只能离开自己的栖身之所，勇敢地去面对外界的种种挑战。有时候光吃还不够，它必须转移地点。天牛幼虫有优秀的挖掘工具和强壮的体魄，所以它能够轻而易举地钻到另一个环境中去躲灾避祸。但是，成年的天牛之后将要在外界度过它那有限的生命，它具备这种能力吗？诞生在橡树内部、长期处在昏暗环境中的昆虫，会为自己开辟出一条逃生的通道吗？

天牛幼虫应该可以借助自己的自觉去解决这一困难。为了弄清这一点，我又进行了实验。通过实验，我发现，天牛成虫如果想利用幼虫在树干开辟的那条通道逃跑，简直比登天还难。天牛幼虫的通道就像是一座弯弯曲曲的迷宫，漫长而没有尽头，里面还堆积着许多坚硬的障碍物。而且通道的直径从尾部到前边逐渐缩小。它一开始进入橡树里面时，身体只有一段麦秆那么大，现在的它已经有手指般粗细了。它在树干里面辛苦地工作了三年，一直根据自己身体的直径进行挖掘。结果可想而知，天牛成虫完全无法利用幼虫所创造的行动路线来逃跑了。成年天牛的触角和腿足也都很长，甲壳也无法折叠，之前的狭窄通道对它来说是无法克服的阻碍。它如果想利用这条通道逃逸，必须把里面堆积的障碍物清理干净，还得加宽通道的直径。这一系列的工作量可不小，它还不如另寻他处，挖一条新的通道反而轻松得多。成年天牛具备这样的能力吗？我们做个实验观察一下吧！

我找来一段橡树干，分开变成两半，在里面挖了一条适合成年天牛居住的洞穴。我在每个洞穴里都放了一只刚刚变态了的成年天牛。这些天牛是我十月份储存过冬木材时发现的。

然后，我用铁丝把两半树干固定在一起。到六月的时候，我听见树干里传出了敲打的声音。天牛成虫能从里边出来吗？它们是不是无法从里边逃生呀？我之前认为它们能够很轻易地从里边逃出来，只需要开辟一条两厘米长的通道就能逃跑了。可是，我没有看到一只天牛从里面逃出。当树干里面没有任何响声的时候，我感觉奇怪，于是把固定的树干解开，发现里面所有的俘虏都毙命了。洞穴里只有一小堆木屑，看起来还不如一口烟的烟灰量多。这便是它们的全部劳动成果。

成年天牛拥有强劲有力的大颚，看来我对这个工具期望过高了。工具好并不一定就能造就一名好的工匠。虽然它具备精良的挖掘工具，但这个长期隐居者并没有与之相匹配的操作技术，只能在洞穴里等待死神降临。然后，我又找了一些成年天牛，这次选择了比较缓和的实验。我找了一些直径与天牛的天然通道一致的芦苇管，把它们放到里面，并且在内部放了一块大约三四毫米的天然隔膜作为障碍。通过这次试验，我发现一部分天牛能从芦苇管里逃出来，剩下的死在了芦苇管里。这个小小的实验说明，勇敢者才能获得胜利。如果连又薄又小的隔膜都穿越不了，那让它们待在坚硬的橡树干里岂不是在劫难逃？

通过这些实验，我觉得天牛成虫空有看似强健的外表，无法靠自己的力量逃出生天。开辟解放之路，还得依靠小肠似的天牛幼虫的智慧。这种情况在告诉我们，天牛幼虫通过另一种方式重现了卵蜂的壮举。卵蜂的蛹长着尖尖的钻头，为之后那带有翅膀却无能的成虫开辟通道。天牛幼虫不知是被什么样的神秘预感所推动，离开了安静舒适的隐居地，离开自己那无法被攻破的城堡，一直到橡树表面，尽管外边它们的天敌正在寻觅美味多汁的昆虫。幼虫冒着生命危险，勇敢而执着地挖掘着通道，直到橡树表层，剩下一层非常薄的阻隔作为窗帘掩护自己。有些幼虫的行为不太谨慎，甚至将这层掩护捅破，直接留出了一个洞口。成年天牛可以直接从这里出去，它只需要用自己的上颚和触角轻轻一碰，这层窗帘就破开了，它就能从此处逃走。就像刚才说的，有的幼虫直接把洞口留出来了，成年天牛完全不用费力，就能直接从已经打开的窗口逃走。等到春光明媚、天气变暖的时候，穿着古怪羽饰、笨手笨脚的成虫就从黑暗的监牢里逃出来了。

天牛幼虫在为将来做好准备之后，又忙着进行眼前的工作了。开辟好逃生通道之后，它又回到了走廊中不太深的位置，在出口的侧面挖出了一间蛹室。我之前从未见过这样陈列豪华、防备严密的蛹室。蛹室是扁椭圆形的，内部宽敞，长度接近一百毫米。内部的两条中轴长短不一，横轴长度在二十五到三十毫米，纵轴则只有十五毫米。这间蛹室足够宽敞了，整体来看比成虫还要大，成虫在里面可以自由活动。当打破壁垒，逃出囚牢的时刻来临时，天牛成虫生活在这个房间里是不会感觉到任何不便的。

刚才提到的壁垒，是指蛹室的封顶，是天牛幼虫为了抵御外敌而修建的。封顶一般有两到三层。外边一层是木屑组成的，那是天牛幼虫在树干里开辟通道时挖出的残屑；里边一层是一个矿物质的白色封盖，是半月形的。一般情况下最内侧还会有一层木屑壁垒和外边两层相连。这几层壁垒可以为天牛幼虫提供多重的保护，这样它就能在里边安心地准备变成蛹了。天牛幼虫从墙壁上铲下一条一条的木屑，这些木屑是细条纹木质纤维的呢绒。然后又把这些呢绒重新贴到四周的墙壁上，形成一层大概一毫米厚的壁毯。天牛幼虫给自己的房间铺上了精致的呢绒墙毯。这就是天牛幼虫为了完成蛹的蜕变而做的各种精心的准备，它一直在辛勤地工作。

接下来让我们将目光放到这间房间里最奇怪的部分，也就是那层堵住入口的矿物质封盖。这个白石灰色的封盖整体呈椭圆形，好像一顶帽子，它的成分是坚硬的含钙物质，内部光滑，外部有颗粒状突起，类似橡栗的外壳。这种颗粒状的突起说明这层封盖是天牛幼虫用糊状物一口一口地筑造的。因为天牛幼虫接触不到封盖的外层，无法对其进行修整，所以外部凝固成突起的颗粒；内侧的一面天牛幼虫可以触碰到，所以内壁被它修整得光滑而整齐。这个封盖具有钙的特质，坚硬并且易碎。无需进行加热它就能溶于硝酸，并随之释放气体。但是如果你想把它进行溶解，那就得花费较长时间了，一小块封盖通常得用好几个小时才能溶化。溶化之后，一些黄色的沉淀物会留下来，看起来像是有机物。假如加热这个封盖，它就会变黑。这就说明里面含有可以凝结矿物的有机物。如果把草酸注入溶液中，液体会由清澈变浑浊，并且产生白色沉淀物。我们可以通过这种现象判断出里面含有碳酸钙。我本来试图从中找出一些尿酸氨的成分，因为这种成分在昆虫蜕变的过程中经常出现，但最终并没有发现尿酸氨的迹象。由此我可以判断，封盖仅由两种物质构成，那就是碳酸钙和有机凝合剂，这种有机物很可能是蛋白质，它会让钙体变得十分坚硬。

我觉得这些石灰质物质是天牛幼虫的胃部分泌出来的，它的胃能进行乳化作用，因此能够为它提供钙质。食物中的钙在胃里被分离出来，有时直接就能得到钙，有时经过与草酸氨发生化学反应来获取。在成虫期到来之前，它就会把除了钙之外的其他物质剔除，只留下钙用来给自己修建壁垒。这种行为并不奇怪，因为一些芫菁科昆虫，比如西塔利芫菁，就是通过体内的化学反应产生尿酸氨的；飞蝗泥蜂、长腹蜂、土蜂等，会在身体里面生产生漆以供蛹室所需。

通道工程结束，房间也全都修整到位，用三层壁垒封起来后，聪慧而辛勤的天牛幼虫便做好了所有的准备工作，挖掘工具也物尽其用，它便进入了蛹期。处在襁褓时期的蛹相当脆弱，它置身于柔软的床垫上，头始终朝着门的方向。这个细节似乎无足轻重，但实际上影响重大。天牛幼虫身体柔软，可以随意地扭曲伸缩，在这个房间里不管头朝哪里都无所谓。但是天牛成虫就无法自由自在地任意翻转了。它身上布满坚硬的角质盔甲，在这个狭小的空间里无法调转方向，弯曲一下身体对它来说也算奢望。所以，它必须保证头部始终朝向门口，否则它便无法从这个牢笼里逃脱。

我们无需为这种意外担心，因为这节小肠向来充满智慧，懂得防患于未然，它不会头朝里地进入自己的蛹期，这一点它是不会忽略的。等到该出洞的时候，渴望光明的天牛不会遇到太大的阻碍，它面前只有一些细小的木屑，三两下就能把它们处理掉。接下来就是那层石灰质封盖了，完全不必费什么心力，它只需用坚硬的前额轻轻一顶，或者用足推一下，封盖就会整块松动，从框框里脱落。我发现丢弃的封盖都是完好无缺的。最后就是木屑筑成的第二层壁垒了。这一层也没有任何挑战性，清理起来比第一层还简单。这几步做完，通道就畅通无阻了，天牛成虫顺着通道就能准确无误地走到出口。如果洞口还有窗帘，用牙轻轻地一咬，那层单薄的窗帘就被打开了。这件小事简直轻而易举。它终于告别了黑暗，迎来了光明，长长的触须因激动不已而颤抖着。

点评赏析

本篇法布尔开始详尽介绍了天牛幼虫的体貌特征、生活习性和爬行方式。天牛幼虫长期生活在树干中，它们用上颚啃咬树干，以木屑为食。法布尔用实验证明了天牛幼虫不具备嗅觉能力，它们只有非常迟钝的味觉和触觉能力。不过，天牛幼虫身上有一种超凡的能力——预知未来。

天牛幼虫知道未来的成虫无法穿透橡树，因此它们会冒着生命危险，亲手为成虫挖掘逃生通道，制作豪华的壁垒、森严的蛹室，并把头始终冲着出口而卧。天牛幼虫的预见能力令人佩服。这给予了我们深刻的启示：包括人类在内的所有动物，都拥有某些先天就具备的生理机能。

粪金龟和公共卫生

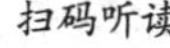

食粪虫能在最短的时间里把任何腐烂的东西全部清除干净。它们是如何做到的呢？

食粪虫在产完后代之后并不会死去，经过一年的轮回，第二年的春季它仍然可以享受子女们承欢膝下的快乐，家里的成员增加，翻了一两番，这种情况在昆虫世界还是相当与众不同的。蜜蜂倾尽一生完成自己的使命，蜜罐装满之后它的生命也宣告结束；另一位贵族——美丽的蝴蝶也不例外，它在把自己成团的卵固定好之后就会很快死去；穿着坚硬盔甲的步甲虫把自己的后代安置在碎石下之后，也很快就驾鹤西去了。

除了那些群居的昆虫，其他昆虫也有着同样的命运。群居昆虫的母亲能够独自或在兄弟姐妹的陪伴下得以生存。这里有一条十分普遍的规律：昆虫生来就是没有父母的孤儿。我们现在要说的事情却是完全不符合这条规律的：卑微的滚粪工人躲过了大批的扼杀，能够颐养天年，变成了小寿星。这也许是造物者怜悯它们为大自然所做的贡献吧，对此它的确问心无愧。

有一种公共卫生要求在很短的时间里把各种腐烂的垃圾清理干净。巴黎到现在还没有解决恐怖的垃圾问题，这个问题迟早给这座城市带来关乎生死的影响。大家都在思考，这里有那么多的腐烂物质，臭气熏天，城市之光会不会因此而熄灭？拥有上百万人口的繁华都市，尽管有着数不尽的财力和智力，仍然无法解决这个问题，一个小小的乡村却毫不费力地把这个问题解决了。

大自然格外关心乡村的卫生，对大城市虽不能算是充满敌意，但对其舒适度总是视而不见。大自然赐给乡村田野两种强大的清洁工，它们完全不知疲倦、任劳任怨。第一种是苍蝇、葬尸虫、皮蠹、食尸虫类、阎虫科，它们主要负责分解动物尸体。动物的尸体被它们分割成自己可以消化的大小，经过胃部消化吸收，排泄出来的又是可以为生命提供养料的部分了。

一只鼹鼠被正在耕作的农具伤害致死，腐烂的内脏弄脏了田间小路；一条正在草地上休息的蛇不幸被行人踩死，这个愚蠢的人还觉得自己铲除了祸害，做了好事；一只小雏鸟不小心从树上掉下来，摔到了地面，变成了一摊肉泥：这样的动物尸体不计其数，随处可见，如果不尽快清理干净，腐烂的臭味将会给公众带来极大危害。我们也不用为此焦虑，因为这种尸体只要一出现，勤劳的小收尸工们就赶到现场了。它们立刻着手处理尸体，把肉全部扒下来，吃得只剩下骨头，即使没有这么干净，它们也会把尸体处理得像一具木乃伊。不到一天的时间，鼹鼠、小蛇、雏鸟等动物的尸体就完全消失了，环境卫生也因此得以保持。

第二类清洁工也以极高的热情投入了工作。城市的厕所里为了保持干净而使用氨水消毒，味道刺鼻，农村的厕所就不需要使用氨水。农民们在想要方便的时候，随便选择一堵矮墙、一排篱笆或者一片荆棘就能躲避别人的视线了。无需赘言，你应该就能判断那个人在做什么了。当你被厚厚的青苔或者美丽而古朴的乡村砖瓦所吸引，想要靠近欣赏，走到一面矮墙边上的时候，哎呀！你可能会在那看似美丽的隐蔽处看见一些肮脏粗俗的东西。于是你吓得赶紧逃跑，把苔藓、青苔全抛在了脑后。你第二天抱着好奇而又侥幸的心理又去那里一看，那摊污秽的东西已经没了，完全恢复干净：食粪虫曾到过此处。

避免那些影响人们心情的东西被人看到，对于这些奉献者们来说，大概是它们的工作中最轻而易举的环节了；还有一项更神圣的使命由它们承担。科学家们通过研究发现，人类所遇到的种种恐怖的灾祸都和微生物脱不了干系；微生物和霉菌十分类似，处在植物界的边缘。在流行病盛行的时期，那些吓人的细菌在动物的排泄物中不停地繁衍生息。空气、水源这两种生命的关键要素都被这些细菌污染；它们隐藏在我们的衣服、食物上面，使疾病不断扩散。被这些细菌侵袭过的物品都要销毁，可以用火烧掉、用消毒水消灭或者埋进土里。

出于安全卫生的考虑，垃圾不能出现在地面。垃圾是无害的吗？它危险吗？这个问题虽然没有定论，但最好还是把垃圾处理掉。在微生物让我们认识到对它们提高警惕的必要性之前，古代的先贤们早已意识到了这个问题。

东方人更容易受到传染病的威胁，他们在这一问题上已经有了自己的办法。

摩西[1]从古埃及学到了一些关于传染病的科学知识，不过早在自己的人民在阿拉伯沙漠中流浪的时候，他已经在这方面做了一些规定。他说："如果你想要方便，就拿一根棍子到营地外边去，在地上挖个洞，方便完之后，用挖出来的土把排泄物埋起来。"[2]

这种办法虽然看起来简单，但发挥着重要的作用。如果伊斯兰教在大规模朝觐克尔白圣庙[3]的时候采取这种办法或者其他的手段，麦加也就能避免大规模的霍乱的发生，欧洲也就不需要因此在红海两边设置防线来抵御瘟疫。

普罗旺斯的农民们并不重视卫生的问题，完全没把这方面的危险放在心上。还好有食粪虫的存在，它就像摩西训诫的忠实拥护者，为了保持清洁而辛勤地工作。它负责消灭并且掩埋携带细菌的东西。以色列人想要方便的时候就带着一根棍子跑到营地外边，食粪虫也立刻赶来了，它的挖掘工具比以色列人的还要高端呢。当那个人方便完，食粪虫立刻挖出一个坑把排泄物掩埋好，避免细菌传播。

这些清道夫所从事的工作使得野外的环境卫生得以保持，意义重大；我们因此而受益，可是许多人却对这些奉献者抱有鄙夷和轻视的态度，甚至对它们恶语相向。这些可怜的小家伙做了好事却不被人接受，长期被扣上恶名，人们还用脚踩它、拿石头砸它。蟾蜍、刺猬、猫头鹰、蝙蝠还有其他的一些动物就是有力证据。它们没有别的奢求，只想让我们有点同情心。

地面上那些污秽的垃圾无所顾忌地暴露在太阳底下，默默守护着我们、使我们免受细菌侵扰的就是勇敢的粪金龟。并不是说它们比别的清道夫更勤劳，是因为它们拥有强健的体魄，苦活累活对它们来说都不在话下。如果它们需要稍事休息，恢复体力，就会选择那些让我们讨厌的污物。

注释

①摩西：据《圣经》的《出埃及记》记载，摩西为公元前十三世纪古代以色列人的领袖，率领埃及的希伯来人返回故土。

②参阅《摩西五经·经五》第一百二十三章第十二和第十三节。——原注

③克尔白圣庙：麦加城内大群陵庙中心的建筑。

我家周围的粪金龟包括四个种类。其中的两种（突变粪金龟和野生粪金龟）比较罕见，我们也就不把它们当作研究对象了；另外两种（粪生粪金龟和伪善粪金龟）很常见。粪生粪金龟和伪善粪金龟背部乌黑，胸前佩戴着华丽的装饰。我看到负责掏粪的工人有着如此华丽的外表，感到十分意外。粪生粪金龟的面部下方发出水晶般的耀眼光芒，伪善粪金龟的面部下方则像黄铜一般灿烂。我放在饲养笼里的就是这两种粪金龟。

我们来观察一下这些掩埋工都有什么本领。笼子里饲养了十二只粪金龟，这两个种类都有。之前笼子里有许多事物，这回我提前把食物清理干净了。我想计算一下一只粪金龟一次能处理多少粪便。太阳下山的时候，我把刚刚排泄在门口的骡子的粪便放进饲养笼里，供这十二个囚徒享用。那一堆粪便对它们来说足够多了，足足有一篮子的量。

第二天早晨，那堆粪便已经全部被埋起来了。地上除了一点残渣之外，几乎看不到什么痕迹。我由此计算出：假设每只粪金龟完成的工作量一致，那它们每人处理的粪便大概有一立方分米。它们的身材是那么瘦小，既要挖洞又要搬运，不禁让人惊叹：这对它们来说简直是泰坦才能干的活呀。它们仅用了一个晚上就迅速完成了。

它们储备了富足的粮食，会不会像守财奴一样待在地下就不上来了？当然不会啦。现在正是觅食的好时候。黄昏降临，外面氛围宁静。此刻它们精神抖擞，心情畅快，因为路上有放牧的牛羊群经过，正是寻找宝物的大好时机啊。这些小住客们齐齐的从地洞里爬出来，来到了地面。我可以听到它们窸窸窣窣爬栅栏的声音，有的因为过于莽撞而撞到了玻璃板，我早就知道它们在黄昏的时候格外开心。白天我准备了和前一天一样充足的食物，到了晚上，所有的食物又全部消失了。第二天，地面又变得干干净净了。只要夜色正好，而且我可以持续地给这些守财奴提供充足的食物，这种情况便会日复一日地发生。

虽然外面的食物足够多了，粪金龟在黄昏的时候还是会从食物的仓库里出去，在太阳下尽情享受，接着去别处探索。它对自己已经拥有的东西并没有很高的热情，反而对将要得到的更感兴趣。它在黄昏时分一直勤劳地更新自己的粮食仓库，这到底是为什么呢？这么多的食物它一晚上肯定吃不完，储存的食物远远过剩，只顾着搬运、堆积，运回来的食物并没有得到充分利用；而且它似乎永远不知满足，每天晚上都在为搬运食物而卖力奔波。

它在各地都建了粮仓，想吃东西的时候就随机选择一个仓库，在那美餐一顿，吃不完的干脆就留在那里。我通过观察笼子里的那些粪金龟发现，它们掩埋食物的热情要大大超过进食的热情。笼子里的地面越来越高，我只好把它弄平。挖开粪料的时候我也得到了想要的答案,那些小土堆里是厚厚的粪料，维持着原状。粪料和泥土牢牢地粘在一起，难以分开。如果我想要清楚地进行观察，就必须把这里边仔细清扫一下。

分离粪便这项差事并不容易，常常会出现误差，分离出来的数量有时候多，有时候少，无法做到十分精确。但经过我的观察，有一点毋庸置疑：粪金龟是干劲十足的掩埋工，它们搬运的食物远远超过了实际需要的数量。这项掩埋工作是由粪金龟庞大的工人群体合作完成的，随着掩埋工程的开展，土壤也得到了最大程度的净化，有了粪金龟这些奉献者的付出，我们城市里的垃圾被清理干净，公共卫生也能够保持，这是一件十分幸运的事。

整个自然界就像一个大家庭，成员之间有着或多或少的联系，许多动植物因为这项掩埋工作而受益。粪金龟辛苦搬运并埋到地下的东西并没有失去其价值。对大自然来说，没有什么东西会白白浪费，清单的总数是永恒的。粪金龟埋到地下的粪便能够使周围的土地变得肥沃，从而滋养长在这片土地上的植物。路过此处的绵羊可以把这丛青草当成食料。绵羊长得肥美，就能为人类提供美味的羊腿了。粪金龟的工作赐予了我们可口的肉块，对人类有很大的帮助。

九十月份，绵绵的秋雨浸湿了土壤，圣甲虫从它的牢笼里钻出来时，粪生粪金龟和伪善粪金龟就开始盖房子了。它的房子完全算不上精致，简直有辱它们那挖土工的美名。假如只是为了抵御冬季的严寒而挖一个简单的洞穴，粪金龟也算是不负众望了：在工程的深度、效率等方面，可以说是无出其右。我之前在沙地和一些比较容易挖掘的土地上看到了一些坑洞，深度有一米，有的甚至能达到更深。我当时缺乏足够的耐心，而且没有趁手的工具，所以没有仔细探究那个洞到底有多深。这就是粪金龟，经验丰富的挖土工，让人望尘莫及的打洞者。如果天寒地冻，它可以一直深入没有霜冻的地层。

给它的后代们盖房子就是另一回事了。美好的季节稍纵即逝；如果给每只卵都准备一间像样的洞穴，时间肯定来不及。要想把洞穴挖得足够深，粪金龟必须充分利用冬天前的那段闲暇时间。为了保证洞穴的安全性，它就得在盖房子这件事上集中注意力，不能因为别的事情而分心。可是在产卵期间，它是无法从事如此繁重的工作的。它能利用的时间很短，要在四五个星期之内给孩子们准备房间和食料，所以它无法长时间地去加深洞穴。

虽然季节不一样，但是粪金龟为自己的后代所修建的地洞并不比西班牙蜣螂和圣甲虫挖的深多少。我统计了之前在田野里见过的所有地洞，一般就是三分米左右，虽然那里很容易挖掘，想挖多深挖多深。

这种住所十分简陋，形状好似一段香肠或腊肠，长度在两分米之内。因为石头地里具有高低起伏的坡度，所以这段香肠无法做到十分完美，偶尔会弯弯曲曲，有的还坑坑洼洼的，整体呈不规则的形状。

粪金龟多于粪堆下垂直打洞，不能完全满足自己追求的艺术标准。所以，和它的地洞紧紧挨着的粮食就毫无保留地展示了它那工具的不规则性。它挖掘的住所底部呈圆形，和普通的地洞底部一样，可以容纳下一颗榛子。粪金龟在这个圆形底部完成孵化。设计十分科学，考虑到胚胎的需求，洞穴的墙壁很薄，透气性良好。在这个孵化室里，我看到了一些闪着光的绿色黏液，那是粪核的半流质物体，蓬松柔软，是粪金龟妈妈给自己的宝宝准备的第一口食物。

卵就生活在圆形的孵化室里，不和周围产生接触。卵是白色的，是有点长的椭圆形。和成年的粪金龟相比，这个卵体型也不算小。粪生粪金龟的卵长度在七八毫米，宽约四毫米；伪善粪金龟的卵稍微小一点。

点评赏析

在本篇中，法布尔阐述了食粪虫分解小动物尸体的过程，说明了食粪虫工作的重要意义。荒石园周围地区的环境卫生主要依靠粪金龟来维持。

读后感

神秘有趣的昆虫王国

——《昆虫记》读后感

看了《昆虫记》后，我对这本书十分着迷，原来昆虫世界有这么多的奥秘。我知道了：凌晨，蝉是怎样脱壳，蚂蚁是怎样去吃蚜虫的分泌物；还弄清了：蜂抓青虫不是当成自己的儿子养，而是为自己的后代安排食物……

这虽然是一部描述昆虫们生育、劳作、狩猎与死亡的科普书，但时不时还会惹人捧腹大笑，就像跟着法布尔走进了大自然。它使我第一次进入了一个生动的昆虫世界，去大自然探索昆虫的奥秘。

翻开书本往下看，便会了解许多知识：

萤火虫有六只短短的脚，是用碎步小跑的昆虫；虽然萤火虫的外表弱小，但是它却是个肉食动物，是个猎取野味的“猎人”。

天牛是破坏树干的罪魁祸首。每逢中秋时节，它们躲在树干中吸取养分，用半圆凿形、无锯、黑而短但极强健的上颚挖掘通道，并用挖掘出来的碎屑作为食物。

螳螂是一种十分凶残的动物，然而在它刚刚拥有生命的初期，也会牺牲在个头儿最小的蚂蚁的魔爪下。如果不看它那致命的捕猎工具，螳螂其实也不可怕：苗条的身材，身着俏丽的上衣，浑身呈现优雅的淡绿色，还有那长长得酷似沙罗的翅膀，真像一位美少女。

还有松毛虫是怎么产卵和孵化，动物是怎么在催眠状态中自杀的，朗格多克蝎子的毒液有多强，一只朗格多克蝎子和一只纳博讷狼蛛这两种都有毒刺的昆虫谁会吃掉谁，金步甲的食物是什么……

丰富的故事情节使我浮想联翩。看着看着，这些虫子们好像都跳出了书本。以前，我是不怎么喜欢大自然中的昆虫，觉得所有的昆虫都是坏东西。

自从我读了这本《昆虫记》之后，我不由自主地喜欢上了昆虫，不再像以前一样厌恶昆虫了，有时候我还会仔细地端详昆虫。由于掌握了很多关于昆虫的知识，现在大部分昆虫名字我差不多都叫得出来了。我真的很感谢这位感情细腻、思想深刻的天才，用哲学家一般的思考，美术家一般的观察，文学家一般的叙述为我开启了一扇通向昆虫世界的大门，更是一扇通向科学的大门，让我有兴趣去接触大自然，了解了大自然中昆虫的奥秘。

看了《昆虫记》这本书，我明白了：大自然中的昆虫也是有它们的生活习惯的，我们不应该讨厌它们，而应试着去接触它们。法布尔的精神也让我很受启发：我们应该有追求真理的勇气和毅力，对自己感兴趣的事情应该有始有终；只有相信自己的能力，才能最大限度地发挥自己的潜能；哪怕你的追求在别人看来是枯燥的、寂寞的、乏味的，只要你有恒心、信心，就一定可以创造出奇迹。

诗化的昆虫世界

从某种意义上来说，法布尔不是一名标准的昆虫学家，而更像是一位素材特别的散文家。他以千奇百怪的昆虫为对象，以生命的发生与成长为主题，以优美生动的描写为形式，为我们展现了另一个世界的故事。

他写各种各样的昆虫，绿色的蝈蝈、在地下隐居多年的蝉、毒性可怕的狼蛛、清扫大地的屎壳郎、只有两三天生命的美丽的孔雀蝶、神奇的建筑师黄蜂、寄生在我们的烟筒里的舍腰蜂、吃蜗牛的萤火虫、在花盆上一直绕圈不知变化的松毛虫……他眼前的池塘，是由蝌蚪、蝾螈、石蚕、水甲虫、豉虫、水蝎、池鳐、田螺、水蛭、蜻蜓的幼虫等无数的昆虫组成的一个生动多彩的世界。这些昆虫有些我们知道，却从没像法布尔那样深入观察；有些就生活在我们周围，但我们却闻所未闻。

他像写人生一样去描写眼前的昆虫，描写它们出生的艰辛，描写它们成长的痛苦与快乐，描写它们繁衍的本能与智慧。法布尔喜欢带着自己的感情去描写，去概括这些小生命生存的意义。他描写被管虫把自己的房子、丝绒帽子，甚至自己的皮都遗传给子孙的伟大，感叹“可怜天下父母心”；他描写黄蜂被自己困在玻璃罩里时的至死不休的碰撞，感叹它们只能盲目地固守着生来就有的老习性，将自己推向无奈的死亡；他感叹人类的行为：“其实我们人类是最大的猎手和最大的盗贼。我们偷吃小牛的牛奶，偷吃了蜜蜂的蜂蜜，就像灰蝇掠夺蜂类幼虫的食物一样！”他赞美迷宫蛛的死去：“它已尽了一个最慈爱的母亲所应尽的责任，它无愧于它的孩子，无愧于这个世界，至于以后的事，它便托付给造物主了。”法布尔用一生的时光沉浸在昆虫的世界里，和复杂的人类世界相比，也许他更懂得那些小生命中所包含的生命意义。

《昆虫记》的语言充满诗的光彩。比喻、拟人、对比，这些生动的修辞成为他展示昆虫世界最有力的武器。他描写玻璃池塘中所观察到的景物：“在有水草的珊瑚礁上，那一点点发亮的闪烁的星光，好像是绿苗遍地的草坪上点缀着的零零碎碎的珍珠。这些珍珠不断地消逝，又接连不断地出现，它们会倏然在水面上飞散开来，好像水底下发生了小小的爆炸，冒出一串串的气泡。”他描写黄蜂的幼虫：“它的样子特别像一只刚刚出生不久，羽毛尚未丰满起来，乳臭未干的小鸟，正在向着刚刚辛辛苦苦为它觅食而归的妈妈伸出小嘴，急切地索要食品一般，不觉让人感到一阵温馨。”他描写菜毛虫：“几只毛虫并排地在一起吃叶子的时候，你有时候可以看见它们的头一起活泼地抬起来，又一起活泼地低下去，一次一次重复着做，动作非常整齐，好像普鲁士士兵在操练一样。”他用生动的比喻和拟人表达自己的态度，比如写寄生虫：“看看这个外貌漂亮而内心奸恶的金蜂，它身上穿着金青色的外衣，腹部缠着青铜和黄金织成的袍子，尾部系着一条蓝色的丝带。”他评价人们讨厌的狼蛛：“它是一个十分勤奋的劳动者，是一个天才的纺织家，也是一个狡猾的猎人。”他还把孔雀蝶比作关在象牙塔里的公主，把蚂蚁比作最坏的罪犯，把舍腰蜂比作谦逊的默默无闻的小动物，把松毛虫比作“我们家的‘小小气象预报员’”。他的文笔优美生动，描写细腻形象，笔法变换多姿，有深情的抒写，有幽默的调侃，有直接的批判，让平凡的昆虫世界变得多姿多彩，让令人头痛的科普文变得像小说和戏剧一样好看。

拥有一片属于自己的金色池塘

记得有一部叫作《金色池塘》的著名电影，主人公生活在一片美丽的池塘边，享受着三代人之间的爱与关怀。整部影片充溢着浓浓的亲情之美。

法布尔也有一片这样的池塘，存在于他隐居的荒石园，存在于他少年时的美好记忆里。

这是一片众多动物生存的神秘群落：一堆堆黑色的小蝌蚪在暖和的池水中嬉戏追逐，有着红色肚皮的蝾螈摇摆着宽尾巴缓缓前进，一群群石蚕的幼虫穿着奇怪的枯枝衣服躲避着天敌，水甲虫在池塘的深处活泼地跳跃，一堆闪着亮光的豉虫在水面上开着舞会，还有池鳐、水蝎、蜻蜓的幼虫，还有田螺、水蛭和即将变成蚊子的孑孓们。一个看似停滞不动的池塘，在作者的眼中却犹如一个辽阔神秘、丰富多彩的世界。

这是一片寄托了作者无数童年欢乐的池塘：穷困的童年往事，自己负责放养二十四只小鸭子的快乐经历，自己为了让小鸭子们吃上小虾米、小螃蟹、小虫子所寻找到的那片放养的池塘，自己在池水中看到的蝌蚪、水草，豆子一样扁平的贝壳、戴了羽毛的小虫、舞动着柔软鳞片的小生物、蓝色的甲虫……那些观察中所得到的宝物，那些玩乐中所感受到的快乐与幸福。

大雕塑家罗丹说过：“生活中不是没有美，而是缺少发现美的眼睛。”我们的人生中也许都有过一片清澈温润的池塘，但我们往往只记住了它的荒凉破败，记住了它的危险与凄凉，却忽视了跳跃在池水之上的美丽的金色阳光，岸边婆娑的树林，水中神奇的鱼儿和虫子们，忘记了池塘给我们带来的轻松与丰富。

每个人都要有一片属于自己的金色池塘，不一定与法布尔的相同，却同样能够留住那些快乐的时光。

中考真题

一、填空题

1.（四川乐山·中考）名著阅读与文学常识。

《昆虫记》既是一部优秀的科普作品，也是公认的________________，被誉为“____________”，作者是法国作家________。全书充满了对生命的关爱之情，充满了对自然万物的赞美之情。

二、选择题

2.（四川南充·中考）下列对名著的介绍，不正确的一项是（　　）

A.《伊索寓言》包含的内容十分丰富，书中不少内容是影射当时社会现实的。如《农夫和蛇》的故事就告诫人们，做好事要看对象，以免上当受骗。

B. 法布尔的《昆虫记》既是优秀的科普著作，也是公认的文学经典，它行文生动活泼，语调轻松诙谐。作者除了真实地记录昆虫的生活，还透过昆虫世界折射社会人生。

C. 高尔基的《童年》中的外祖母慈祥善良，聪明能干，热爱生活，对谁都很忍让。她的爱照亮了阿廖沙敏感而孤独的心。

D.《水浒传》中的武松崇尚忠义，有仇必复，有恩必报，他是下层英雄好汉中最富有血性和传奇色彩的人物。

3.（浙江衢州·中考）表述不正确的一项是（　　）

A. 孔子的弟子及再传弟子编写的《论语》，与《大学》《中庸》《孟子》并称为“四书”。

B.《昆虫记》的字里行间都充满了对生命的关爱之情，充满了对自然万物的赞美之情。

C.《名人传》《巴黎圣母院》《我的叔叔于勒》的作者分别是罗曼·罗兰、雨果和高尔基。

D. 傅雷是一位尽责的父亲，他教导傅聪要做一个“德艺俱备、人格卓越的艺术家”。

三、阅读理解

4.（江苏南京·中考）阅读下面的材料，完成下面各题。

【材料一】

人们在荒僻地和那些远离居住区的地方都从未发现过麻雀。（甲）麻雀，同鼠类一样，眷恋人类的住宅。它们在树林里，在广袤的田野里都不乐意。只要稍加注意就会发现，城里的麻雀比乡村还多。它们乐于待在人多的地方，以便依靠人们生活。我们集散种子的各处自然成为它们喜欢出入之处。它们又多又贪，它们尽干蠢事；它们的聒噪令人心烦，它们的欢跃给人添乱；它们一文不值，它们的羽毛一无所用，它们的肉不好吃。因此，它们到处被驱赶，人们甚至不惜花很高昂的代价将它们轰走。

（节选自布封《动物素描》，江苏人民出版社2005年版，有删改）

【材料二】

麻雀

[法]法布尔

麻雀属于鸟类，而不是昆虫，但是，它们与人朝夕相处，所以，我心血来潮，在观察研究昆虫的同时，又想到了它们：麻雀在哪儿搭窝筑巢呢?

每一种动物都应该具备一门生命攸关的建筑技艺，以便最大限度地充分利用可使用的场地。

在尚未有屋顶和墙壁的年代，麻雀是利用树洞来作为其栖息之所的，因为树洞较高，可以避开不速之客的骚扰，而且树洞洞口狭窄，雨水打不进来，但洞中却别有一番洞天，宽敞得很。因此，即使后来有了屋檐和旧墙，它仍旧对树洞情有独钟。如果找不到合适的树洞，麻雀就只好不辞劳苦地一点一点地搭建自己的窝巢。

令人惊叹的是它筑巢时所使用的材料。它的那张床垫可谓形状怪异，由一堆乱七八糟的羽毛、绒毛、破棉絮、麦秸秆等组成，这就需要有一个固定而又平展的支撑物来支撑。这种困难对麻雀来说，简直是小事一桩。它会想出一个大胆的方案来：它打算在树梢上，仅用三四根小枝丫作为依托，建窝搭巢。它的这个窝巢悬于半空中，摇摇晃晃的。要想让窝巢不掉下来，可得具有高超的建筑技艺呀!

它在几根枝丫的树杈间把所能找到的东西——碎布头、碎纸片、绒线头、羊毛絮、麦秸秆、干草根、枯树叶、干树皮、水果皮等——全都聚拢在一起，做成了一个很大的空心球，一旁有一个小小的出入口。这个球形窝体积庞大，因为它的穹形窝顶需要有足够的厚度来抵御雨水。这个窝布置得很乱，没有一定之规，没有艺术性，却非常结实，能够经受得住一季的风吹雨打。

我家屋前有两棵高大的梧桐树，树枝垂及屋顶。整个夏季，麻雀都飞到这儿来栖息，生息繁衍。梧桐树交相掩映的碧绿枝叶，是麻雀飞出其家屋的第一站。（乙）小麻雀在能够飞翔觅食之前，总是在这第一站叽叽喳喳地叫个不停；吃得肚子滚圆的大麻雀从田间回来也先在此歇息；成年麻雀经常在这儿开“碰头会”，照管家中刚刚出巢的小麻雀，一边训诫不听话的孩子，一边鼓励胆怯的孩子；麻雀夫妇常在这儿吵嘴；还有一些麻雀常在此议论白天所发生的事情。它们从清晨一直到傍晚，络绎不绝地在梧桐树和屋顶之间飞来飞去。然而，十二年中，我仅见过一次麻雀在树枝间搭窝。一对麻雀夫妇忙碌着，辛辛苦苦地在一棵梧桐树上搭建空中巢穴，但是，它们好像对自己的劳动成果并不满意，因为第二年我就没看见它们再搭了。瓦屋顶提供的庇护所既牢固又省力，何须再费心劳神地去搭建什么空中楼阁呢？看来，麻雀们更加偏爱这种省时省力而又牢固的屋檐下的窝巢。

（选自《昆虫记》，陈筱卿译，中央编译出版社2011年版，有删改）

【材料三】

但令四海常丰稔，不嫌人间鼠雀多

丰子恺

[注释]画中诗句出自明代方孝孺的《百雀诗》："曲巷高檐避网罗，朝来饱啄陇头禾。但令四海常丰稔，不嫌人间鼠雀多。"稔（rěn）：庄稼成熟。

（1）三则材料中，作者对麻雀的态度有什么不同？各出于什么原因？

（2）材料二中，作者详略得当地说明了麻雀是如何利用不同场地筑巢的。请结合文章内容分析。

（3）甲、乙两处都用了拟人的手法，但语言各有特色，请分别举例说明。

新题预测

一、基础识记

1.《昆虫记》的作者是________，《昆虫记》这本书又译为《______________》或《____________》，被誉为“______________”。

2.《________》不仅是一部研究昆虫的科学巨著，同时也是一部讴歌生命的宏伟诗篇，________也由此获得了“________________”“________________”“________________”等美誉。

3. 有一个人耗尽了一生的精力来研究昆虫，并专为昆虫写出了________卷大部头的书，这个人是________；这本书是《______________》，这本书又译为《昆虫物语》或《昆虫学札记》，被誉为“昆虫的史诗”。本书真实地记录________的生活，还透过昆虫世界折射出________，全书充满对________的关爱之情，充满对自然万物的____________之情。我们学过其中的一篇课文叫作《________________》。

4.《昆虫记》是优秀的科普著作，也是公认的文学经典。鲁迅把它奉为“讲昆虫生活”的楷模。在作者笔下，____________像个吝啬鬼，身穿一件似乎“缺了布料”的短身燕尾礼服；____________“为它的后代做出无私的奉献，为儿女操碎了心”；而被毒蜘蛛咬伤的____________也会“愉快地进食，如果我们喂食动作慢了，它甚至会像婴儿般哭闹”。

5. 蜜蜂、猫和红蚂蚁都具备同一种本领，那就是______________。

6. 蜘蛛知道蜘蛛网上有猎物是通过____________感觉到的。

7. 请你写出三种《昆虫记》中描绘的昆虫，并分别简要概括它们的特点。

....

....

....

8. 法国著名戏曲家罗斯单是怎样评价法布尔的?

....

....

....

二、评析鉴赏

9. 有人说，昆虫也是生灵，它们与人有着丝丝缕缕的相同之处。《昆虫记》中是如何体现这一观点的？谈谈你的看法。

____

____

10. 在《昆虫记》中，你最喜欢的昆虫是什么？说说你喜欢的理由。

____

____

11.《昆虫记》“是公认的文学经典”，结合相关内容加以分析。

____

____

12.《昆虫记》“是优秀的科普著作”，你从本书中获得了哪些科普知识？（列举两点）

____

____

13.《昆虫记》被誉为“昆虫的史诗”，这离不开作者法布尔的功劳。你从他身上得到哪些启示？

____

____

三、整体阅读

14. 阅读下面的文字，回答问题。

有这样一只不知危险、无所畏惧的灰颜色的蝗虫，朝着那只螳螂迎面跑了过来。……螳螂把它的翅膀极度张开，它的翅竖了起来，并且直立得好像帆船一样。翅膀竖在它的后背上，螳螂将身体的上端弯曲起来，样子很像一根弯曲着手柄的拐杖，并且不时地上下起落着。

（1）这段文字出自法国昆虫学家法布尔的《__________》，我们在初中阶段还学过他的一篇文章《__________》。

（2）本选段细致入微地刻画了螳螂__________时的动作，生动地表现了螳螂__________的特点。

15. 阅读下面的文字，回答问题。

看起来，螳螂的这个精心安排设计的作战计划是完全成功的。那个开始天不怕、地不怕的小蝗虫果然中了螳螂的妙计，真的是把它当成什么凶猛的怪物了。当蝗虫看到螳螂的这副奇怪的样子以后，当时就有些吓呆了，紧紧地注视着面前的这个怪里怪气的家伙，一动也不动。在没有弄清来者是谁之前，它是不敢轻易地向对方发起什么攻势的。这样一来，一向善于蹦来跳去的蝗虫，现在竟然一下子不知所措了，甚至连马上跳起来逃跑也想不起来了。已经慌了神儿的蝗虫，完全把“三十六计，走为上策”这一招儿忘到脑后去了。可怜的小蝗虫害怕极了，怯生生地伏在原地，不敢发出半点声响，生怕稍不留神，便会命丧黄泉。在它最害怕的时候，它甚至莫名其妙地向前移动，靠近了螳螂。它居然如此地恐慌，到了自己要去送死的地步。看来螳螂的心理战术是完全成功了。

当那个可怜的蝗虫移动到螳螂刚好可以碰到它的时候，螳螂就毫不客气，一点儿也不留情地立刻动用自己的武器，用那有力的“掌”重重地击打那个可怜虫，再用那两条锯子用力地把它压紧。于是，那个小俘虏无论怎样顽强抵抗，也无济于事了。接下来，这个残暴的魔鬼胜利者便开始咀嚼它的战利品了。它肯定是会感到十分得意的。就这样，像秋风扫落叶一样地对待敌人，是螳螂永不改变的信条。

（1）请用简洁的语言概括以上文段的内容。

……………………………………………………

……………………………………………………

（2）你知道螳螂“精心安排设计的作战计划”是什么吗？请写下来。

……………………………………………………

……………………………………………………

（3）请结合文段内容说说螳螂的习性。

……………………………………………………

……………………………………………………

16. 阅读下面的文字，回答问题。

蝉和蚁

七月时节，当我们这里的昆虫为口渴所苦，失望地在已经枯萎的花上跑来跑去寻找饮料时，蝉则依然很舒服，不觉得痛苦。因为此时的它正用它收藏在胸部的突出的嘴——一个精巧的吸管，尖利如锥子——刺入饮之不竭的树干，开怀畅饮。通常，它坐在树的枝头不停地唱歌，唱到口干舌燥时就钻通柔滑的树皮，里面有的是汁液，只要将吸管插进钻通的孔里，它就可饮个饱了。

如果此时稍许等一下，我们也许就可以看到它遭受到的意外的烦扰了。因为邻近很多口渴的昆虫，立刻发现了蝉的井里流出的浆汁，并跑去舔食。这些昆虫大都是黄蜂、苍蝇、蛆蜕、玫瑰虫等，而其中最多的属蚂蚁。“抢食大军”中身材小的想要到达这个井边，就偷偷从蝉的身底爬过，而主人却很大方地抬起身子，让它们过去。身强体壮的昆虫抢到一口就赶紧跑开，躲到邻近的枝头，当它再转回头来时，胆子比从前变大了许多，它忽然就成了强盗，想把蝉从井边赶走。

最坏的罪犯，要算蚂蚁了。我曾见过它们咬紧蝉的腿尖，拖住它的翅膀，爬上它的后背，甚至有一次一个凶悍的强徒，竟当着我的面，抓住蝉的吸管，妄图把它拉掉。

最后，麻烦越来越多，无可奈何，这位歌唱家不得已抛开自己所做的井，悄然逃走了。于是蚂蚁的目的达到，占有了这个井。不过这个井也干得很快，浆汁立刻被吃光了。于是它再找机会去抢劫别的井，以图第二次的痛饮。

你看，真正的事实，不是与那个寓言相反吗？蚂蚁才是不折不挠的强盗，而辛勤劳苦的生产者却是蝉呢！

（1）请结合本文段说说为什么本书既是科普著作，又是文学经典。

（2）结合本文段分析蝉的生活习性。

（3）本书中昆虫们的一举一动都被赋予了人的思想感情，它们与人有着丝丝缕缕的相通之处，请结合本文段对以上特点加以分析。

四、拓展运用

17. 学好语文要多读书，读好书。假如你向同学推荐《昆虫记》，请结合作品内容写出推荐理由。

参考答案

回顾训练

绿色蝈蝈

1. C　2. A　3. A

4. 蝈蝈称呼的变化：

　狂热的猎手——夜间捕蝉的蝈蝈

　夜晚的艺术家——入夜鸣唱的蝈蝈

　我笼里的囚犯——入笼喂养的蝈蝈

　蝉的屠夫——饱餐蝉肉的蝈蝈

大孔雀蝶

1. C

2. 很漂亮　最大　欧洲　红棕色　杏叶

黄蜂

1. 黄蜂　黄蜂

2. 十　柱子

3. 三万　十二

4. 当人口增加的时候，不停扩建蜂巢；呵护幼蜂的成长，给它们喂食；驱除外来的敌人，毫不留情。

狼蛛

1. 麻雀　鼹鼠

2. 二百多　母亲背上

3. 攀高的本领。目的：在很高的地方，它可以攀一根长长的丝。那根长丝可以带领它们去远方。

迷宫蛛

1. 填饱肚子　繁衍后代

2. B

3. 迷宫蛛的网没有黏性。猎物掉到网上，拼命挣扎，在网中越挣扎陷的越深，被网越缠越紧，最终成为迷宫蛛的猎物。

蝉

1. 蝉　蚂蚁

2. 四年　一个月

3. 用它收藏在胸部的突出的嘴——一个精巧的吸管，尖利如锥子——刺入饮之不竭的树干，吸管插进钻通的孔里，就可以饮个饱了。

蟋蟀

1. 蝉

2. 住所　歌唱才华

3. 在有阳光时，能照到洞口，使洞内保持干燥；在下雨时，雨水难以流入洞里。

4. （1）聪明，如：把住宅建在隐秘的地方。（2）勤劳，如：建造住宅不辞劳苦，钻在下面一待就是两个小时。（3）能根据情况的变化而变化，如：它的洞随天气的变冷和身体的长大而加大加深。（4）善于管理家务，如：改良和装饰的工作，总是经常地不停歇地在做着。

中考真题

一、填空题

1. 文学经典　昆虫的史诗　法布尔

二、选择题

2. A　3. C

三、阅读理解

4. （1）材料一中，作者厌恶麻雀，因为作者认为麻雀一无所用，反给人们带来干扰和损失；材料二中，作者欣赏麻雀，因为作者认为麻雀具备高超的建筑技艺，能充分利用可使用的场地；材料三中，作者宽容爱护麻雀，因为作者希望丰收，人能与麻雀共享丰收的果实。

（2）作者非常简略地说明了麻雀利用屋檐和旧墙筑巢，因为这种窝巢省力又牢固；作者较为简略地说明了麻雀利用树洞来筑巢，为了表现麻雀善于利用场地；作者详细地说明了麻雀在树枝间筑巢，为了充分表现麻雀具备高超的建筑技艺。

（3）甲处语言富有感情色彩，如“眷恋”“不乐意”等词语，表现出麻雀对人类的依赖；乙处语言生动而富有情趣，如“一边训诫不听话的孩子，一边鼓励胆怯的孩子”，具体细致地描摹了麻雀的生活情态。

新题预测

一、基础识记

1. 法布尔　昆虫物语　昆虫学札记　昆虫的史诗

2. 昆虫记　法布尔　科学界诗人　昆虫界的荷马　昆虫界的维吉尔

3. 十　法布尔　昆虫记　昆虫　社会人生　生命　赞美　蝉

4. 杨柳天牛　小甲虫　小麻雀

5. 辨认方向

6. 猎物在网上的震动

7. 蝉：为快乐而放声高歌，永远不知疲倦的歌唱家；黄蜂：本能让它们遭受美丽的嘲笑，却没有赋予它们动脑筋的能力；螳螂：外表美丽而天性凶残，是不折不扣的杀手。

8. 像哲学家一般思，像美术家一般看，像文学家一般写。

二、评析鉴赏

9. 示例：《昆虫记》是优秀的科普著作，也是公认的文学经典。行文生动活泼，语调轻松诙谐，昆虫在作者的笔下都被赋予了人的性格。昆虫的本能、习性、劳动、婚恋、繁衍和死亡，无不渗透着作者对人类的思考。

10. 示例：我最喜欢的昆虫是螳螂。　喜欢的理由：凶残但机警，生活能力强，但在它刚刚拥有生命的初期，也会牺牲在个头儿最小的蚂蚁的魔爪下。

11.《昆虫记》行文生动活泼，语调轻松诙谐，充满了盎然的情趣。如，把蟋蟀的住宅比喻为“家”，生动形象；蟋蟀建造住宅的过程，就像一个人在精心设计自己的住房，语调轻松诙谐，充满了盎然的情趣。

12.（1）圆蛛捕捉猎物靠的是黏性的网。（2）蛛网中用来做螺旋圈的丝非常特别：空心；里面有黏液；黏液能从线壁渗出来，使线的表面有黏性。

13. 要热爱大自然，热爱自然界中的生物，要有严谨细致、实事求是的工作作风。

三、整体阅读

14.（1）昆虫记　蝉　（2）准备捕食蝗虫　机警从容

15.（1）本段文字主要记叙了螳螂捕食蝗虫的情景。（2）螳螂虚张声势，装出凶猛怪物的架势，利用心理战术让蝗虫害怕而扑食蝗虫。（3）螳螂是一种肉食性昆虫，善于利用“心理战术”制服敌人。例如：当蝗虫看到螳螂的这副奇怪的样子以后，当时就有些吓呆了，紧紧地注视着面前的这个怪里怪气的家伙，一动也不动。

16.（1）①如“因为此时的它正用它收藏在胸部的突出的嘴——一个精巧的吸管，尖利如锥子——刺入饮之不竭的树干”可以看出蝉的生活习性，让我们获得科普知识。②如“这位歌唱家不得已抛开自己所做的井，悄然逃走了”，采用了拟人手法，表现了蝉的无可奈何，显得行文生动活泼，语调轻松诙谐，充满了盎然的情趣，这些显著的艺术特色让《昆虫记》成为一部文学经典。（2）①从“它坐在树的枝头不停地唱歌”这句可以看出蝉生活在树上。②从“一个精巧的吸管，尖利如锥子——刺入饮之不竭的树干，开怀畅饮”可以看出蝉有一个针一样的长嘴，能插入树枝吸汁液。（3）“最坏的罪犯，要算蚂蚁了”，将蚂蚁夺食的行为比作人类世界的犯罪，蚂蚁不仅是罪犯，还是“凶悍的强盗”；而将蝉比作歌唱家，“它坐在树的枝头不停地唱歌”。“七月时节，当我们这里的昆虫为口渴所苦，失望地在已经枯萎的花上跑来跑去寻找饮料时，蝉则依然很舒服，不觉得痛苦”，将蝉的安逸舒适也描写得淋漓尽致。

四、拓展运用

17. 示例：《昆虫记》是法布尔的传世佳作，也是一部不朽的世界名著。它融作者毕生的研究成果和人生感悟于一体，将昆虫世界化作供人类获得知识、趣味、美感和思想的美文。被达尔文誉为“无与伦比的观察家”的法布尔以人性关照虫性，书中描写昆虫的本能、习性、劳动、婚恋、繁衍和死亡，无不渗透着人文关怀；并以虫性反观社会人生，睿智的哲思跃然纸上。